住宅工程创优施工技术指南

中国建筑一局（集团）有限公司　编写

中国建筑工业出版社

图书在版编目（CIP）数据

住宅工程创优施工技术指南/中国建筑一局（集团）有限公司编写. —北京：中国建筑工业出版社，2007
ISBN 978-7-112-09048-8

Ⅰ. 住… Ⅱ. 中… Ⅲ. 住宅-建筑工程-施工技术-指南 Ⅳ. TU74-62

中国版本图书馆 CIP 数据核字（2007）第 014934 号

本书是在总结中国建筑一局（集团）有限公司多年打造优质住宅工程实践经验的基础上，编写的一本创优质工程施工技术指南。本书内容包括建筑结构、建筑装饰装修、建筑屋面、建筑给水排水及采暖工程、通风空调工程、建筑电气六部分，书中穿插了大量图、表、照片，以图文并茂的方式全面而详细地阐述了住宅工程创优施工的技术要点和控制措施，对住宅工程创优施工具有技术指导作用。

本书可作为建筑工程施工技术人员及操作人员的技术参考工具书，也可作为施工技术人员及操作人员的培训教材。

* * *

责任编辑：岳建光
责任设计：董建平
责任校对：梁珊珊

住宅工程创优施工技术指南
中国建筑一局（集团）有限公司 编写
*
中国建筑工业出版社出版、发行（北京西郊百万庄）
新 华 书 店 经 销
霸州市顺浩图文科技发展有限公司制版
北京市安泰印刷厂印刷
*
开本：787×1092 毫米 1/16 印张：16¼ 字数：394 千字
2007 年 4 月第一版 2012 年 1 月第二次印刷
印数：4001—5000 册 定价：**30.00** 元
ISBN 978-7-112-09048-8
（15712）

本社网址：http://www.cabp.com.cn
网上书店：http://www.china-building.com.cn

编写人员名单

主　　编：吴月华　曹　光

副 主 编：贺小村　张国祥　闫　琴　朱泽亚　丛日明

编写人员：董清崇　于　锋　史　洁　薛　刚　郝洪晓

刘卫东　张培建　叶　眉　刘　源　施　清

王建华　熊爱华　李建宁　陈　娣　王　健

陈书玉　安红印　芦　明

前言

住宅是构成人类生活的基本要素——衣、食、住、行中“住”的重要组成部分。住宅工程的施工质量直接关系着广大人民群众的切身利益，关系着千家万户的生活质量。因此，为广大人民群众奉献优质住宅，是建筑企业和建设工作者的社会责任，也是构建社会主义和谐社会的基本要求。

近年来，随着国家住房制度的改革，一片片住宅小区如雨后春笋，在全国各地纷纷落成，使我国城镇居民的居住环境有了较大的改善。但随着人们对住宅的需求增加和一栋栋住宅的建成，住宅工程的质量也成为了社会的关注点。因此，如何克服住宅工程的质量通病，在满足国家规范要求的前提下，更上层楼，建造出更多、更好的优质住宅工程，造福社会，也成为了我们不断探索研究的课题和不断追求的目标。本书就是在总结我们多年来打造优质住宅工程实践经验的基础上，编写的一本创优质住宅工程施工技术指南。

本书内容包括建筑结构、建筑装饰装修、建筑屋面、建筑给水排水及采暖工程、通风空调工程、建筑电气六部分，包含了住宅工程施工涉及到的各工种、工序施工的基本要求、施工工艺、技术要点和质量控制措施等。书中穿插了大量图、表、照片，以图文并茂的方式形象、直观地诠释了优质住宅工程的施工技术，对住宅工程创优施工具有技术指导作用。本书可作为建筑工程施工技术人员及操作人员的技术参考工具书，也可作为施工技术人员及操作人员的培训教材。

本书的编写人员都是在施工现场亲身参加过优质住宅工程建设工作、富有实践经验的工程技术人员，书中介绍的很多具有实用价值的技术措施，来源于他们的亲身实践。在本书编写的过程中，我们力求将理论与实践相结合，奉献给读者一本实用性的施工操作技术参考书，为推动我国住宅建设整体质量的提高做出贡献。

在此，仅向所有为本书的编写、出版提供过帮助的人表示衷心的感谢！

目　　录

1 建筑结构

1.1 土方工程

1.1.1 基本规定

1.1.1.1 土方工程主要包括：场地平整、基坑（槽）与管沟开挖、路基开挖、人防工程开挖、地坪填土、路基填筑以及基坑回填等。

1.1.1.2 组织土方工程施工，尽可能采用机械化施工，在条件不够或机械设备不足时，则应创造条件，采取半机械化和革新工具相结合的方法，以代替或减轻繁重的体力劳动。

1.1.1.3 要合理安排施工计划，尽可能不安排在雨期施工，否则，应作好防洪排水等准备。

1.1.1.4 土方工程在施工前应进行挖、填方的平衡计算，综合考虑土方运距最短、运程合理和各个工程项目的合理施工程序等，做好土方平衡调配，减少重复挖运。统筹安排，降低土石方工程施工费用。

1.1.1.5 对于地下水位以下开挖或深基坑不能自然放坡的情况，应根据工程设计及地基勘探资料进行降水、阻水、必要的回灌等。

1.1.1.6 土方开挖应严格按《建筑地基基础工程施工质量验收规范》（GB 50202—2002）要求控制，土方开挖的质量检验标准见表 1-1 的要求。

土方开挖工程质量检验标准（mm） 表 1-1

项	序	项目	允许偏差或允许值					检验方法
			柱基基坑基槽	挖方场地平整		管沟	地（路）面基层	
				人工	机械			
主控项目	1	标高	−50	±30	±50	−50	−50	水准仪
	2	长度、宽度（由设计中心线向两边量）	+200 −50	+300 −100	+500 −150	+100	—	经纬仪，用钢尺量
	3	边坡	设计要求					观察或用坡度尺检查
一般项目	1	表面平整度	20	20	50	20	20	用 2m 靠尺和锥形塞尺检查
	2	基底土性	设计要求					观察或土样分析

注：地面基层的偏差只适用于直接在挖、填方上做地面的基层。

1.1.2 准备工作

1.1.2.1 土方施工前应充分了解施工中的工程分类、土的可松性、土方边坡坡度、土的渗透性等基本概念。掌握土方工程量计算方法。了解最佳设计平面要求及其设计步骤。熟悉用线性规划进行土方调配的方法和影响土方边坡稳定的因素。掌握护坡的一般方法和土壁支撑计算。了解流沙的成因和防治方法。熟悉各种常用土方机械的性能和根据工程对象选择机械及配套运输车辆。掌握填土压实的要求和方法。

1.1.2.2　土方开挖前，根据施工方案的要求，将施工范围内的地下、地上障碍物处理完毕。

1.1.2.3　预计基坑可能出现地下水时，挖掘前要制定排水方案，并注意基坑底面不要因地下涌水而受扰动。

1.1.2.4　建筑物或构筑物的位置或场地的定位控制线（桩）、标准水平桩及开槽的灰线尺寸，必须经过检验合格，并办完预检手续。

1.1.2.5　夜间施工时，应有足够的照明设施；在危险地段应设置明显标志，并要合理安排开挖顺序，防止错挖或超挖。

1.1.2.6　机械的出入路径、道路状况、交通高峰时间段的调查。

1.1.2.7　选择土方机械，应根据施工区域的地形与作业条件、土的类别与厚度、总工程量和工期综合考虑，以能发挥施工机械的效率来确定。

1.1.2.8　施工区域运行路线的布置，应根据作业区域工程的大小、机械性能、运距和地形起伏等情况加以确定。

1.1.2.9　在机械施工无法作业的部位修边坡、清理槽底等，均应配备人工进行。

1.1.3　施工控制

1.1.3.1　严格按设计边坡坡度开挖；开挖基坑（槽）或管沟时，应合理确定开挖顺序、路线及开挖深度。土方开挖宜从上到下分层分段依次进行。随时作成一定坡势，以利泄水。

1.1.3.2　施工顺序：施工放线→分段分层依次下挖→修边和清底→验收。

1.1.3.3　施工放线：按照建筑物的定位控制线及土方开挖图在施工场地用白灰撒开挖线。

1.1.3.4　土方开挖：

基坑底标高不一致时，机械开挖次序一般采取先整片挖至一平均标高，然后再挖个别较深部位。当一次开挖深度超过挖土机最大挖掘高度（5m 以上）时，宜分 2～3 层开挖，并修筑 10%～15%坡道，以便挖土及运输车辆进出。

对面积和深度均较大的基坑，通常采用分层挖土施工法，使用大型土方机械，在坑下作业。如为软土地基或在雨期施工，进入基坑行走需铺垫钢板或铺路基垫道。

对大型软土基坑，为减少分层挖运土方的复杂性，可采用“接力挖土法”，它是利用两台或三台挖土机分别在基坑的不同标高处同时挖土。一台在地表，两台在基坑不同标高的台阶上，边挖土边向上传递到上层由地表挖土机装车，用自卸汽车运至弃土地点。上部可用大型挖土机，中、下层可用液压中小型挖土机，以便挖土、装车均衡作业，机械开挖不到之处，再配以人工开挖修坡、找平。用本法开挖基坑，可一次挖到设计标高，一般两层挖土可挖到－10m，三层挖土可挖到－15m 左右，可避免将载重汽车开进基坑装土、运土作业，工作条件好，效率高，并可降低成本。

对某些面积不大、深度较大的基坑，一般宜尽量利用挖土机开挖，不开或少开坡道，采用机械接力挖运土方法和人工与机械合理的配合挖土，最后用搭枕木垛的方法使挖土机开出基坑。

基坑边角部位，机械开挖不到之处，应用少量人工配合清坡，将松土清至机械作业半径范围内，再用机械运走。大基坑宜另配推土机清土。

机械开挖应由深而浅，基底及边坡应预留一层300～500mm厚土层用人工清底、修坡、找平，以保证基底标高和边坡坡度正确，避免超挖和土层遭受扰动。

运土坡道应尽可能修在以后需挖方向而无须回填或少回填的部位，同时应与护坡方式一并考虑收口做法。

修边和清底：在距槽底设计标高30～50cm处，抄出水平线，钉上小木橛，然后用人工将暂留土层挖走。同时由两端轴线引桩拉通线（用小线或钢丝），检查距槽边尺寸，修整槽边至满足设计要求，最后清除槽底土方。

1.1.4 质量检验

1.1.4.1 为了使建（构）筑物有一个比较均匀的下沉，除土方挖方标高、平整度、平面尺寸等常规检查外，对地基应进行严格的检验。当地基开挖至设计基底标高后，应由设计、勘察、监理、建设和施工单位共同进行验槽，核对地质资料，检查地基土与工程地质勘查报告、设计图纸要求是否相符，有无破坏原状土结构或发生较大的扰动现象。

1.1.4.2 现场用钎探的方法检验持力层的均匀性。

1.1.4.3 钢钎用直径25mm的钢筋制成，钎尖呈60°尖锥状，长度2.0m。大锤用重5kg铁锤。打锤时，举高离钎顶50cm，将钢钎垂直打入土中，并记录每打入土层30cm的锤击数。

1.1.4.4 钢钎测试钎孔布置和测定深度详见表1-2。

钎孔布点 表1-2

基槽宽(mm)	排列方式及图示	间距(m)	钎探深度(m)
＜800	中心一排	1～2	1.2
800～2000	两排错开	1～2	1.5
＞2000	梅花形	1～2	2.1
柱基	梅花形	1～2	≥1.5m并不浅于短边宽度

1.2 地基基础工程

1.2.1 基本规定

1.2.1.1 地基基础工程施工前，必须具备完整的地质勘察资料及工程附近管线、建筑物、构筑物和其他公共设施的构造情况，必要时应作施工勘察和调查以确保工程质量及临近建筑安全。

1.2.1.2　施工单位必须具备相应专业资质，并应建立完善的质量管理体系和质量检验制度。

1.2.1.3　从事地基基础工程检测及见证试验的单位，必须具备相应的资质。

1.2.1.4　施工过程中出现异常情况时，应停止施工，由监理或建设单位组织勘察、设计、施工等有关单位共同分析情况，解决问题，消除质量隐患，并应形成文件资料。

1.2.2　CFG桩复合地基施工

1.2.2.1　基本规定

(1) CFG桩应选择承载力相对较高的土层作为桩端持力层。

(2) 技术人员应掌握所承担工程的地基处理目的、加固原理、技术要求和质量标准等。

(3) 施工过程中应有专人或专门机构负责质量监理。施工结束后应按国家有关规定进行工程质量检验和验收。

1.2.2.2　准备工作

(1) 技术准备

1) 施工前应具备工程地质报告、必要的水文资料和设计文件等，建筑场地邻近的设施及障碍物等调查资料。

2) 建筑物场地的水准控制点和建筑物位置控制坐标等资料。

3) 具备三通一平条件。

(2) 机具设备

CFG桩成孔、灌注一般采用长螺旋钻机，此外配备混凝土搅拌机及手推车、吊斗等机具。

(3) 材料要求

碎石：粒径5～32mm，杂质含量小于5%；砂：宜采用中砂；粉煤灰：不低于Ⅱ级；水泥：用强度等级为42.5的普通硅酸盐水泥。

1.2.2.3　作业条件

(1) 基槽开挖至设计桩顶标高以上40cm，肥槽宽度不小于50cm。

(2) 长螺旋钻机、混凝土输送泵。混凝土输送管路等设备应经检查、维修，保证浇筑过程顺利进行。

(3) 检查电源、线路，并做好照明准备工作。

(4) 配齐所有管理人员和施工人员，并对所有人员进行技术交底、安全交底。

(5) CFG桩施工前清整施工道路，保证混凝土运输通畅。

1.2.2.4　质量管理要点

(1) 控制桩身混凝土的配合比、坍落度。

(2) 注意控制灌入量，桩的充盈系数要达到1.3以上。

(3) 桩体达到一定强度后，方可进行基槽开挖。

1.2.2.5　施工控制

(1) 施工顺序

桩机就位→试桩施工→桩基顺序施工→清槽至桩顶标高→混凝土灌注→凿桩头→检测→褥垫层施工。

（2）施工方法

1）放线：施工前根据放出的外墙轴线或外墙皮线，四周交点用钢钎打入地下，按照桩位布置图统一进行测放桩位线，桩位中心点用钎子插入地下，并用白灰明示，桩位偏差小于2cm。

2）成孔：长螺旋钻机成孔，应匀速钻进，避免形成螺旋孔；成孔深度在钻杆上应有明确标记，成孔深度误差不超过0.1m，确保桩端进入持力层深度大于200mm；垂直度偏差小于1%。

3）混凝土灌注：成孔至设计深度后，现场指挥员应通知钻机停钻提升钻杆，并同时通知司泵开始灌注混凝土并保持连续灌注。灌注混凝土至桩顶时，应适当超过桩顶设计标高70cm左右（至槽面上30cm左右）以保证桩顶标高和桩顶混凝土质量均符合设计要求；灌注混凝土之前，应检查管路是否顺畅稳固；每班第1根桩灌注前，应用水泥砂浆湿润管路。压灌混凝土时一次提钻高度小于25cm，混凝土埋钻高度大于1.0m；现场设专人负责检查混凝土灌注质量及意外情况的处理；预拌混凝土进场后应立即灌注（2h内），严禁长时间搁置；保证桩身混凝土至少24h养护，避免扰动；施工过程中应认真填写施工记录，每台班或每日留取试块1～2组。

4）清土及剔桩：第一步清土在灌压桩施工完毕后立即将多余混凝土铲除；清土采用小型机械设备及人工开挖、运输，避免断桩及对地基土的扰动；清土预留至少20cm人工清除，找平；清槽后人工截桩，采用3根钢钎间隔120°，沿径向楔入桩体，直至上部桩体断开，桩顶采用小钎修平；因剔桩造成桩顶开裂、断裂，按桩基混凝土接桩规定，断面凿毛，刷素水泥浆后用高一级混凝土填补并振捣密实。

5）褥垫层：复合地基施工、检测合格后，方可进行褥垫层施工；褥垫层材料使用5～32mm碎石或级配砂石；褥垫层虚铺22～24cm，采用平板振动仪振密，平板振动仪功率大于1500kW，压振3～5遍，控制振速，振实后的厚度与虚铺厚度之比小于0.93，干密度不做要求。

1.2.2.6　质量检验

施工完成后应进行桩承载力检验。

（1）静载桩检测：检测单桩承载力。

（2）低应变动力检测：检测单桩的桩身质量及完整性，包括桩混凝土体质量、断裂、离析及沉渣等。

（3）CFG桩复合地基的质量及检验标准应符合表1-3的规定。

1.2.3　混凝土预制桩施工

1.2.3.1　基本规定

（1）施工中应对桩体垂直度、沉桩情况、桩顶完整状况、接桩质量等进行检查，对电焊接桩，重要工程应做10%的焊缝探伤检查。

（2）施工结束后，应对承载力及桩体质量做检验。

（3）对长桩或总锤击数超过500击的锤击桩，应符合桩体强度及28d龄期的两项条件才能锤击。

CFG 桩复合地基质量及检验标准 **表 1-3**

<table>
<tr><th rowspan="2">项</th><th rowspan="2">序</th><th rowspan="2">检验项目</th><th colspan="2">允许偏差或允许值</th><th rowspan="2">检 验 方 法</th></tr>
<tr><th>单位</th><th>数值</th></tr>
<tr><td rowspan="4">主控项目</td><td>1</td><td>原材料</td><td colspan="2">设计要求</td><td>查产品合格证书或抽样送检</td></tr>
<tr><td>2</td><td>桩径</td><td>mm</td><td>－20</td><td>用钢尺量或计算填料量</td></tr>
<tr><td>3</td><td>桩身强度</td><td colspan="2">设计要求</td><td>查 28d 试块强度</td></tr>
<tr><td>4</td><td>地基承载力</td><td colspan="2">设计要求</td><td>按规定的办法</td></tr>
<tr><td rowspan="5">一般项目</td><td>1</td><td>桩身完整性</td><td colspan="2">按桩基检测技术规范</td><td>按桩基检测技术规范</td></tr>
<tr><td>2</td><td>桩位偏差</td><td></td><td>满堂布桩≤0.40D
条基布桩≤0.25D</td><td>用钢尺量，D 为桩径</td></tr>
<tr><td>3</td><td>桩垂直度</td><td>%</td><td>≤1.5</td><td>用经纬仪测桩管</td></tr>
<tr><td>4</td><td>桩长</td><td>mm</td><td>＋100</td><td>测桩管长度或垂球测孔深</td></tr>
<tr><td>5</td><td>褥垫层夯填度</td><td colspan="2">≤0.9</td><td>用钢尺量</td></tr>
</table>

注：1. 夯填度指夯实后的褥垫层厚度与虚体厚度的比值；
2. 桩径允许偏差负值是指个别断面；
3. 应特别注意桩位必须与设计相符，桩顶位移不大于 20mm。

1.2.3.2 准备工作

(1) 材料准备

1) 预制钢筋混凝土桩：规格质量必须符合设计要求和施工规范的规定，并有出厂合格证。

2) 焊条（接桩用）：型号、性能必须符合设计要求和有关标准的规定。

3) 钢板（接桩用）：材质、规格符合设计要求，宜用低碳钢。

(2) 主要机具

柴油打桩机、电焊机、桩帽、运桩小车、索具、钢丝绳、钢垫板或槽钢等。

1.2.3.3 作业条件

(1) 桩基的轴线和标高均已测定完毕，并经过检查办了预检手续。桩基的轴线和高程的控制桩，应设置在不受打桩影响的地点，并应妥善加以保护。

(2) 处理完高空和地下的障碍物。如影响邻近建筑物或构筑物的使用或安全时，应会同有关单位采取有效措施，予以处理。

(3) 根据轴线放出桩位线，用木橛或钢筋头钉好桩位，并用白灰作标志，以便于施打。

(4) 场地应碾压平整，排水畅通，保证桩机的移动和稳定垂直。

(5) 选择和确定打桩机进出路线和打桩顺序，制定施工方案，作好技术交底。

1.2.3.4 质量管理要点

(1) 根据地基土质情况及现场条件确定打桩顺序。

(2) 桩身断裂。由于桩身弯曲过大、强度不足及地下有障碍物等原因造成，或桩在堆放、起吊、运输过程中产生断裂，没有发现而致，应及时检查。

(3) 桩顶碎裂。由于桩顶强度不够及钢筋网片不足、主筋距桩顶面太小或桩顶不平、施工机具选择不当等原因所造成。应加强施工准备时的检查。

(4) 桩身倾斜。由于场地不平、打桩机底盘不水平或稳桩不垂直、桩尖在地下遇见硬物等原因所造成。应严格按工艺操作规定执行。

(5) 接桩处拉脱开裂。连接处表面不干净、连接铁件不平、焊接质量不符合要求、接桩上下中心线不在同一条线上等原因所造成。应保证接桩的质量。

1.2.3.5 施工

(1) 施工顺序

就位桩机→起吊预制桩→稳桩→打桩→接桩→送桩→中间检查验收→移桩机至下一个桩位。

(2) 施工方法

1) 就位桩机：打桩机就位时，应对准桩位，保证垂直稳定，在施工中不发生倾斜、移动。

2) 起吊预制桩，先拴好吊桩用的钢丝绳和索具，然后应用索具捆住桩上端吊环附近处，一般不宜超过30cm，再启动机器起吊预制桩，使桩尖垂直对准桩位中心，缓缓放下插入土中，位置要准确；再在桩顶扣好桩帽或桩箍，即可除去索具。

3) 稳桩：桩尖插入桩位后，先用较小的落距冷锤1～2次，桩入土一定深度，再使桩垂直稳定。10m以内短桩可目测或用线坠双向校正，10m以上或打接桩必须用线坠或经纬仪双向校正，不得用目测。桩插入时垂直度偏差不得超过0.5%。桩在打入前，应在桩的侧面或桩架上设置标尺，以便在施工中观测、记录。

4) 打桩：用落锤或单动锤打桩时，锤的最大落距不宜超过1.0m；用柴油锤打桩时，应使锤跳动正常。打桩宜重锤低击，锤重的选择应根据工程地质条件、桩的类型、结构、密集程度及施工条件来选用。打桩顺序根据基础的设计标高，先深后浅；依桩的规格宜先大后小，先长后短。由于桩的密集程度不同，可自中间向两个方向对称进行或向四周进行；也可由一侧向单一方向进行。

5) 接桩：在桩长不够的情况下，采用焊接接桩，其预制桩表面上的预埋件应清洁，上下节之间的间隙应用铁片垫实焊牢；焊接时，应采取措施，减少焊缝变形；焊缝应连续焊满。接桩时，一般在距地面1m左右时进行。上下节桩的中心线偏差不得大于10mm，节点折曲矢高不得大于1‰桩长。接桩处入土前，应对外露铁件，再次补刷防腐漆。

6) 送桩：设计要求送桩时，则送桩的中心线应与桩身吻合一致，才能进行送桩。若桩顶不平，可用麻袋或厚纸垫平。送桩留下的桩孔应立即回填密实。

1.2.3.6 质量检验

(1) 通常是以贯入度和设计标高两个指标来检验，打桩贯入度的检验，一般以桩最后10击的平均贯入度应该小于或等于通过荷载试验确定的控制数值。

(2) 桩在现场预制时，应对原材料、钢筋骨架质量进行检查，并符合预制桩钢筋骨架质量检验标准（表1-4）的规定；采用工厂生产的成品桩时，桩的质量应符合钢筋混凝土预制桩的质量检验标准（表1-5）。

1.2.4 混凝土灌注桩施工

1.2.4.1 基本规定

(1) 施工前应对水泥、砂、石子（如现场搅拌）、钢材等原材料进行检查，对施工组织设计中制定的施工顺序、监测手段（包括仪器、方法）也应检查。

预制桩钢筋骨架质量检验标准（mm） **表 1-4**

项	序	检验项目	允许偏差或允许值	检验方法
主控项目	1	主筋距桩顶距离	±5	用钢尺量
	2	多节桩锚固钢筋位置	5	用钢尺量
	3	多节桩预埋铁件	±3	用钢尺量
	4	主筋保护层厚度	±5	用钢尺量
一般项目	1	主筋间距	±5	用钢尺量
	2	桩尖中心线	10	用钢尺量
	3	箍筋间距	±20	用钢尺量
	4	桩顶钢筋网片	±10	用钢尺量
	5	多节桩锚固钢筋长度	±10	用钢尺量

钢筋混凝土预制桩的质量检验标准 **表 1-5**

项	序	检查项目	允许偏差或允许值		检查方法
			单位	数值	
主控项目	1	桩体质量检查	按基桩检测技术规范		按基桩检测技术规范
	2	桩位偏差	按建筑地基基础工程施工质量验收规范		用钢尺量
	3	承载力	按基桩检测技术规范		按基桩检测技术规范
一般项目	1	砂、石、水泥、钢材等原材料（现场预制时）	符合设计要求		查出厂质保文件或抽样送检
	2	混凝土配合比及强度（现场预制时）	符合设计要求		检查称量及查试块记录
	3	成品桩外形	表面平整，颜色均匀，掉角深度＜10mm，蜂窝面积小于总面积0.5％		直观
	4	成品桩裂缝（收缩裂缝或起吊、装运、堆放引起的裂缝）	深度＜20mm，宽度＜0.25mm，横向裂缝不超过边长的一半		裂缝测定仪，该项在地下水有侵蚀地区及锤击数超过500击的长桩不适用
	5	成品桩尺寸： 横截面边长 桩顶对角线差 桩尖中心线 桩身弯曲矢高 桩顶平整度	 mm mm mm mm	 ±5 ＜10 ＜10 ＜1/1000L ＜2	 用钢尺量 用钢尺量 用钢尺量 用钢尺量，L为桩长 用水平尺量
	6	电焊接桩：焊缝质量 电焊结束后停歇时间 上下节平面偏差 节点弯曲矢高	按建筑地基基础工程施工质量验收规范 min mm 	 ＞1.0 ＜10 ＜1/1000L	见规范要求 秒表测定 用钢尺量 用钢尺量，L为两节桩长
	7	硫磺胶泥接桩：胶泥浇筑时间 浇筑后停歇时间	min min	＜2 ＞7	秒表测定 秒表测定
	8	桩顶标高	mm	±50	水准仪
	9	停锤标准	设计要求		现场实测或查沉桩记录

注：1. 打桩时预制桩强度必须达到设计强度的100％；

2. 施工前必须打试验桩，数量不小于2根，确定贯入度。

(2) 施工中对成孔、清渣、放置钢筋笼、灌注混凝土等进行全过程检查，人工挖孔桩尚应复验孔底持力层土（岩）性。嵌岩桩必须有桩端持力层的岩性报告。

(3) 施工结束后，应检查混凝土强度，并应做桩体质量及承载力的检验。

1.2.4.2　准备工作

(1) 材料准备

1) 水泥：宜采用强度等级为 42.5 的普通硅酸盐水泥或矿渣硅酸盐水泥。

2) 砂：中砂或粗砂，含泥量不大于 5%。

3) 石子：粒径为 0.5～3.2cm 的卵石或碎石，含泥量不大于 2%。

4) 水：应用自来水或不含有害物质的洁净水。

5) 外加早强剂应通过试验确定。

6) 钢筋：钢筋的级别、直径必须符合设计要求，有出厂证明书及复试报告。

(2) 主要机具

回旋钻孔机、翻斗车或手推车、混凝土导管、套管、水泵、水箱、泥浆池，混凝土搅拌机、平尖头铁锹、胶皮管等。

1.2.4.3　作业条件

(1) 地上、地下障碍物都处理完毕，达到“三通一平”。施工用的临时设施准备就绪。

(2) 场地标高一般应为承台梁的上皮标高，并经过夯实或碾压。

(3) 制作好钢筋笼。

(4) 根据图纸放出轴线及桩位点，抄上水平标高木撅，并经过预检签字。

(5) 选择和确定钻孔机的进出路线和钻孔顺序，制定施工方案，做好技术交底。

(6) 正式施工前应做成孔试验，数量不少于两根。

(7) 制浆设施、材料准备就绪。

(8) 护筒设置无误。

1.2.4.4　质量管理点

(1) 钻进过程中每 1～2m 要检查一次成孔的垂直度情况。

(2) 钻进速度，应根据土层情况、孔径、孔深、供水或供浆量的大小、钻机负荷以及成孔质量等具体情况确定。

(3) 清孔过程中，必须及时补给足够的泥浆，并保持浆面稳定。

1.2.4.5　施工控制

(1) 施工顺序

钻孔机就位→钻孔→注泥浆→下套管→继续钻孔→排渣→清孔→吊放钢筋笼→射水清底→插入混凝土导管→浇筑混凝土→拔出导管→插桩顶钢筋。

(2) 施工方法

1) 钻孔机就位：

钻孔机就位时，必须保持平稳，不发生倾斜、位移，为准确控制钻孔深度，应在机架上或机管上作出控制的标尺，以便在施工中进行观测、记录。

2) 钻孔及注泥浆：

调直机架挺杆，对好桩位（用对位圈），开动机器钻进，出土，达到一定深度（视土质和地下水情况）停钻，孔内注入事先调制好的泥浆，然后继续进钻。

3) 下套管（护筒）：

钻孔深度到 5m 左右时，提钻下套管。

套管内径应大于钻头 100mm，其上部宜开设 1～2 个溢浆孔。

套管位置应埋设正确和稳定，套管与孔壁之间应用黏土填实，套管中心与桩孔中心线偏差不大于50mm。

套管埋设深度：在黏性土中不宜小于1m，在黏土中不宜小于1.5m，并应保持孔内泥浆面高出地下水位1m以上。

4）继续钻孔：

防止表层土受振动坍塌，钻孔时不要让泥浆水位下降，当钻至持力层后，设计无特殊要求时，可继续钻深1m左右，作为插入深度。施工中应经常测定泥浆相对密度。

5）孔底清理及排渣：

在黏土和粉质黏土中成孔时，可注入清水，以原土造浆护壁，排渣泥浆的相对密度应控制在1.1～1.2。

在砂土和较厚的夹砂层中成孔时，泥浆相对密度应控制在1.1～1.3；在穿过砂夹卵石层或容易坍孔的土层中成孔时，泥浆的相对密度应控制在1.3～1.5。

6）吊放钢筋笼：

钢筋笼放前应绑好砂浆垫块；吊放时要对准孔位，吊直扶稳，缓慢下沉，钢筋笼放到设计位置时，应立即固定，防止上浮。

7）射水清底：

使用正螺旋钻机时，在钢筋笼内插入混凝土导管（管内有射水装置），通过软管与高压泵连接，开动泵水即射出。射水后孔底的沉渣即悬浮于泥浆之中。

8）浇筑混凝土：

停止射水后，应立即浇筑混凝土，随着混凝土浇筑高度不断增高，孔内沉渣将浮在混凝土上面，并同泥浆一同排回贮浆槽内。

水下浇筑混凝土应连续施工，导管底端应始终埋入混凝土中0.8～1.3m，导管的第一节底管长度应≥4m。

9）混凝土的配制：

配合比应根据试验确定，在选择施工配合比时，混凝土的试配强度应比设计强度提高10%～15%。

水灰比不宜大于0.6。

有良好的和易性，在规定的浇筑期间内，坍落度应为16～22cm；在浇筑初期，为使导管下端形成混凝土堆，坍落度宜为14～16cm。

水泥用量一般为350～400kg/m^3。

砂率一般为40%～45%。

10）拔出导管：

混凝土浇筑到桩顶时，应及时拔出导管。但混凝土的上顶标高一定要符合设计要求。

11）插桩顶钢筋：

桩顶上的插筋一定要保持垂直插入，有足够锚固长度和保护层，防止插偏和插斜。

12）试块留置：

同一配合比的试块，每班不得少于1组。每根灌注桩不得少于1组。

1.2.4.6　质量检验

成桩的质量检验有两种基本方法，一种是静载载荷试验法（或称破损试验）；另一种是动测法（或称无破损试验）。

（1）静载试验法

静载试验的目的，是采用接近于桩的实际工作条件，通过静载加压，确定单桩的极限承载力，作为设计依据，或对工程桩的承载力进行抽样检验和评价。

桩的静载试验，是模拟实际荷载情况，通过静载加压，得出一系列关系曲线，综合评定确定其容许承载力，它能较好地反映单桩的实际承载力。荷载试验有多种，通常采用的是单桩竖向抗压静载试验、单桩竖向抗拔静载试验和单桩水平静载试验。

（2）动测法

又称动力无损检测法，是检测桩基承载力及桩身质量的一项新技术，作为静载试验的补充。

动测法是相对静载试验法而言，它是对桩土体系进行适当的简化处理，建立起数学—力学模型，借助于现代电子技术与量测设备采集桩—土体系在给定的动荷载作用下所产生的振动参数，结合实际桩土条件进行计算，所得结果与相应的静载试验结果进行对比，在积累一定数量的动静试验对比结果的基础上，找出两者之间的某种相关关系，并以此作为标准来确定桩基承载力。另外，可应用波动理论，根据波在混凝土介质内的传播速度，传播时间和反射情况，用来检验、判定桩身是否存在断裂、夹层、颈缩、空洞等质量缺陷。

（3）灌注桩的平面位置和垂直度的允许偏差（表 1-6）

灌注桩的平面位置和垂直度的允许偏差　　表 1-6

序号	成孔方法		桩径允许偏差(mm)	垂直度允许偏差(%)	桩位允许偏差(mm)	
					1～3 根、单排桩基垂直于中心线方向和群桩基础的边桩	条形桩基沿中心线方向和群桩基础的中间桩
1	泥浆护壁钻孔桩	D≤1000mm	±50	<1	D/6，且不大于 100	D/4，且不大于 150
		D>1000mm	±50		100+0.01H	150+0.01H
2	套管成孔灌注桩	D≤500mm	−20	<1	70	150
		D>500mm			100	150
3	干成孔灌注桩		−20	<1	70	150
4	人工挖孔桩	混凝土护壁	+50	<0.5	50	150
		钢套管护壁	+50	<1	100	200

注：1. 桩径允许偏差的负值是指个别断面；
2. 采用复打、反插法施工的桩，其桩径允许偏差不受上表限制；
3. H 为施工现场地面标高与桩顶设计标高的距离，D 为设计桩径。

（4）混凝土灌注桩的质量检验标准（表 1-7、表 1-8）

混凝土灌注桩钢筋笼质量检验标准　　表 1-7

项	序	检查项目	允许偏差或允许值(mm)	检查方法
主控项目	1	主筋间距	±10	用钢尺量
	2	长度	±100	用钢尺量
一般项目	1	钢筋材质检验	设计要求	抽样送检
	2	箍筋间距	±20	用钢尺量
	3	直径	±10	用钢尺量

混凝土灌注桩质量检验标准　　　　　　　　　　　　表 1-8

项	序	检查项目	允许偏差或允许值		检查方法
			单　位	数　值	
主控项目	1	桩位	见表 1-6		基坑开挖前量护筒，开挖后量桩中心
	2	孔深	mm	+300	只深不浅，用重锤测，或测钻杆、套管长度，嵌岩桩应确保进入设计要求的嵌岩深度
	3	桩体质量检验	按基桩检测技术规范。如钻心取样，大直径嵌岩桩应钻至桩尖下 50cm		按基桩检测技术规范
	4	混凝土强度	设计要求		试件报告或钻芯取样送检
	5	承载力	按基桩检测技术规范		按基桩检测技术规范
一般项目	1	垂直度	见表 1-6		测套管或钻杆，或用超声波探测，干施工时吊垂球
	2	桩径	见表 1-6		井径仪或超声波检测，干施工时用钢尺量，人工挖孔桩不包括内衬厚度
	3	泥浆比重(黏土或砂性土中)	1.15～1.2		用比重计测，清孔后在距孔底 50cm 处取样
	4	泥浆面标高(高于地下水位)	m	0.5～1.0	目测
	5	沉渣厚度： 端承桩 摩擦桩	 mm mm	 ≤50 ≤150	用沉渣仪或重锤测量
	6	混凝土坍落度： 水下灌注 干施工	 mm mm	 160～220 70～100	坍落度仪
	7	钢筋笼安装深度	mm	±100	用钢尺量
	8	混凝土充盈系数	>1		检查每根桩的实际灌注量
	9	桩顶标高	mm	+30 −50	水准仪，需扣除桩顶浮浆层及劣质桩体

注：1. 钢筋笼在堆放、运输、起吊、入孔等过程中应严格按操作规定执行，防止钢筋笼变形。

2. 对于泥浆护壁成孔灌注桩：泥浆护壁成孔时，发生斜孔、弯孔、缩孔和塌孔或沿套管周围冒浆以及地面沉陷等情况，应停止钻进，经采取措施后，方可继续施工；施工中应经常测定泥浆密度，并定期测定级度、含砂率和胶体率，泥浆黏度 18～22s，含砂率不大于 4%～8%，胶体率不小于 90%。

1.3　地下防水工程

1.3.1　基本规定

1.3.1.1　地下室底板及地下室外墙防水是工程防水重点之一。在施工过程中除严格程序和过程控制之外，要重点加强后浇带、施工缝、阴阳角、机电穿管处、防水收边处、变形缝处等细部节点的防水处理，以确保地下室的防水质量达到合格标准。

1.3.1.2　地下室底板和外墙后浇带的施工质量是整个地下室防水的关键，后浇带的施工须按设计要求浇筑，经监理验收后进行。对后浇带的处理必须制定可靠的方案并严格认真执行。

1.3.1.3　施工过程中必须对后浇带进行有效的保护，在后浇带浇筑前，为保证后浇混凝土与原有混凝土之间粘结紧密，后浇带范围内松散混凝土或浮浆应彻底清除。钢筋表面要彻底除锈，要清除后浇带内部的一切杂物和灰尘，浇筑混凝土采用微膨胀混凝土，混凝土强度等级提高一级，要重点控制后浇带内的清理、剔凿，微膨胀混凝土自身的强度和防水等级，保证混凝土连续浇筑，振捣密实，不留死角。

1.3.1.4　防水卷材进场前应具有准用证、合格证和厂家取样送检的报告单，防水卷材进场后应检查其是否具有防伪标志，并现场取样进行复试，合格后方准使用。

1.3.1.5　在混凝土垫层上，结构墙外侧砌永久保护墙，墙下干铺一层油毡隔离层。

1.3.1.6　永久保护墙上接砌 150mm 临时保护墙。

1.3.1.7　铺贴防水层的基层应干燥、平整、牢固，并不得有起砂、空鼓、开裂等现象，阴阳角处应做成圆弧形钝角。

1.3.1.8　卷材铺贴时的搭接长度应符合规范要求。卷材铺贴完后，应及时做好隐蔽验收记录，并报监理认可，方可进行下道工序。

1.3.1.9　穿墙管道及预埋件，必须在浇筑混凝土前按设计要求予以固定，并检查合格后方准浇筑，预埋套管应设置止水环，并满焊严密。

1.3.1.10　卷材防水层与穿过防水层的管道连接处，如套管有法兰盘时，应将卷材贴在法兰盘上，粘贴宽度应不小于 100mm，铺贴卷材前应将套管上的锈蚀、杂物清刷干净，然后按照规范要求分层铺贴，如套管无法兰时，应逐层增设卷材附加层。

1.3.1.11　施工中应注意的事项：

(1) 底板基层应满足防水材料对基层含水率的要求，底板基层面平整。

(2) 应注意底板与墙板防水卷材接头的保护。

(3) 穿墙套管周围应剔宽 2cm、深 1cm 的槽，用油膏嵌实，以免套管处渗水。

(4) 墙板表面应平整无硬楂，穿墙螺栓应割除且凹进混凝土表面 5mm 然后用油膏填塞，以免扎破卷材。

(5) 不得在阴雨天做防水，以免接头粘结不牢。

1.3.2 防水混凝土施工

1.3.2.1　基本规定

(1) 防水混凝土所用水泥强度等级不应低于 32.5 级，水泥用量不得少于 300kg/m^3，掺有活性掺合料时，水泥用量不得少于 280kg/m^3。

(2) 防水混凝土所用材料的品种，规格、性能等应符合现行国家产品标准和设计要求。

(3) 防水混凝土施工中，应建立各道工序的自检、交接检和专职质检员检查的“三检”制度，并有完整的检查记录，未经建设（监理）单位对上道工序的检查确认，不得进行下道工序的施工。

1.3.2.2　准备工作

(1) 材料及主要机具

1) 水泥品种应按设计要求选用，其强度等级不应低于 32.5 级，不得使用过期或受潮结块水泥；

2) 碎石或卵石的粒径宜为 5～40mm，含泥量不得大于 1.0%，泥块含量不得大于0.5%；

3）砂宜用中砂，含泥量不得大于3.0%，泥块含量不得大于1.0%；

4）拌制混凝土所用的水，应采用不含有害物质的洁净水；

5）外加剂的技术性能，应符合国家或行业标准一等品及以上的质量要求；

6）粉煤灰的级别不应低于Ⅱ级，掺量不宜大于20%；硅粉掺量不应大于3%，其他掺合料的掺量应通过试验确定。

（2）主要机具

混凝土搅拌机、翻斗车、手推车、振捣器、溜槽、串桶、吊斗、计量器具磅秤等。

1.3.2.3 作业条件

（1）钢筋、模板上道工序完成，办理隐检、预检手续。注意检查固定模板的铁丝、螺栓是否穿过混凝土墙，如必须穿过时，应采取止水措施。特别是管道或预埋件穿过处是否已做好防水处理。木模板提前浇水湿润，并将落在模板内的杂物清理干净。

（2）根据施工方案，对各班组做好技术交底。

1.3.2.4 质量管理点

（1）细部构造处理是防水的薄弱环节，施工前应审核图纸，特殊部位如变形缝、施工缝以及穿墙管、预埋件等细部要精心处理。

（2）穿墙管外预埋带有止水环的套管，应在浇筑混凝土前预埋固定，止水环周围混凝土要细心振捣密实，防止漏振。

1.3.2.5 施工控制

（1）施工顺序

模板预检→混凝土搅拌→运输→混凝土浇筑→养护→拆模。

（2）模板支设

1）要求模板应平整，且拼缝严密不漏浆，并应有足够的刚度、强度，吸水性要小，以钢木、组合模板、覆膜木模板为宜。

2）模板构造应牢固稳定，可承受混凝土拌合物的侧压力和施工荷载，且应装拆方便。

3）固定模板的螺栓（或铁丝）不宜穿过防水混凝土结构，以避免水沿缝隙渗入，在条件适宜的情况下，可采用滑模施工。

4）当必须采用对拉螺栓固定模板时，应在预埋套管或螺栓上加焊止水环。止水环直径及环数应符合设计规定。若设计无规定，止水环直径一般为8～10cm，且至少一环。

5）采用对拉螺栓固定模板时方法如下：

螺栓加焊止水环做法：在对拉螺栓中部加焊止水环，止水环与螺栓必须满焊严密。拆模后应沿混凝土结构边缘将螺栓割断。此法将消耗所用螺栓。

预埋套管加焊止水环做法：套管采用钢管，其长度等于墙厚（或其长度加上两端垫木的厚度之和等于墙厚），兼具撑头作用，以保持模板之间的设计尺寸。止水环在套管上满焊严密。支模时在预埋中穿入对拉螺栓拉紧固定模板。拆模后将螺栓抽出，套管内以膨胀水泥砂浆封堵密实。套管两端有垫木的，拆模时连同垫木一并拆除，除密实封堵套管外，还应将两端垫木留下的凹坑用同样方法封实。此法可用于抗渗要求一般的结构。

螺栓加堵头做法：在结构两边螺栓周围做凹槽，拆模后将螺栓沿平凹底割去，再用膨胀水泥砂浆将凹槽封堵。

(3) 钢筋工程

1) 钢筋相互间应绑扎牢固，以防浇捣混凝土时，因碰撞、振动使绑扣松散、钢筋移位，造成露筋。

2) 绑扎钢筋时，应按设计规定留足保护层，不得有负误差。留设保护层，应以相同配合比的细石混凝土或水泥砂浆制成垫块，将钢筋垫起，严禁以钢筋垫钢筋，或将钢筋用铁钉、铅丝直接固定在模板上。

3) 钢筋及铅丝均不得接触模板，若采用铁马凳架设钢筋时，在不能取掉的情况下，应在铁马凳上加焊止水环，防止水沿铁马凳渗入混凝土结构。

4) 当钢筋排列稠密，以至影响混凝土正常浇筑时，可同设计人员协商，采取措施，以保证混凝土的浇筑质量。

(4) 混凝土搅拌

1) 严格按选定的施工配合比，准确计算并称量每种用料，投入混凝土搅拌机。外加剂的掺加方法应遵从所选外加剂的使用要求。

2) 防水混凝土应采用机械搅拌，搅拌时间比普通混凝土略长，一般不少于120s。掺引气型外加剂，则搅拌时间约为120～180s。掺入其他外加剂应根据相应的技术要求确定搅拌时间。适宜的搅拌时间也可通过现场实测选定。

3) 为保证防水混凝土有良好的匀质性，不宜采用人工搅拌。

(5) 混凝土运输

混凝土在运输过程中要防止产生离析现象及坍落度和含气量的损失，同时要防止漏浆。拌好的混凝土要及时浇筑，常温下应于半小时内运至现场，于初凝前浇筑完毕。运送距离较远或气温较高时，可掺入缓凝型减水剂。

(6) 混凝土浇筑和振捣

1) 浇筑前，应清除模板内的积水、木屑、钢丝、铁钉等杂物，并以水湿润模板。使用钢模应保持其表面清洁无浮浆。

2) 浇筑混凝土的自落高度不得超过1.5m，否则应使用串筒、溜槽或溜管等工具进行浇筑，以防产生石子堆积，影响质量。

3) 在结构中若有密集管群，以及预埋件或钢筋稠密之处，不易使混凝土浇捣密实时，应改用相同抗渗等级的细石混凝土进行浇筑，以保证质量。

4) 在浇筑大体积结构中，遇有预埋大管径套管或面积较大的金属板时，其下部的倒三角形区域不易浇捣密实而形成空隙，造成漏水，为此，可在管底或金属板上预先留置浇筑振捣孔，以利浇捣和排气，浇筑后，再将孔补焊严密。

5) 混凝土浇筑应分层，每层厚度不宜超过30～40cm，相邻两层浇筑时间间隔不应超过2h，夏季可适当缩短。

6) 防水混凝土应采用机械振捣，不应采用人工振捣，并应防止漏振、欠振。

(7) 混凝土养护

防水混凝土的养护对其抗渗性能影响极大，特别是早期湿润养护更为重要，一般在混凝土进入终凝（浇筑后4～6h）即应覆盖，浇水湿润养护不少于14d。因为在湿润条件下，混凝土内部水分蒸发缓慢，不致形成早期失水，有利于水泥水化，特别是浇筑后的前14d，水泥硬化速度快，强度增长几乎可达28d标准强度的80%，由于水泥充分水化，其生成物将毛细孔堵塞，切断毛细通路，并使水泥石结晶致密，混凝土强度和抗渗性均能很快提高；14d 以后，水泥水化速度逐渐变慢，强度增长亦趋缓慢，虽然继续养护依然有益，但对质量的影响不如早期大，所以应注意前 14d 的养护。

(8) 模板拆除

由于对防水混凝土的养护要求较严，因此不宜过早拆模。拆模时应注意勿使模板和防水混凝土结构受损。

(9) 施工缝

1) 墙体水平施工缝不应留在剪力与弯矩最大处或底板与侧墙的交接处，应留在高出底板表面不小于 300mm 的墙体上。

2) 垂直施工缝宜留在过梁中间 1/3 范围内。

3) 水平施工缝浇灌混凝土前，应将其表面浮浆和杂物清除，先铺净浆再铺 30～50mm 厚的同混凝土配比的减石子砂浆并及时浇灌混凝土。

4) 垂直施工缝浇灌混凝土前，应将其表面清理干净，并涂刷水泥净浆或混凝土界面处理剂，并及时浇灌混凝土。

5) 选用的遇水膨胀止水条应具有缓胀性能，其 7d 的膨胀率不应大于最终膨胀率的 60%。

6) 遇水膨胀止水条应牢固地安装在缝表面或预留槽内；采用中埋式止水带时，应确保位置准确，固定牢靠。

(10) 特殊部位的细部作法

1) 防水混凝土结构内的预埋铁件、穿墙管道，以及结构的后浇缝部位，均为可能导致渗漏水的薄弱之处，应采取措施，施工。

2) 预埋铁件的防水作法用加焊止水钢板的方法既简便又可获得一定防水效果。在预埋铁件较多较密的情况下，可采用许多预埋件共用一块止水钢板的作法。施工时应注意将铁件及止水钢板周围的混凝土浇捣密实、保证质量。

3) 穿墙管道防水处理：

① 套管加焊止水环法：在管道穿过防水混凝土结构处，预埋套管，套管上加焊止水环，止水环应与套管满焊严密，止水环数量按设计规定。安装穿墙管道时，先将管道穿过预埋套管，按图将位置尺寸找准，予以临时固定，然后一端以封口钢板将套管及穿墙管焊牢，再从另一端将套管与穿墙管之间的缝隙以防水材料（防水油膏、沥青玛琋脂等）填满后，用封口钢板封堵严密。

② 群管穿墙防水作法：在群管穿墙处预留孔洞，洞口四周预埋角钢固定在混凝土中，封口钢板焊在角钢上，要四周满焊严密，然后将群管逐根穿过两端封口钢板上的预留孔，再将每管与封口钢板沿管周焊接严密（焊接时宜用对称方法或间隔时间施焊，以防封口钢板变形），从封口钢板上的灌注孔向孔洞内灌注沥青玛琋脂，灌满后将预留的沥青灌注孔焊接封严。

③ 单管固埋法：有现浇和预留洞后浇两种方法，虽然构造简单、施工方便，但均不能适应变形，且不便更换，一般不宜采用。当需用此法埋设管道时，应注意将管及止水环周围的混凝土浇捣密实，特别是管道底部更应仔细浇捣密实。

(11) 后浇缝

1）后浇部位的混凝土应采用补偿收缩混凝土，强度等级应与两侧先浇混凝土强度等级相同或提高一个等级。

2）后浇缝的位置、形式、尺寸，应按设计规定施工。

3）后浇混凝土与两侧先浇混凝土的施工间隔时间至少为6个星期。这期间两侧先浇混凝土的体积收缩变形已趋于稳定，此时再浇筑后浇缝混凝土，在两侧先浇混凝土及钢筋的限制作用下，后浇的补偿收缩混凝土在限制下膨胀产生相向变形，使混凝土内部密实，且因膨胀而与两侧先浇混凝土相接密合，成为整体的、无变形缝的结构。

4）后浇缝浇筑前，应将两侧先浇混凝土表面凿毛、清洗干净，并保持湿润，再行浇筑。后浇缝混凝土浇筑后，应保持湿润养护至少4个星期。

5）后浇混凝土施工温度应低于两侧先浇混凝土施工时的温度，并宜选择在气温较低的季节施工。这是为了减小混凝土的冷缩变形。混凝土的冷缩变形不仅与本身水化热的散失有关，还同外界气温的降低有关。由于两侧先浇混凝土施工温度高于后浇缝施工温度，待后浇混凝土施工时，两侧混凝土冷缩变形已趋于稳定，后浇混凝土在较低气温季节施工，可以减少一部分混凝土内部的温升，降低混凝土内部最高温度与稳定温度（外界平均气温）的差值，减小内部混凝土与外层混凝土之间的温度梯度，从而减少或避免因限制下的冷缩变形而产生的裂缝，有效地保证后浇缝施工质量。

1.3.2.6 质量检验

（1）防水混凝土抗渗性能，应采用标养条件下混凝土抗渗试件的试验结果评定。试件应在浇筑地点制作。连续浇筑混凝土每500m^3，应留置一组抗渗试件（一组为6个抗渗试件），且每项工程不得少于两组。采用预拌混凝土的抗渗试件，留置组数应视结构的规模和要求而定。抗渗性能试验应符合现行《普通混凝土长期性能和耐久性能试验方法》（GBJ 82）的有关规定。

（2）防水混凝土的施工质量检验数量，应按混凝土外露面积每100m^{2}抽查一处，每处10m^2，且不得少于3处；细部构造应按全数检查。

1.3.3 高聚物改性沥青防水卷材施工

1.3.3.1 质量要求

卷材防水层施工应严格按《地下防水工程质量验收规范》（GB 50208—2002）要求控制。

（1）卷材防水层所用卷材及主要配套材料必须符合设计要求。

（2）卷材防水层及其转角处、变形缝、穿墙管道等细部做法均须符合设计要求。

（3）卷材防水层的基层应牢固，基面应洁净、平整，不得有空鼓、松动、起砂和脱皮现象；基层阴阳角处应做成圆弧形。

（4）卷材防水层的搭接缝应粘（焊）结牢固，密封严密，不得有皱折、翘边和鼓泡等缺陷。

（5）侧墙卷材防水层的保护层与防水层应粘结牢固，结合紧密、厚度均匀一致。

（6）卷材搭接宽度的允许偏差为−10mm。

（7）冷粘法铺贴卷材应符合下列规定：

1）胶粘剂涂刷应均匀，不露底，不堆积；

2）铺贴卷材时应控制胶粘剂涂刷与卷材铺贴的间隔时间，排除卷材下面的空气，并辊压粘结牢固，不得有空鼓；

3）铺贴卷材应平整、顺直，搭接尺寸正确，不得有扭曲、皱折；

4）接缝口应用密封材料封严，其宽度不应小于10mm。

(8）热熔法铺贴卷材应符合下列规定：

1）火焰加热器加热卷材应均匀，不得过分加热或烧穿卷材；厚度小于3mm的高聚物改性沥青防水卷材，严禁采用热熔法施工；

2）卷材表面热熔后应立即滚铺卷材，排除卷材下面的空气，并辊压粘结牢固，不得有空鼓、皱折；滚铺卷材时接缝部位必须溢出沥青热熔胶，并应随即刮封接口使接缝粘结严密；

3）铺贴后的卷材应平整、顶直，搭接尺寸正确，不得有扭曲。

(9）卷材防水层应采用高聚物改性沥青防水卷材和合成高分子防水卷材。所选用的基层处理剂、胶粘剂、密封材料等配套材料，均应与铺贴的卷材材性相容。

(10）两幅卷材短边和长边的搭接宽度均不应小于100mm。采用多层卷材时，上下两层和相邻两幅卷材的接缝应错开1/3幅宽，且两层卷材不得相互垂直铺贴。

1.3.3.2 准备工作

施工机械及工具：汽油喷灯、羊毛滚刷、壁纸刀、彩色粉袋、压铲、ϕ40mm×50mm手持压辊、灭火器等。

1.3.3.3 施工条件

(1）基层必须牢固、无松动、起砂等缺陷。

(2）基层应干燥，含水率应小于9%。

(3）排水口、地漏应低于基体表面；管道的接口部位应高于基体表面不少于20mm。

1.3.3.4 质量管理点

(1）施工中烘烤要适度，以卷材粘结表面既出现熔融层，而又不冒黑烟、反面不发黑为准。切忌慢火烘烤或强火在一处集中烘烤。

(2）防止折皱和空鼓。粘结时要注意卷材紧贴基体。

(3）对特殊部位如转角处、穿墙管、变形缝处等应重点控制。

1.3.3.5 施工控制

(1）施工顺序

基层表面处理→涂刷冷底子油→弹线→满粘阴阳角及穿墙管根部卷材附加层→铺贴底层改性沥青防水卷材→底层卷材热熔封边→铺贴面层改性沥青防水卷材→面层卷材热熔封边→防水层清理、检查修补→验收→防水保护层施工。

(2）施工方法

1）基层表面处理

基层表面必须平整、无起砂、空鼓、开裂等缺陷，基层的阴阳角、管根处要用1：2.5水泥砂浆抹出150mm的平顺圆角，并用空压机将基层表面浮尘吹净。同时检验基层表面干燥度，方法是：将1m² 卷材覆盖在基层表面上，放置3～4h，如紧贴基层一面无水印，说明基层含水率小于9%，适宜做防水施工。

2）涂刷冷底子油

基层隐检合格后，在基层用滚刷涂刷一道冷底子油，涂刷质量要均匀一致，不得漏刷。干燥 12h 或手摸涂层表面不粘手后，方可进行下道工序施工。

3）弹线

用彩色粉袋在基层表面弹出均匀的铺贴边线。方法是：根据卷材宽度并留出卷材搭接宽度（不小于 100mm）弹出平面横线；根据相邻卷材搭接要错缝 500mm 宽的原则弹出平面纵线；根据立面卷材搭接缝必须留在距根部 600mm 处的原则弹出立面纵线。

4）特殊部位防水附加层处理

① 转角部位防水附加层处理：根据阴阳角细部形状剪好宽度为 500mm 的卷材，在细部试贴一下，合适后，将卷材底面用汽油喷灯加热烘烤（喷灯与卷材距离保持 50～100mm），待其底面呈热熔状态（热熔胶熔化并发黑有光泽）时，立即粘贴在已处理好的基层上（不要刻意拉紧卷材，自然松铺无皱折即可），并用橡胶压辊压实铺牢。

② 穿墙管防水附加层处理：根据穿墙管管径大小，在宽度为 500mm＋管径的卷材上开洞，同时在穿墙管根部 500mm 范围内涂一道改性沥青胶粘剂（注：地下防水工程仅此部位用冷粘法施工），卷材穿过套管铺贴在管子根部，用密封膏封严。

③ 变形缝防水附加层处理：根据变形缝设计宽度用热熔法铺贴附加层卷材（见图 1-1），在结构厚度的中央设置止水带，止水带的中心圆环应正对变形缝正中，变形缝内可用浸过沥青的木丝板填满，缝口用密封膏嵌缝。

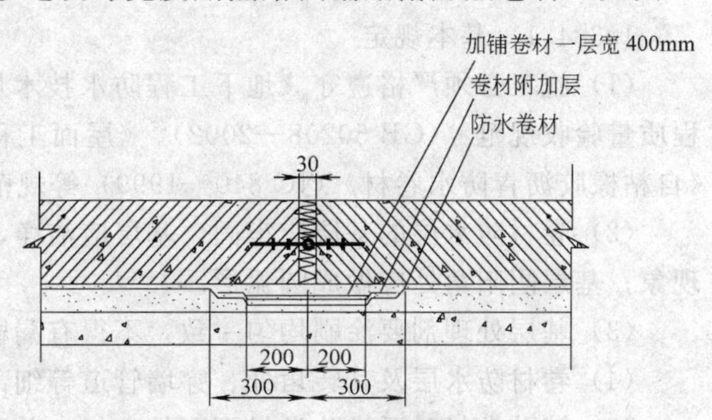

图 1-1　变形缝卷材搭接作法

5）铺贴第一层改性沥青防水卷材

铺贴平面第一层改性沥青防水卷材：在弹好的边线上裁剪并试铺卷材，合格后，按间隔法分步骤铺贴卷材。即第一步铺贴单数段，一人从铺贴起始端开始用汽油喷灯烘烤卷材，一人缓慢向前滚铺熔好的卷材，随后一人手持压辊滚压卷材，排出空气，将卷材粘牢在基层上。第二步铺贴双数段，操作方法同单数段，只是双数段的卷材要按规定与单数段卷材在横纵两个方向搭接。

6）第一层卷材热熔封边

将卷材边缝用压铲轻轻掀起，手持喷灯从接缝外斜向烘烤卷材，热熔后用压铲抹压一遍至封口密实。

7）铺贴第二层改性沥青防水卷材

第一层卷材铺贴完毕并验收合格后方可铺贴第二层卷材，第二层卷材铺贴方法与第一层基本相同，只是上下两层卷材的搭接缝应错开 1/3 幅宽。同时注意在三面角的面层卷材接缝应留在底面上，距墙根不小于 600mm 处。

8）第二层卷材热熔封边

大面积铺完面层卷材后，将卷材边缝用压铲轻轻掀起，按照底层卷材封边方法，将面层卷材封边压实。

9）清理、检查、修补

对于已铺好的卷材要及时清理表面杂物和堆放品，未铺牢的卷材用压铲掀起重新热熔铺贴，破损处要重新铺贴。

10）防水保护层施工

平面防水层采用厚45mm的C10细石混凝土作保护层；立面防水层采用120mm厚砖保护墙或45mm厚聚苯板作保护层。

1.3.3.6 质量检验

（1）卷材防水层的施工质量检验数量，应按铺贴面积每100m^{2}抽查1处，每处10m^2，且不得少于3处。

（2）卷材防水层所用卷材及主要配套材料必须符合设计要求。

（3）卷材防水层的基层应牢固，基面应洁净、平整，不得有空鼓、松动、起砂和脱皮现象；基层阴阳角处应做成圆弧形。

（4）卷材防水层的搭接缝应粘（焊）结牢固，密封严密，不得有皱折、翘边和鼓泡等缺陷。

1.3.4 自粘型高分子防水卷材施工

1.3.4.1 基本规定

（1）施工必须严格遵守《地下工程防水技术规范》（GB 50108—2001）、《地下防水工程质量验收规范》（GB 50208—2002）、《屋面工程质量验收规范》（GB 50207—2002）及《自粘橡胶沥青防水卷材》（JC 840—1999）等规范标准。

（2）卷材防水层的基层应牢固，基层应洁净、平整，不得有空鼓、松动、起砂和脱皮现象；基层阴阳角处应做成圆弧形。

（3）基层处理剂要涂刷均匀一致，不得有漏刷或堆积现象。

（4）卷材防水层及其转角处、穿墙管道等细部做法须符合节点设计要求。

（5）铺贴卷材时要排除卷材下面的空气，并滚压粘结牢固，不得有空鼓。

（6）铺贴后的卷材应平整、顺直，搭接尺寸正确，不得有扭曲。

（7）卷材接缝口应粘结牢固，密封严密，不得有皱折、翘边等缺陷。

（8）卷材搭接宽度允许偏差为－10mm。

1.3.4.2 准备工作

施工机械及工具：滚刷、铁桶、手持压辊、橡皮刮板、皮卷尺、剪刀、裁纸刀、钢卷尺等。

1.3.4.3 施工条件

（1）基层必须牢固、无松动、起砂等缺陷。

（2）基层应干燥，含水率宜小于9%。

（3）排水口、地漏应低于基体表面；管道的接口部位应高于基体表面不少于20mm。

1.3.4.4 质量管理点

（1）防止折皱和空鼓。粘结时要注意卷材紧贴基体。

（2）对特殊部位如转角处、穿墙管、变形缝处等应重点控制。

1.3.4.5 施工控制

(1) 施工顺序：

基层平整度和倒角等修补→基层清理→涂刷基层处理剂→阴阳角、节点部位附加层→定位、弹线→铺贴大面卷材→滚压、排气、粘合→卷材收头、封边→清理、检查、修整→检查验收→保护层施工。

(2) 基层处理：

1) 铺贴卷材的基层要坚实、平整，不得有突出的尖角和凹坑或表面起砂现象，当用2m长的直尺检查时，直尺与基层表面间的空隙不应超过5mm，空隙只允许平缓变化，且1m长度范围内不得超过一处。

2) 阴阳角部位用1∶3水泥砂浆抹成半径为50mm的圆弧，随抹随压光，并确保粘结牢固；结构阳角部位采用混凝土磨光机进行处理。

3) 混凝土基层要剔凿平整，尤其模板接缝处要用磨光机磨平。外墙模板加固所留下的穿墙螺栓孔洞，待模板拆除后，要用膨胀水泥填堵密实。

4) 基层表面应清洁干燥，含水率不大于9%。简易检测方法：将1m^{2}卷材平铺于基层上，静置3～4h后掀开检查，覆盖部位及卷材表面无水印。

(3) 基层经过隐蔽验收合格后，涂刷专用基层处理剂。涂刷要均匀一致，不得有漏刷

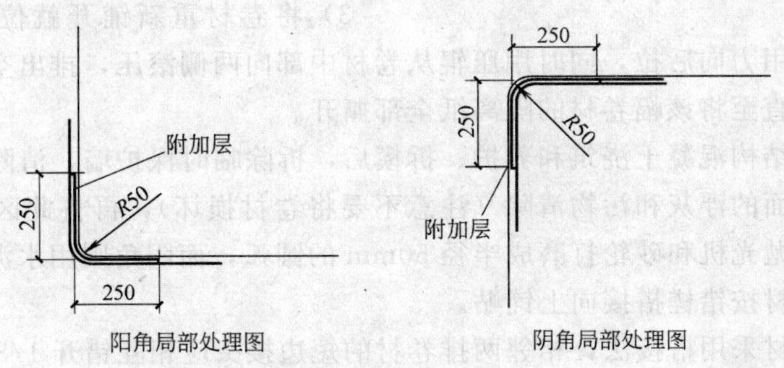

图 1-2 阴阳角局部处理

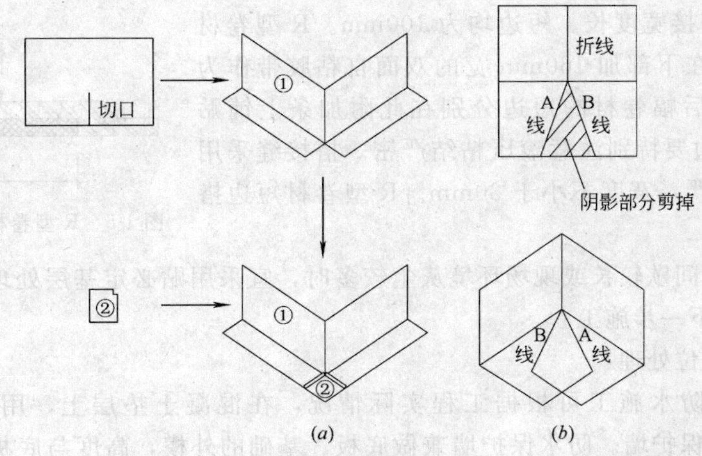

图 1-3 阴阳角卷材剪贴方法

(a) 阳角做法；(b) 阴角做法

或堆积现象。应先在阴阳角等薄弱部位均匀涂刷一遍，再进行大面积涂刷。基层处理剂在涂刷过后需晾 4～5h，至指触不粘，再进行防水铺贴施工。

(4) 在已处理好并干燥的基层表面，依据卷材的宽度留出搭接缝尺寸 100mm，弹好铺贴卷材的基准线。

(5) 在大面积铺贴卷材之前，应先在转角处粘贴一层卷材附加层，每边宽度 250mm。阴阳角局部处理方法见图 1-2；阴阳角卷材剪贴方法见图 1-3。

图 1-4 卷材铺贴

(6) 大面积铺贴卷材要先铺平面，后铺立面。

(7) 大面积铺贴卷材时，先将卷材试铺，按铺贴长度进行裁剪并卷好备用。采用拉铺法铺贴大面积自粘防水卷材。卷材铺贴方法见图 1-4。

1) 卷材展开对准基准线试铺。

2) 将隔离纸从卷材背面撕开一段长约 500mm，再将撕开隔离纸的这段卷材，对准基准线贴铺定位。

3) 将卷材重新铺开就位，拉住已撕开的隔离纸纸头均匀用力向后拉，同时用压辊从卷材中部向两侧滚压，排出空气，使卷材牢固粘贴在基层上。直至将该幅卷材的隔离纸全部撕开。

(8) 待立面结构混凝土浇筑和养护、拆模后，拆除临时保护墙，清除石灰砂浆，将临时固定的卷材表面的浮灰和污物清除（注意不要将卷材损坏），再将此区段的防水结构外表面凸出部分用抛光机和砂轮打磨成半径 50mm 的圆弧，而阴角则用水泥砂浆抹成 50mm 的圆角，再将卷材按错槎搭接向上铺贴。

(9) 铺贴卷材采用搭接法，相邻两排卷材的短边接头应相互错开 1/3～1/2 幅宽以上，以免多层接头重叠而使得卷材粘贴不平服。平行于长边方向的搭接缝应顺流水方向搭接。在立面与底面的转角处，卷材接缝应留在底面上，距墙根不小于 600mm。

(10) 卷材搭接宽度长、短边均为 100mm。R 型卷材短边搭接时，应在下部加 160mm 宽的双面自粘胶带作为搭接附加条，前后幅卷材的短边分别在此附加条上铺贴 80mm 宽。搭接边要特别注意滚压粘结严密。搭接缝采用专用密封材料封严，宽度不小于 30mm。R 型卷材短边搭接长度见图 1-5。

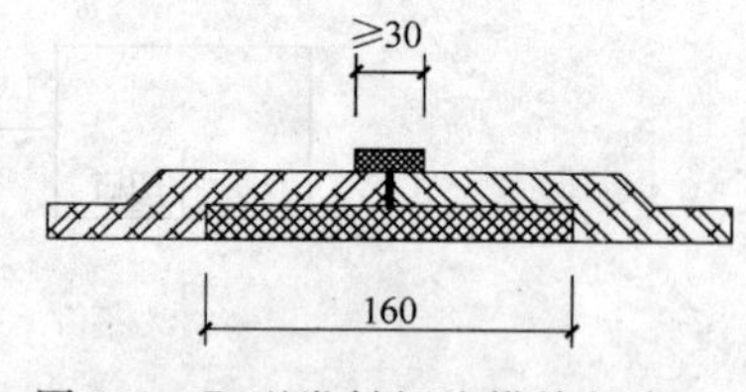

图 1-5 R 型卷材短边搭接长度

(11) 当施工间歇较长或现场环境灰尘较多时，宜采用贴必定基层处理剂清洁卷材搭接部位，再进行下一步施工。

(12) 特殊部位处理：

底板基础的防水施工可根据工程实际情况，在混凝土垫层上，用水泥砂浆砌筑 240mm 厚永久性保护墙。防水保护墙兼做底板、基础的外模，高度与底板上表面平。在永久性保护墙上用石灰砂浆接砌三皮砖高的临时性保护墙，以便于卷材甩头。在永久性保护墙内侧抹 1：3 水泥砂浆找平层 2cm；所有转角部位用 1：3 水泥砂浆抹圆角（$R=$

50mm）。在临时保护墙上抹石灰砂浆找平层。

卷材铺贴时，在垫层和永久性保护墙上应将防水卷材粘贴牢固，而在临时保护墙上只做临时固定。这样，外墙防水接头施工时，拆除临时保护墙，即可搭接施工。

（13）保护层的施工：

保护层的施工要根据设计要求进行，一般平面（如底板）防水保护层采用50mm厚C20细石混凝土；立面（如墙体）防水保护层采用5厚聚乙烯泡沫塑料片材，这样可以缓冲回填土对卷材的挤压作用。保护层在防水卷材验收合格后，应立即进行施工，以免后面的工序施工时损坏卷材。

1.3.4.6　节点处理

（1）对于穿墙管根部，应注意管道外表面上的油污、锈迹等杂物要清除干净。为了避免结构沉降造成管道变形破坏，应在管道穿墙处埋设套管，套管与穿墙管之间的缝隙嵌填密封材料，然后再用长条形附加层和圆（方）形附加层相互搭接的方法处理。穿外墙管道节点处理方法见图1-6。

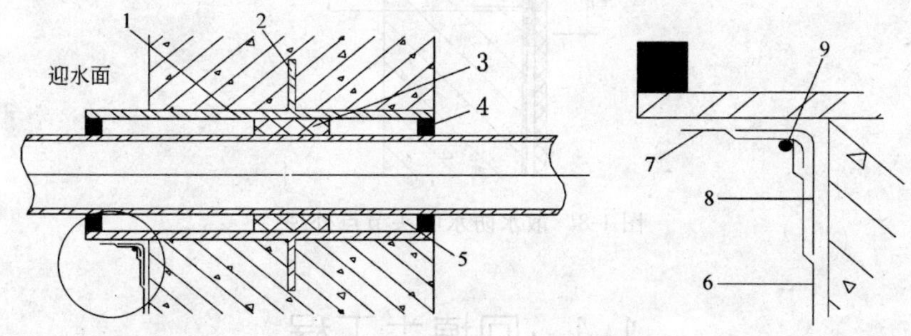

图1-6　穿外墙管道节点处理方法

1—套管；2—止水环；3—沥青麻丝填严；4—聚氨酯密封膏；5—沥青胶泥；6—卷材防水层；7—卷材长形附加层；8—卷材圆形附加层（橡皮条或尼龙绳缠紧）；9—自粘防水卷材专用密封膏

（2）后浇带部位的防水施工

在进行外墙防水施工时，为了保证其施工的连续性，避免甩槎接缝，同时为不影响回填土的进度，在地下室的后浇带上焊接3mm厚的钢板，这样即可正常进行防水层及回填土的施工。后浇带节点作法见图1-7。

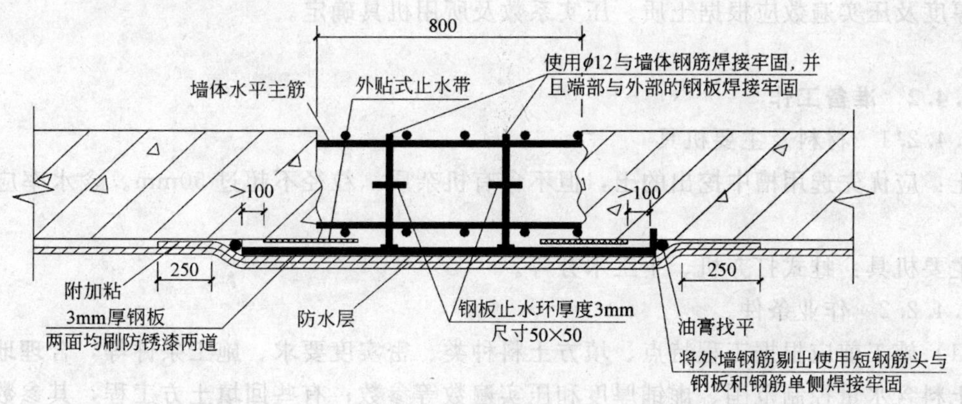

图1-7　后浇带节点处理

(3) 防水卷材的收头

地下室外墙防水卷材在散水处收头作法见图 1-8。收头的端部裁齐后压入凹槽，用压条钉压固定，钉距不大于 500，并用嵌缝膏嵌填封严，然后再用 1∶2 防水砂浆抹面收口。

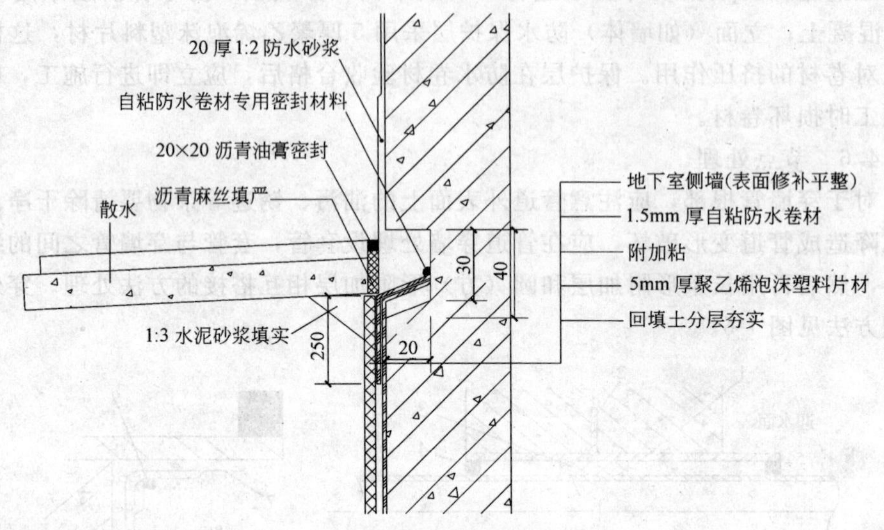

图 1-8　散水防水收头节点处理

1.4　回填土工程

1.4.1　基本规定

1.4.1.1　土方回填前应清除基底的垃圾、树根等杂物，抽除坑穴积水、淤泥，验收基底标高。如在耕植土或松土上填方，应在基底压实后再进行。

1.4.1.2　对填方土料应按设计要求验收后方可填入。

1.4.1.3　填方施工过程中应检查排水措施、每层填筑厚度、含水量控制、压实程度。填筑厚度及压实遍数应根据土质、压实系数及所用机具确定。

1.4.2　准备工作

1.4.2.1　材料及主要机具

土：应优先选用槽中挖出的土，但不含有机杂质，粒径不超过 50mm。含水率应符合规定。

主要机具：蛙式打夯机、手工木夯等。

1.4.2.2　作业条件

(1) 施工前应根据工程特点、填方土料种类、密实度要求、施工条件等，合理地确定填方土料含水量控制范围、虚铺厚度和压实遍数等参数；有些回填土方工程，其参数应通过压实试验来确定。

(2) 填土前应对填方基底和已完工程进行检查和中间验收，合格后要作好隐蔽检查和验收手续。

(3) 施工前，应做好水平高程标志布置。如大型基坑或沟边上每隔1m钉上水平桩撅或在邻近的固定建筑物上抄上标准高程点。大面积场地或地坪每隔一定距离钉上水平桩。

(4) 确定好土方机械、车辆的行走路线，应事先经过检查，必要时要进行加固加宽等准备工作，同时要编好施工方案。

1.4.2.3 质量管理点

(1) 严格控制填土粒径及含水量。

(2) 严格控制填土施工的分层厚度及压实遍数。

1.4.3 施工控制

1.4.3.1 施工顺序

基底清理→检验土质→分层铺土→分层夯实→检验密实度→修整找平验收。

1.4.3.2 施工方法

(1) 填土前，应将基土上的垃圾等杂物清除干净。

(2) 检验土质。检验回填土料的种类、粒径，有无杂物，是否符合规定，以及土料的含水量是否在控制范围内；如含水量偏高，可采用翻松、晾晒或均匀掺入干土等措施；如遇填料含水量偏低，可采用预先洒水润湿等措施。

(3) 填土应分层铺摊。每层铺土的厚度应根据土质、密实度要求和机具性能确定。(见图1-9)

图1-9 分层夯实

(4) 夯实时，夯迹应相互搭接，防止漏压或漏夯。长宽比较大时，填土应分段进行。上下层错缝距离不应小于1m。

(5) 一般回填土用蛙式或柴油打夯机分层夯密实，边角处辅以人工夯打。

(6) 回填土方每层压实后，应按规范规定进行环刀取样，测出干土的质量密度，达到要求后，再进行上一层的铺土。

(7) 回填全部完成后，表面应进行拉线找平，凡超过标准高程的地方，及时依线铲平；凡低于标准高程的地方，应补土找平夯实。

(8) 雨期、冬期施工：

1) 雨期施工的回填土工程，应连续进行并尽快完成；工作面不宜过大，应分层分段进行，并应尽量在雨期前完成。

2) 雨施时，应有防雨措施或方案，要防止地面水流入基坑和地坪内，以免边坡塌方或基础遭到破坏。

3) 冬期回填前，应清除基底上的冰雪和保温材料；填方边坡表层100cm以内不得采用含有冻土块的土填筑；填方上层应用未冻、不冻胀或透水性好的土料填筑，其厚度应符合设计要求。

4) 冬期回填土方，每层铺筑厚度应比常温施工时减少20%～25%，其中冻土块体积不得超过填方总体积的15%；其粒径不得大于150mm。铺冻土块要均匀分布，逐层压(夯)实。回填土方的工作应连续进行，防止基土或已填方土层受冻，并且要及时采取防冻措施。

1.4.4 质量检验

1.4.4.1 有密实度要求的填方，在夯实或压实之后，要对每层回填土的质量进行检验。一般采用环刀法(或灌砂法)取样测定土的干密度，求出土的密实度，或用小轻便触探仪直接通过锤击数来检验干密度和密实度，符合设计要求后，才能填筑上层。

1.4.4.2 基坑和室内填土，每层按30～100m^2 取样一组；场地平整填方，每层按400～900m^2 取样一组；基坑和管沟回填每20～50m取样一组，但每层均不少于一组，取样部位在每层压实后的下半部。用灌砂法取样应为每层压实后的全部深度。

1.4.4.3 填土压实后的干密度应有90%以上符合设计要求，其余10%的最低值与设计差，不得大于0.08t/m^3，且不应集中。

1.4.4.4 填方施工的标高、边坡、压实程度等，检验标准应符合表1-9的规定。

填土工程质量检验标准(mm) 表1-9

项	序	项目	允许偏差或允许值					检验方法
			柱基基坑基槽	挖方场地平整		管沟	地(路)面基层	
				人工	机械			
主控项目	1	标高	−50	±30	±50	−50	−50	水准仪
	2	分层压实系数	设计要求					按规定方法
一般项目	1	回填土料	设计要求					取样检查或直观鉴别
	2	分层厚度及含水量	设计要求					水准仪及抽样检查
	3	表面平整度	20	20	30	20	20	用靠尺或水准仪

注意：1. 回填土料的质量控制需符合设计要求；
2. 回填土必须按规定分层夯压密实，对每层回填土的质量进行检验。

1.5 模板工程

1.5.1 基本要求

模板必须尺寸准确，板面平整；具有足够的承载力、刚度和稳定性，能可靠地承受新浇筑混凝土的自重和侧压力，以及在施工中所产生的荷载；构造简单，装拆方便，并便于钢筋的绑扎、安装和混凝土的浇筑、养护等。

1.5.2 模板设计和制作原则

1.5.2.1 模板设计结构构造合理，选材适当，符合基本规定要求。模板材料，宜选用钢材、胶合板、竹胶板、塑料等，模板支架宜选用钢材（型钢、钢管）、钢木结合，选用木材其材质不宜低于Ⅲ等材。

1.5.2.2 设计模板及其支架，应依据工程结构形式、各项荷载、地基土类、施工方法等条件进行，并应符合国家相应规范、标准。模板设计中必须要有模板体系的计算，计算内容应包括以下几项：

（1）混凝土侧压力及荷载计算；

（2）板面强度及刚度验算；

（3）次龙骨强度及刚度验算；

（4）主龙骨强度及刚度的验算；

（5）穿墙螺栓强度的验算（对板模要有支撑体系的验算）；

（6）大模板自稳角的验算。

模板及其支架设计应考虑的荷载有：

（1）模板及其支架自重；

（2）新浇筑混凝土自重；

（3）钢筋自重；

（4）施工人员及施工设备荷载；

（5）振捣混凝土时产生的荷载；

（6）新浇混凝土对模板侧面的压力；

（7）倾倒混凝土时产生的荷载。

1.5.2.3 模板结构构造合理，强度、刚度满足要求，牢固稳定，拼缝严密，规格尺寸准确，便于组装和支拆。封闭型模板，宜加排气孔。

1.5.2.4 新模板使用前，应检查验收和试组装，并按其规格、类型编号和注明标识。

1.5.2.5 模板设计规格类型和制作数量，应兼顾其后续工程的适用性和通用性，宜多标准型、少异型，多通用、多周转，不断改进和创新。

1.5.3 模板的选型

根据住宅工程的特点，模板的选型、配板和设计是关系到混凝土外观质量的关键因素，因此必须以模板体系的选型为重点，综合考虑工程的结构形式和特点、层高变化和经济投入等等诸多因素进行模板的配板和设计，同时加强对阴阳角、模板接缝、梁墙节点、梁柱节点、梁板节点、楼梯间模板设计、门窗洞口模板等节点部位模板的加工、拼装，才能最终实现混凝土的外观观感质量。

1.5.3.1 墙体模板

全现浇剪力墙结构墙体模板采用工业化钢制定型大模板较为合理，其特点为能够整装整拆，使用快捷、方便，周转次数高；接缝较少，浇筑混凝土的效果较好；可租赁、定型

加工；适用于标准层较多，特别是楼层开间一致或楼层对称布局时采用比较理想。大模板及挂架作法见图 1-10。大模板及操作台挑架作法见图 1-11。大模板外观见图 1-12。大模板冬施保温作法见图 1-13。

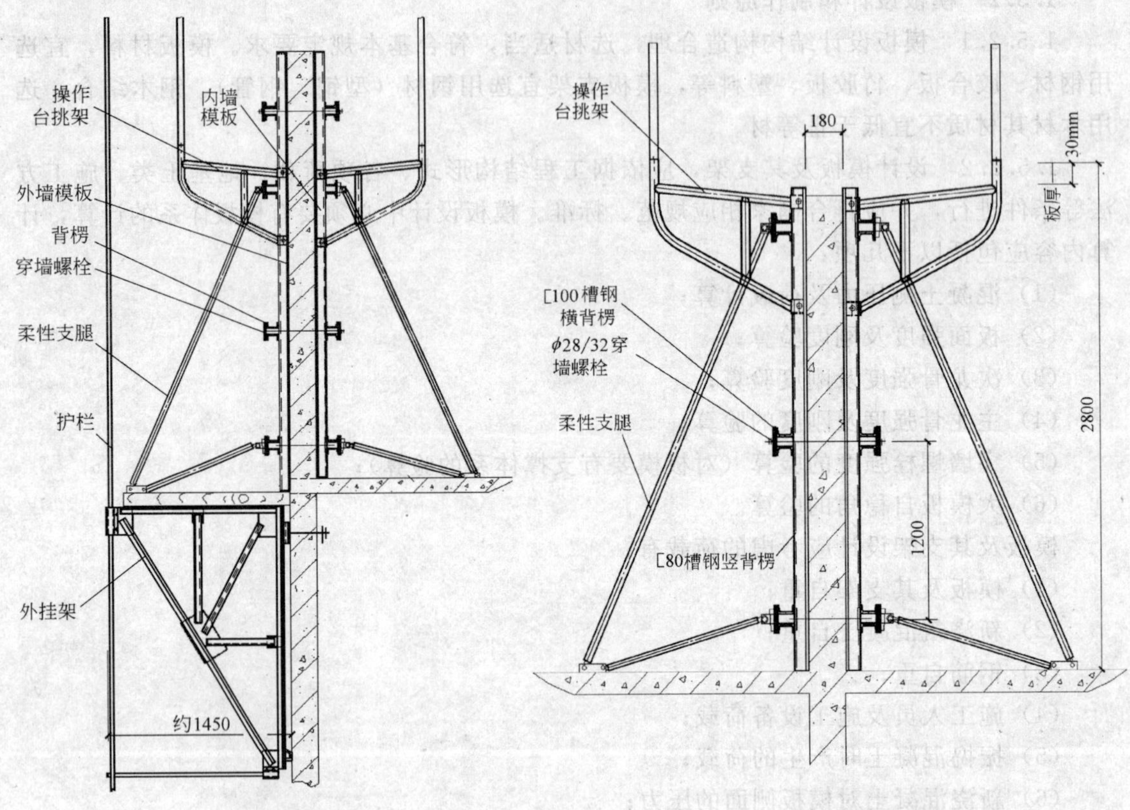

图 1-10　大模板及挂架

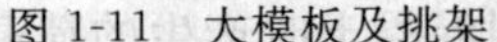

图 1-11　大模板及挑架

图 1-12　大模板外观

图 1-13　大模板冬施保温

一般整体式定型钢制大模板面板采用 6mm 厚钢板；竖龙骨采用 8 号槽钢，间距 300mm；横背楞采用成对 10 号槽钢，并纵向设置三道，见图 1-14。内外墙模板纵向相应设置三排穿墙螺栓，横向间距不大于 1200mm。

大模板靠支腿支撑调节，通过支腿丝杠，调整大模板的垂直度。

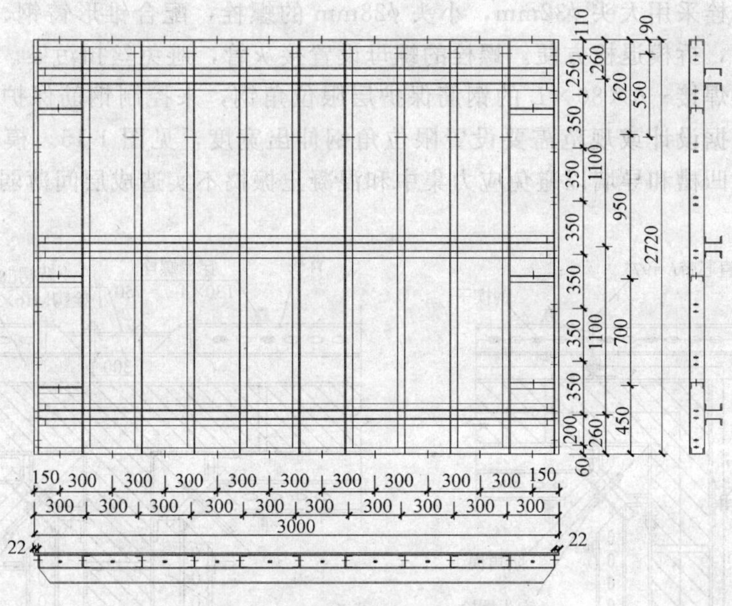

图 1-14　大模板竖向龙骨及背楞图

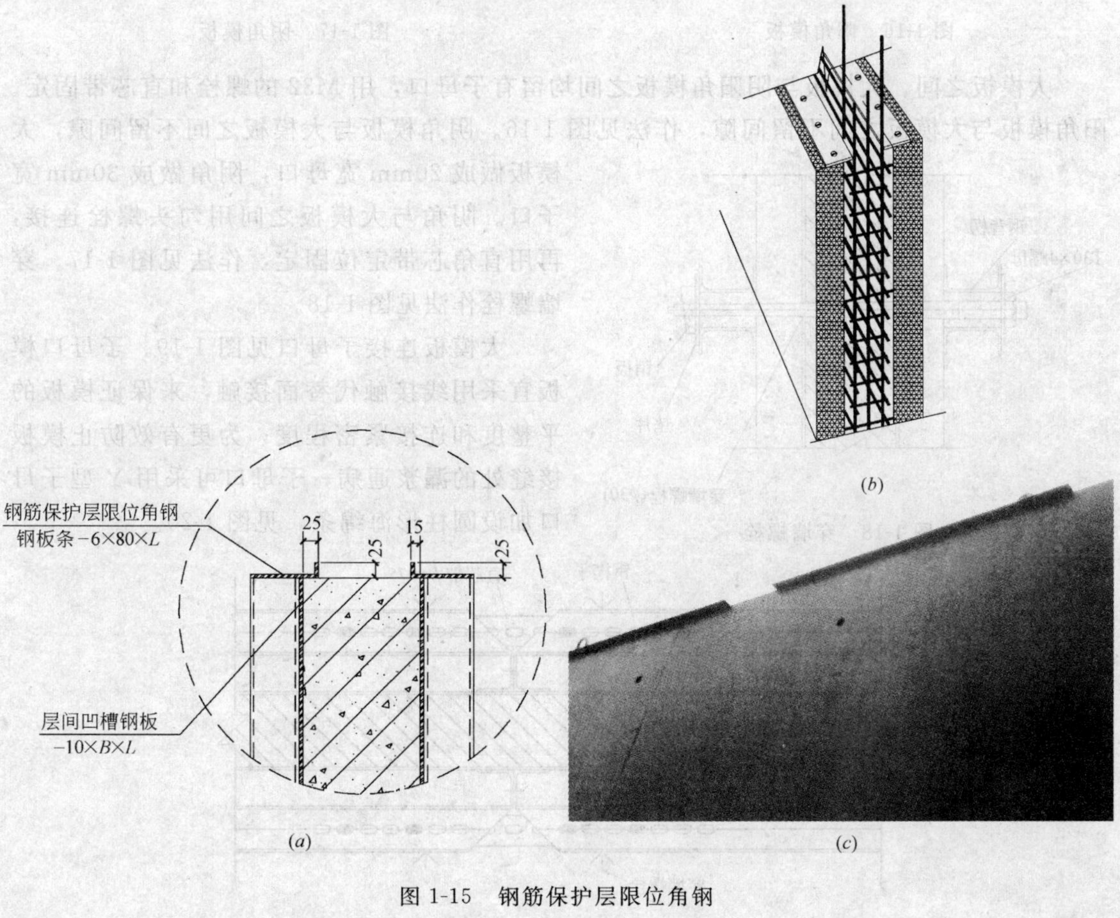

钢筋保护层限位角钢

钢板条 -6×80×*L*

25　15　25　25

层间凹槽钢板

-10×*B*×*L*

(*a*)

(*b*)

(*c*)

图 1-15　钢筋保护层限位角钢

(*a*) 节点图；(*b*) 模拟图；(*c*) 实体照片

外墙穿墙螺栓采用大头 $\phi32$mm，小头 $\phi28$mm 的螺栓，配合锥形铸钢、镀锌的部件，并配备铸铁垫片，拆模退栓方便。螺栓的螺母设置接灰管，避免丝扣污染。

模板上口宜焊接－6×80×L 的钢筋保护层限位角钢，来控制钢筋保护层的厚度，外墙和内墙分别根据设计或规范需要设置限位角钢伸出宽度，见图 1-15。模板层间接缝部位不宜留设层间凹槽和导墙以避免应力集中和混凝土振捣不实造成层间薄弱混凝土层。

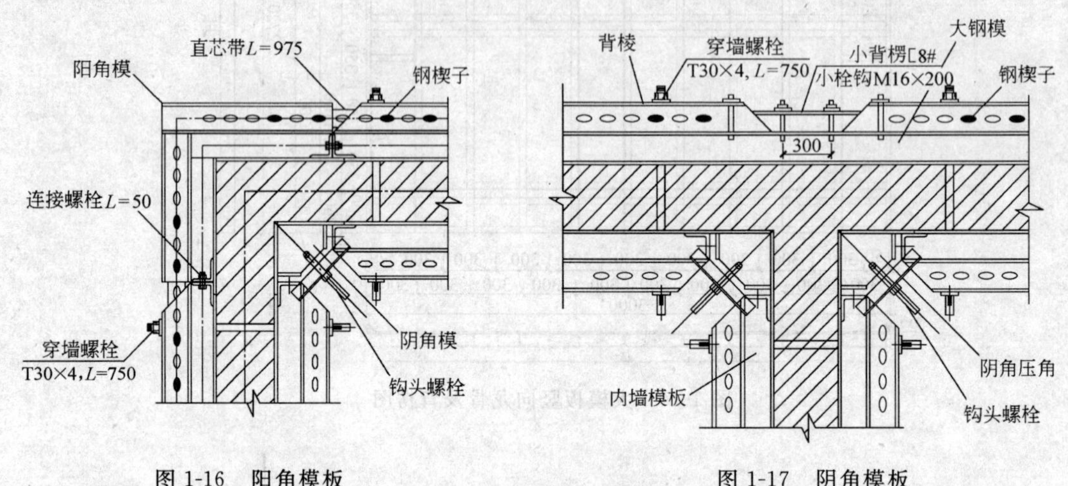

图 1-16　阳角模板　　图 1-17　阴角模板

大模板之间、大模板与阴阳角模板之间均留有子母口，用 M32 的螺栓和直芯带固定。阳角模板与大模板之间不留间隙，作法见图 1-16。阴角模板与大模板之间不留间隙，大模板做成 20mm 宽母口，阴角做成 30mm 宽子口。阴角与大模板之间用勾头螺栓连接，再用直角芯带定位固定，作法见图 1-17。穿墙螺栓作法见图 1-18。

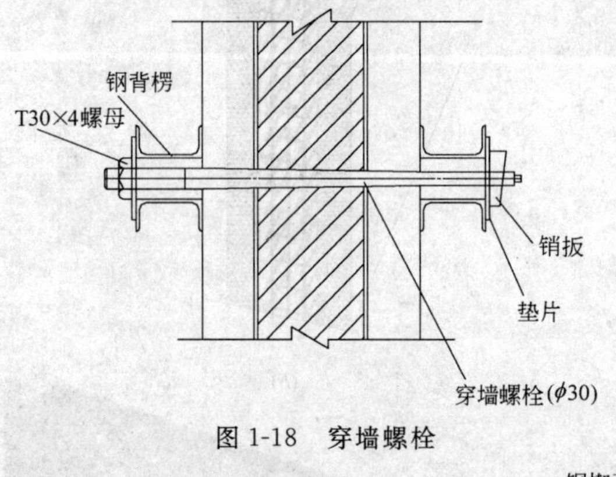

图 1-18　穿墙螺栓

大模板连接子母口见图 1-19。子母口模板宜采用线接触代替面接触，来保证模板的平整度和连接紧密程度；为更有效防止模板接缝处的漏浆通病，子母口可采用 Y 型子母口加设圆柱形海绵条，见图 1-20。

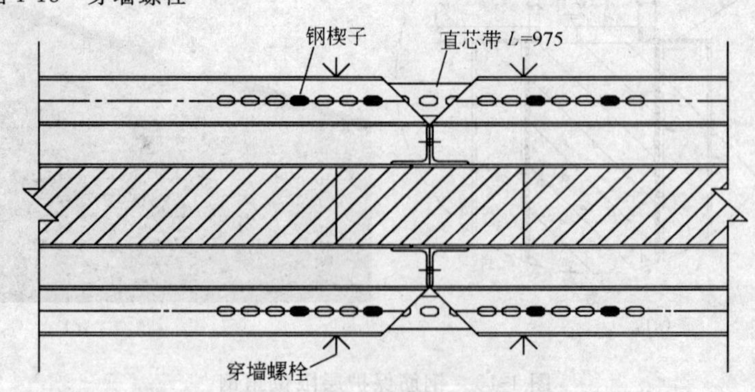

图 1-19　大模板子母口连接

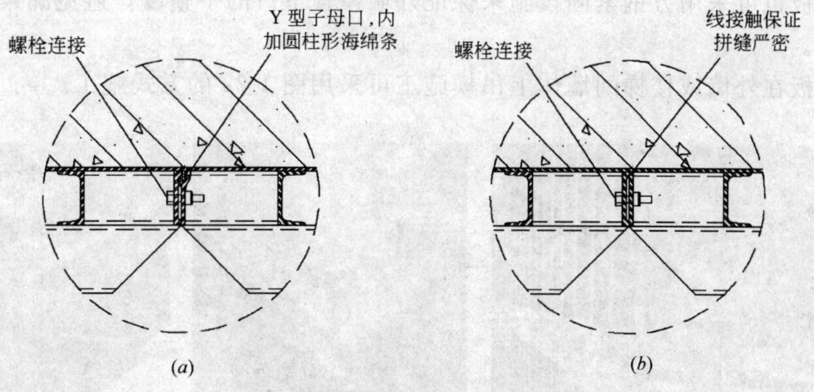

图 1-20 大模板子母口及硬拼

(*a*) Y 型子母口；(*b*) 线接触

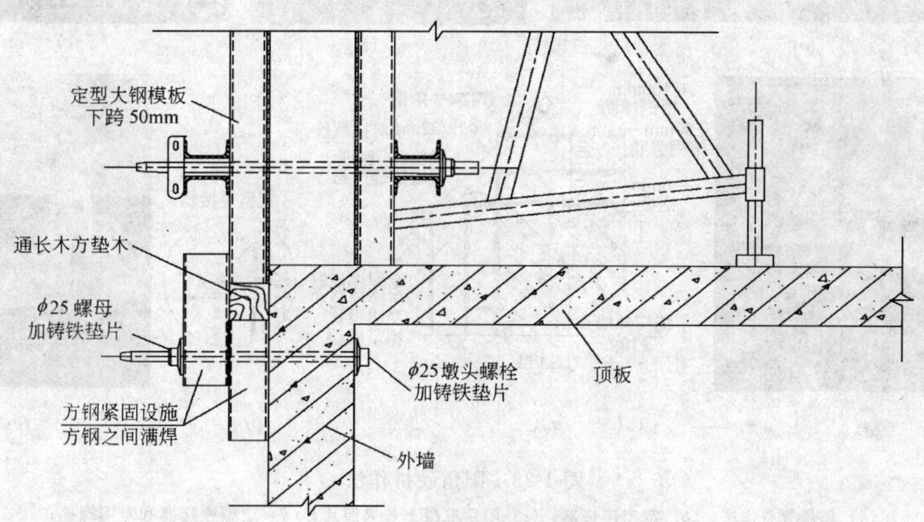

图 1-21 外墙模板支设图

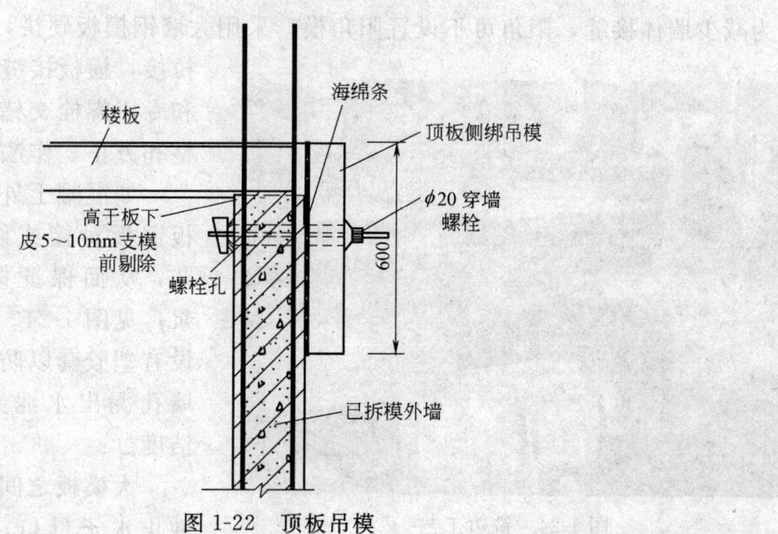

图 1-22 顶板吊模

外墙模板也可采用方钢紧固设施来保证外墙模板下口的平整度，避免漏浆通病，其方法见图 1-21。

顶板模板在外墙或楼梯间墙体上吊模施工可采用图 1-22 的方式施工。

(*a*)　(*b*)　(*c*)

□100mm 槽钢横肋
焊接45°角钢
ϕ28/32mm对拉螺栓
□80mm 槽钢竖肋
线接触，保证模板拼缝严密
−6mm 钢板
100
80
60
定型连接器与螺栓竖向交错设置，锁紧模板
结构外墙阳角
190
定型连接器

(*d*)　(*e*)　(*f*)　(*g*)

图 1-23　阳角硬拼作法

(*a*) 阳角节点作法；(*b*) 定型连接器；(*c*) 阳角混凝土效果照片；(*d*) 定型连接器和专用螺栓；(*e*) 阳角硬拼节点图；(*f*) 定型连接起节点图；(*g*) 大模板螺栓

为减少墙体接缝，阳角可不设置阳角模，采用大墙钢模板硬拼，在角部增加对拉螺栓拉接，模板接缝部位采用定型连接器和专用螺栓交错连接，保证模板的平整和方正。作法见图 1-23。

图 1-24　铣边工艺

如混凝土外观质量要求更高，模板钢板对接或硬拼部位采用铣边工艺，从而保证模板拼缝严密、不漏浆，见图 1-24。在穿墙栓与大模板间设有塑胶套以防止混凝土浇筑时从穿墙孔漏出水泥浆，提高混凝土的光洁度。

大模板之间的子母口，可采用柔性止水子母口，在模板边加设 Y 型板，其中设置圆柱形泡沫棒，模板硬拼接缝与止水泡沫棒双重控制大墙面的接缝严密，保证不漏浆，作法见图 1-25。连接固定采用专用螺栓和加设的横肋用勾头螺栓连接。

图 1-25　大模板 Y 型柔性止水子母口

（a）节点图；（b）平面图；（c）节点作法

阴角：设置阴角模板，阴角模板与大模板之间留有 1mm 的间隙，并且阴角模板比大模板高出 10～15mm，阴角模板上部设置防撬管，拆除时将撬杠插入防撬管进行拆模，防止拆除模板时角模被撬变形，见图 1-26。阴角模板与大模板之间通过专用连接螺栓和多道阴角压槽控制，拼缝严密、不错台，再用勾头螺栓紧固。

图 1-26　阴角模板

图 1-27　变形缝模板——聚苯板夹芯填充

变形缝模板一般采用聚苯板夹芯填充施工，见图 1-27，但施工效果不是很好，而且费用较高。建议采用钢制大模板施工，横肋和竖肋均为 80mm，槽钢在同一平面，卧焊于面板上，减小模板的宽度，保证大模板的顺利入模，作法见图 1-28。在穿墙螺栓位置将螺母焊接在横肋上，从变形缝外侧用对拉螺栓紧固拉接。对拉螺栓并非传统的插入后再紧固，而采用旋进旋出的方法直接拧对拉螺栓进行紧固和拆除。采用这种方法施工的变形缝见图 1-29。

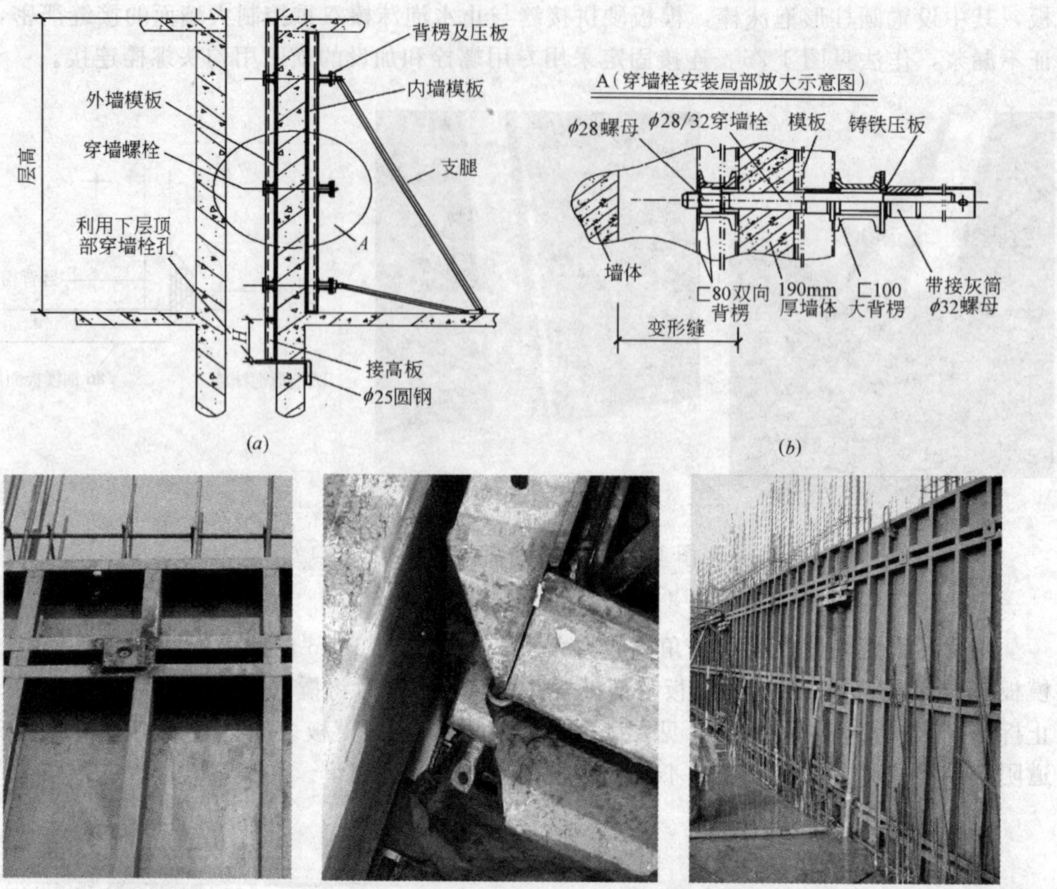

图 1-28 变形缝模板——钢制大模板

（*a*）变形缝剖面；（*b*）变形缝节点；（*c*）变形缝处大模板；（*d*）大模板节点；（*e*）内墙大模板

图 1-29 采用钢制大模板施工的变形缝效果

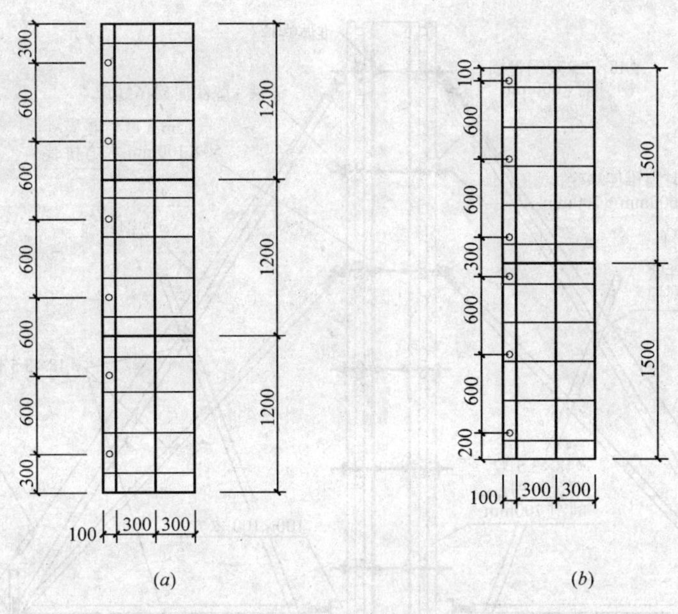

图 1-30　组合小钢模排板图

(a) 3.6m 高墙体；(b) 3m 高墙体

组合小钢模板一般较少采用，在楼层、开间、层高不规则，变化较多的情况下采用较多。一般全现浇钢筋混凝土剪力墙结构非标准层会采用组合小钢模板施工。支设前必须整理平整方正，并做好排板图，作法见图 1-30。小钢模阴阳角节点见图 1-31。采用小钢模应加强对拼缝处漏浆和阴阳角处拼缝的处理。

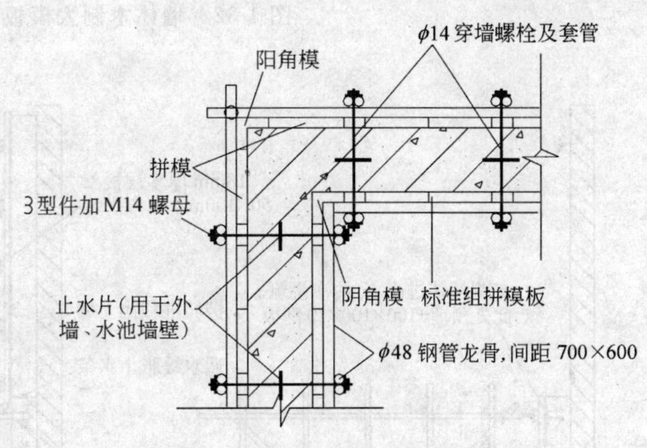

图 1-31　组合小钢模阴阳角节点图

木制大模板具有可整装、整拆，接缝少等特点，但其刚度小，可连接性差，周转次数少，一般用于全现浇钢筋混凝土剪力墙结构非标准层施工。配置高度根据楼层高度确定，高度要高于顶板板底标高 30～50mm。模板用 50×100 和 100×100 木方、钢管或槽钢做横背楞，采用 M14 或 M16 对拉螺栓固定和脚手架支顶体系，在底板上预埋 Φ25 钢筋做地锚拉环，用钢丝绳与地锚和脚手架拉结牢固，作法见图 1-32。

地下室墙体可采用单面支模的方法来施工地下室外墙，见图 1-33、图 1-34。

穿墙螺栓可采用五节式穿墙锥体螺栓，锥体与模板面接触面积较大，中间加海绵垫圈保证不漏浆。五节锥体、丝杆均为定尺带限位机构，拧紧即可保证墙体厚度，此处不用加顶棍。

锥体对拉螺栓刚度较大，而竹胶板面刚度较小，在锥体螺栓部位易产生变形，故在锥体对拉螺栓两侧加设竖龙骨，其他竖龙骨进行微调，控制龙骨间距不超过设计要求，从而保证板面平整，见图 1-35。

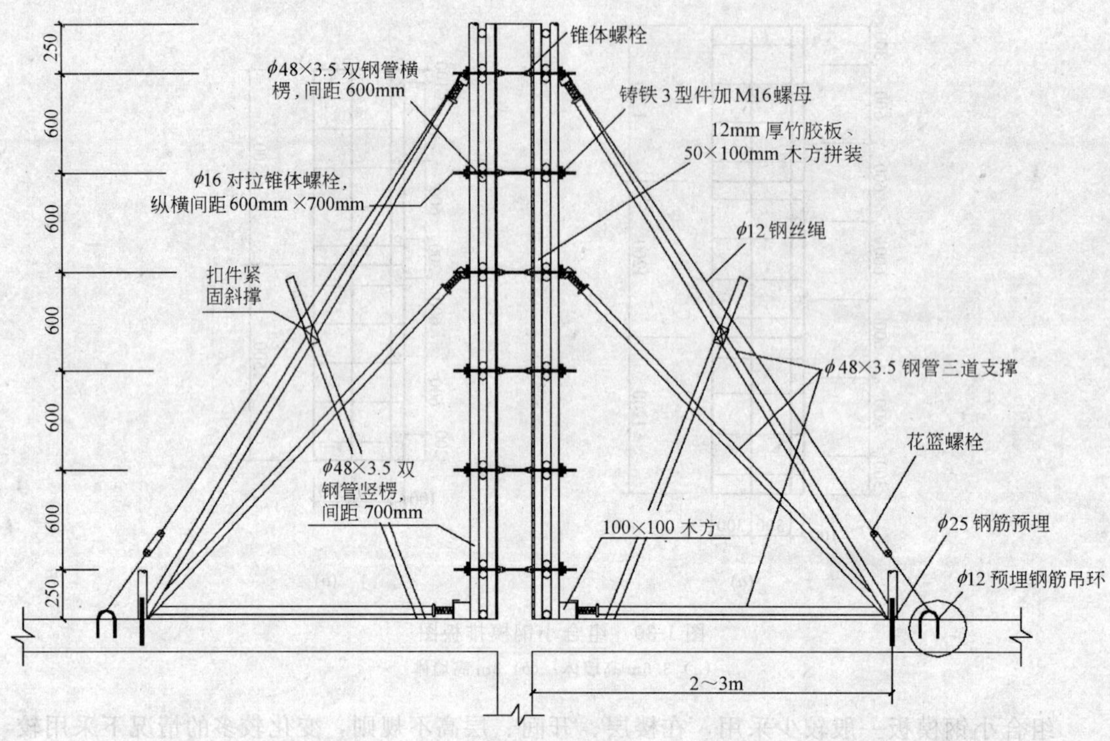

图 1-32　墙体木制大模板支模示意图

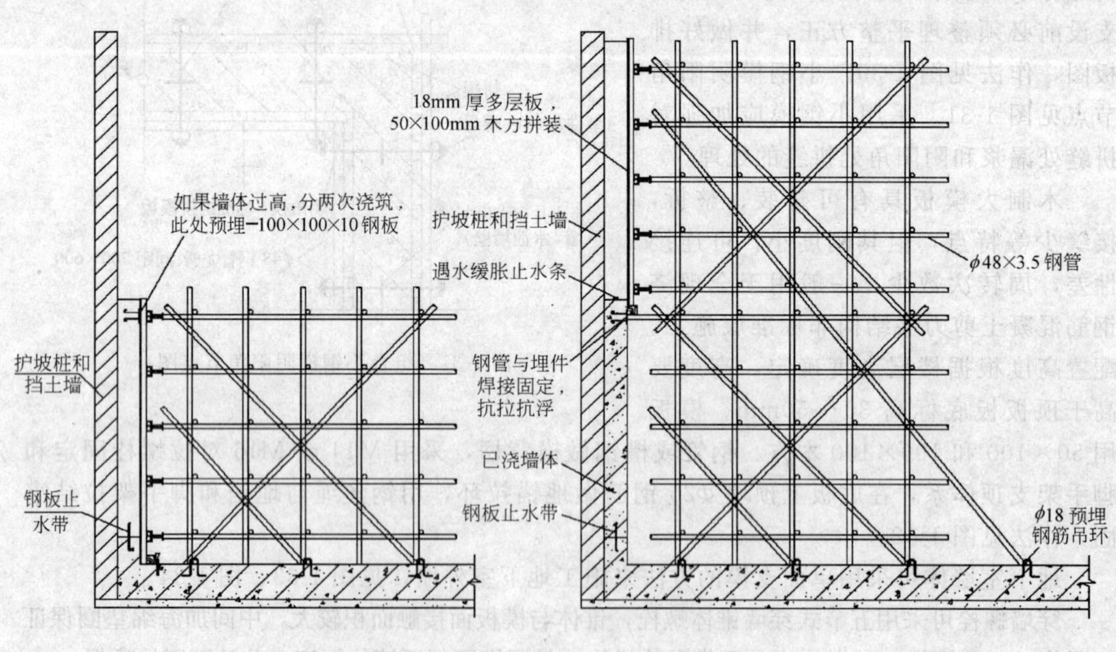

图 1-33　地下室墙体单面支模示意图

(a) 第一次浇筑混凝土支模；(b) 第二次浇筑混凝土支模

(*a*) (*b*)

(*c*) (*d*)

图 1-34 地下室墙体单面支模实景

阴阳角部位：用木方和竹胶板制作阴角模，与大模板采用子母口连接。阳角不设角模，采用墙模端面硬拼，用钢管扣紧，再用木楔挤紧，从而保证阴阳角方正，见图 1-36。

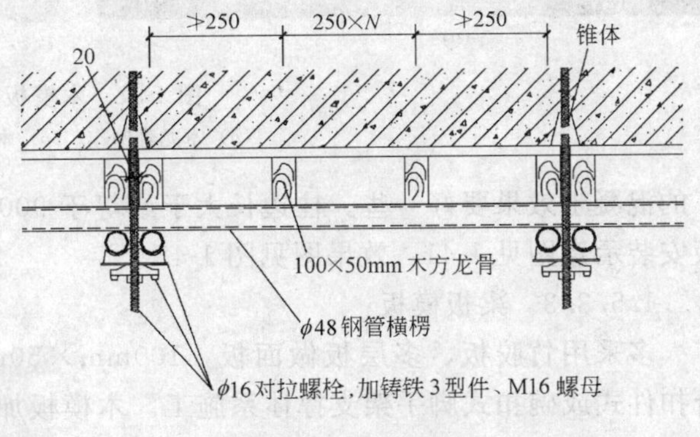

图 1-35 穿墙螺栓

木模板制作见图 1-37。

木模板效果见图 1-38。

1.5.3.2 柱模板

定型钢制柱模板应用较为普遍，特别是在住宅工程地下车库框架结构独立柱中应用更为经济合理。定型钢制柱模板有固定截面和可调截面两种，见图 1-39。可调截面柱模板在因楼层变化而柱变截面时采用较好。

多层板、竹胶板组拼的柱模板一般在框剪结构或只有少量柱子的工程中应用较为合理，见图 1-40。一般背楞采用木方和钢管较为经济，也有采用木方和槽钢作为背楞，施

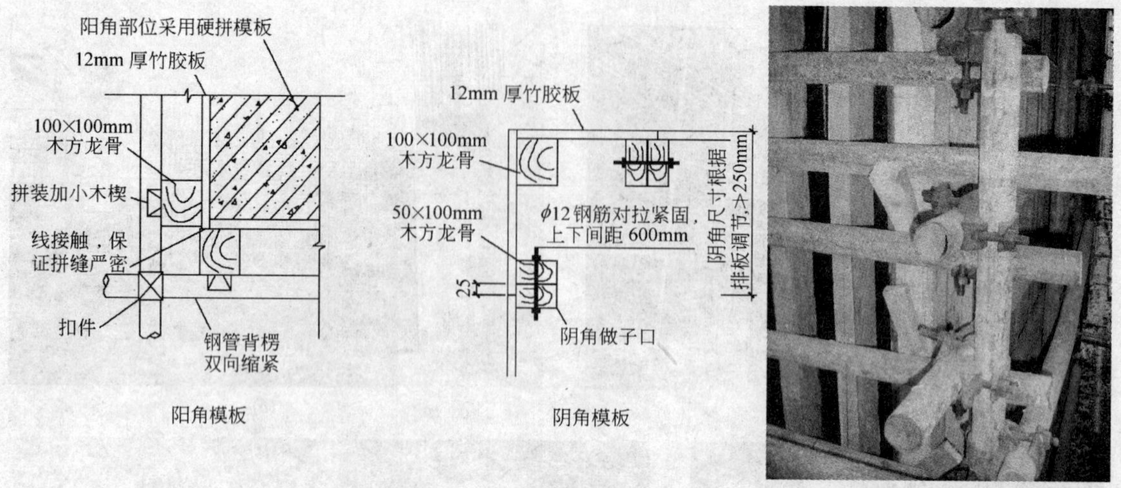

图 1-36　阴阳角模板

(a)　　(b)

图 1-37　木模板制作

(a) 木龙骨制作；(b) 木模板制作

工的混凝土效果要好一些。柱边长大于或等于 900mm 的，柱中间宜加设对拉螺栓。柱模板安装示意图见 1-41。效果图见图 1-42。

1.5.3.3　梁板模板

多采用竹胶板、多层板做面板，100mm×50mm、100mm×100mm 木方做龙骨，配合扣件式或碗扣式脚手架支撑体系施工。木模板加工时，龙骨之间、龙骨与模板之间、模板之间的接触面应刨平刨直，保证其间的接触严密，避免因加工误差造成板面和接缝不平整。面板一般宜采用双面厚覆膜多层板，其具有良好的刚度和强度，表面平整，易拼装、易拆卸、接缝严密，浇筑后混凝土表面光滑等优点，性价比较高，建议采用此种多层板做面板。板、梁模板支撑示意见图 1-43 和图 1-44。

顶板模板支撑下加设 500mm×100mm×50mm 垫木，支撑位置要保证纵向在一条直线上，上下楼层也必须对准，见图 1-45。

(a)

(b)

图 1-38　木模板效果

(a) 墙体模板安装；(b) 墙体支模效果

(a)

(b)

图 1-39　定型钢制柱模板

(a) 可调截面柱模板；(b) 固定截面柱模板

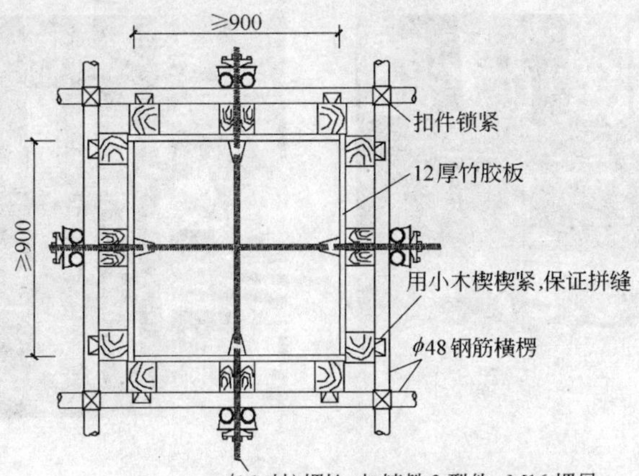

图 1-40　多层板、竹胶组拼的柱模板

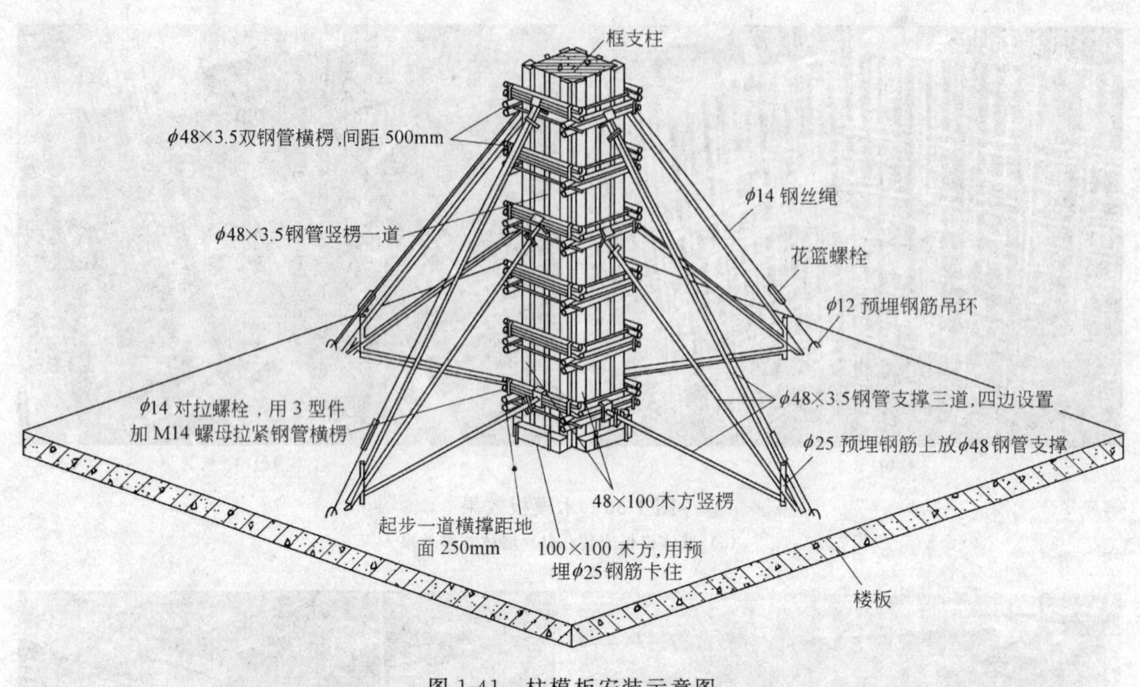

图 1-41 柱模板安装示意图

(*a*) (*b*) (*c*) (*d*)

图 1-42 柱模板安装效果图

(*a*) 支模效果；(*b*) 柱模上口作法；(*c*) 柱模支撑；(*d*) 柱模背楞

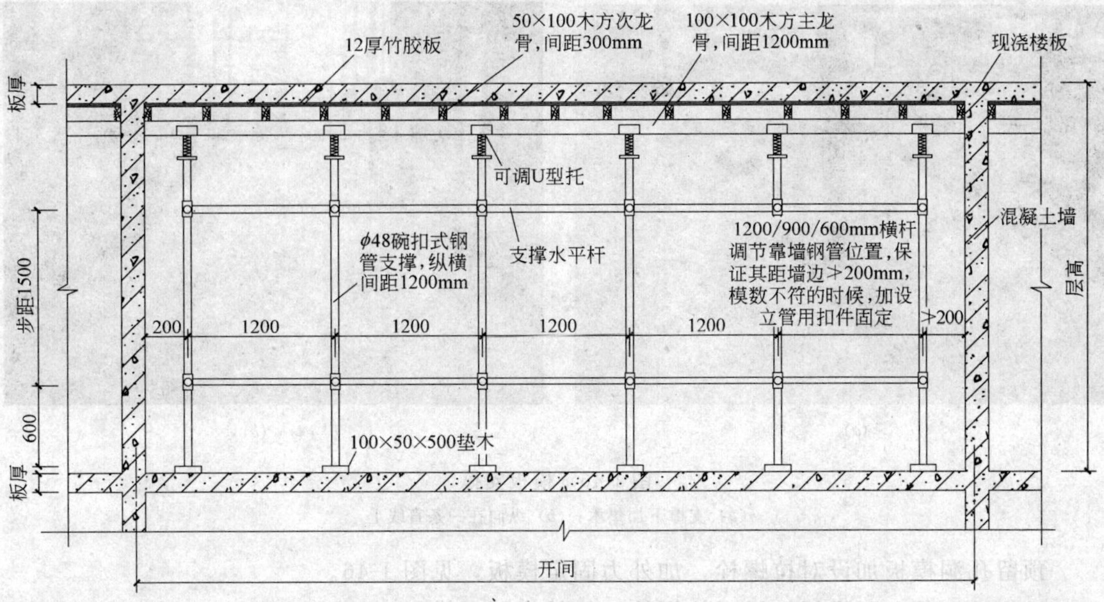

说明：1.所有板与板之间的接缝均设置在次龙骨上，房间四周靠墙部位周圈布设50×100木方。可适当调节次龙骨间距，但不大于350mm。

2.上下层楼板模板支撑立杆应对齐。

3.跨度≥4000mm的板按15mm起拱。

图 1-43　顶板模板支模示意图

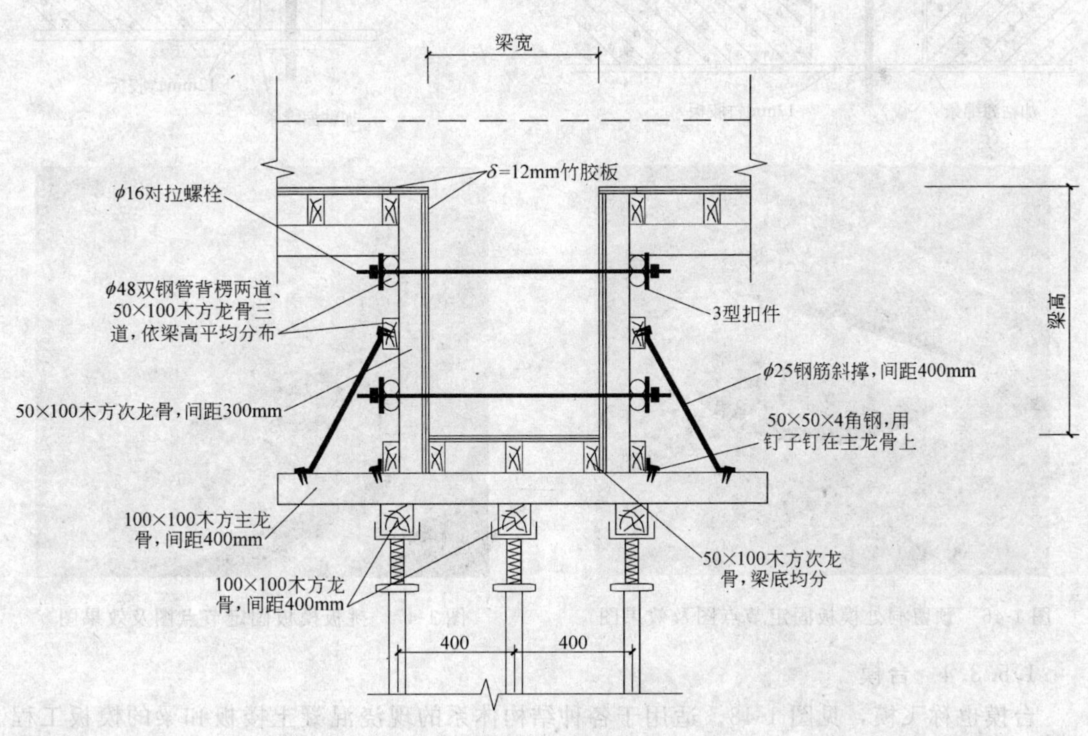

图 1-44　梁模板支模示意图

(*a*)

(*b*)

图 1-45 模板支撑

(*a*) 支撑下加垫木；(*b*) 纵向在一条直线上

预留孔洞模板加设对拉螺栓，加外力固定模板，见图 1-46。

挑板端面外立面模板加设对拉螺栓，加外力固定模板，见图 1-47。

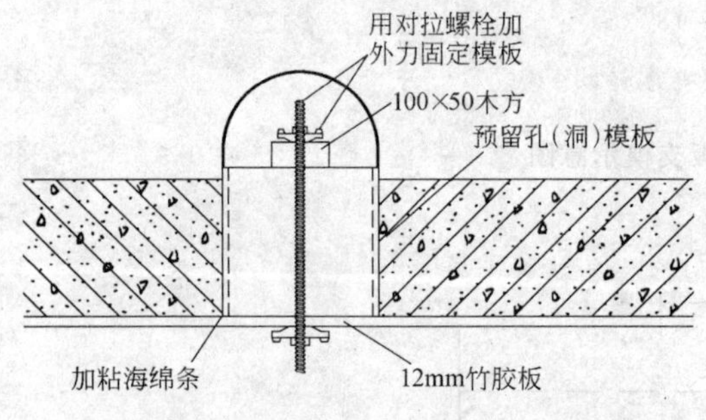

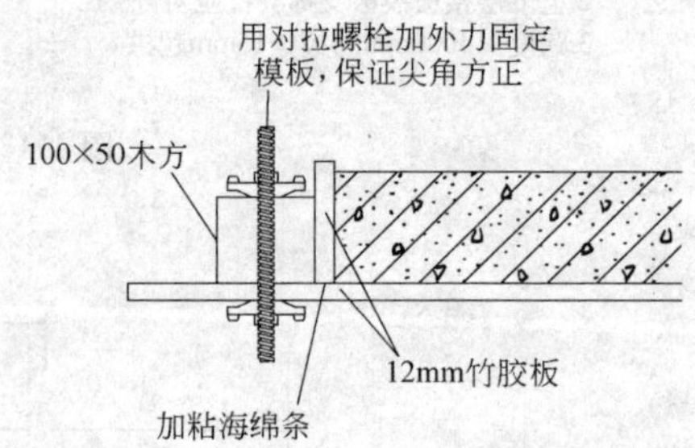

图 1-46 预留洞处模板固定节点图及效果图

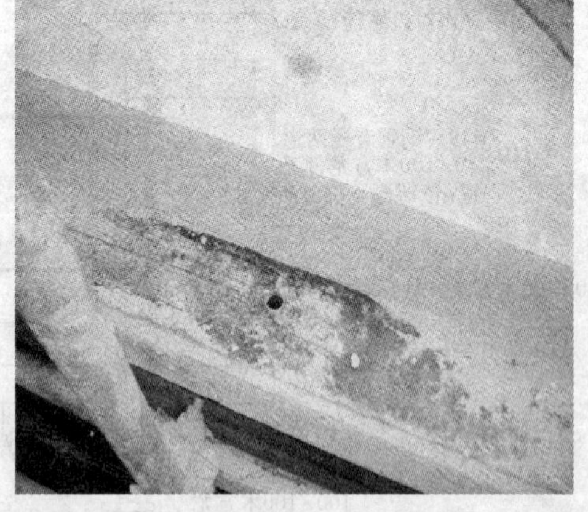

图 1-47 挑板模板固定节点图及效果图

1.5.3.4 台模

台模也称飞模，见图 1-48。适用于各种结构体系的现浇混凝土楼板和梁的模板工程。它是由面板和支架两部分组成，可以整体安装、脱模和转运，利用起重设备在施工中层层

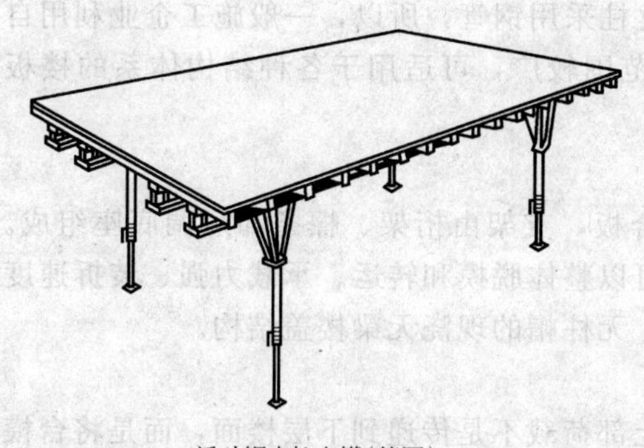

活动钢支柱台模（德国）

铝合金型材台模（加拿大）

图 1-48　台模

向上转运使用。

（1）台模施工流程见图 1-49。

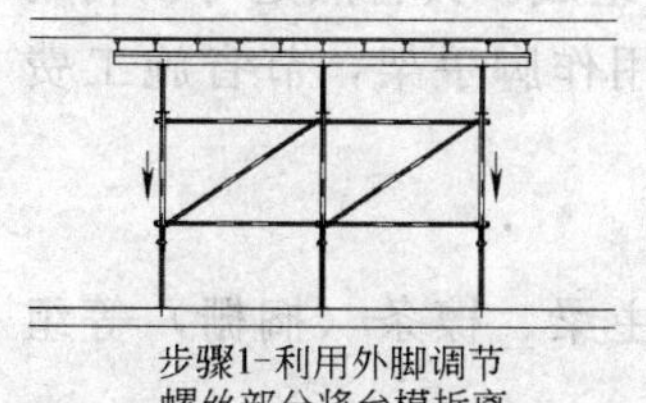

步骤1-利用外脚调节
螺丝部分将台模拆离

步骤2-1)用液压千斤顶承托台模
2)将内脚支撑收回到指定高度

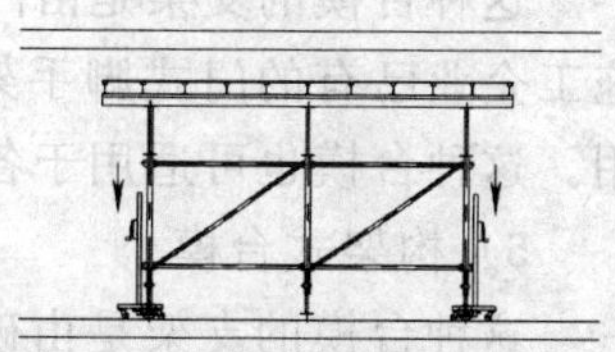

步骤3-1)用液压千斤顶降低台模
2)底部滑轮按外脚支撑位置固定

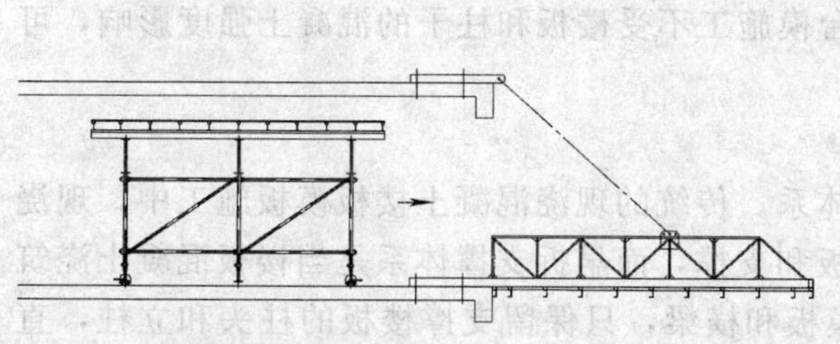

步骤4-1)将台模移动到提升平台上
2)当台模准备提升时移开底部滑轮

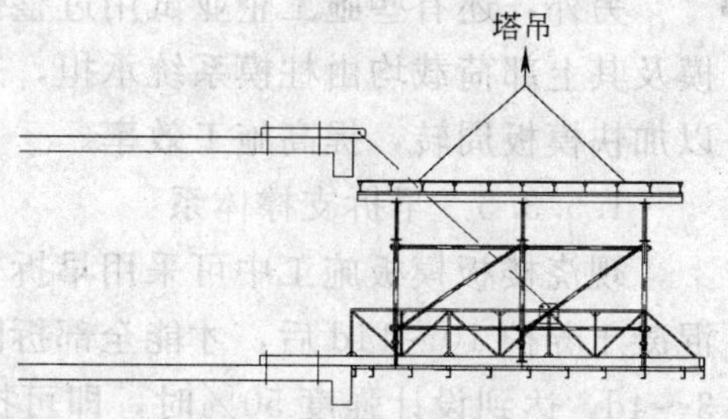

步骤5-将台模吊至下一层位置

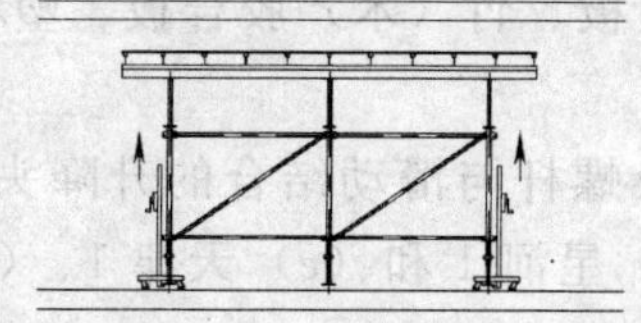

步骤6-1)将台模放置到预定位置
2)利用液压千斤顶将台模提升到预定位置

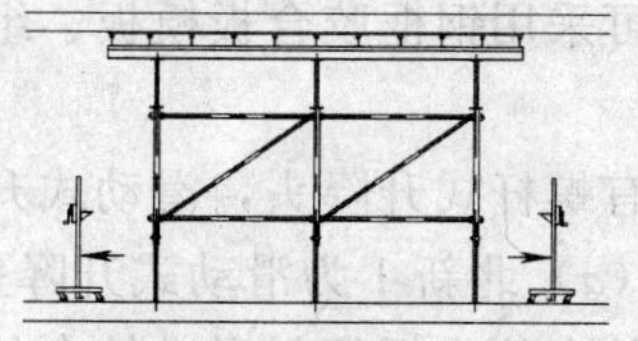

步骤7-1)降下内脚支架
2)移开液压千斤顶承托

图 1-49　台模施工流程

（2）台模主要的几种形式

1）立柱式台模

这种台模是由传统的满堂支模的形式演变而来，其特点是结构简单，加工容易。台模的面板主要采用组合钢模板，支架的主次梁和立柱采用钢管，所以，一般施工企业利用自备的钢模板和钢管就可以制作。这种台模应用范围较广，可适用于各种结构体系的楼板施工。

2）桁架式台模

这种台模的面板可以选用组合钢模板或胶合板，支架由桁架、檩条和可调底座组成。桁架可采用型钢或铝合金型材组装。其特点是可以整体脱模和转运、承载力强、装拆速度快、台模面积大，尤其适用于大开间、大进深、无柱帽的现浇无梁楼盖结构。

3）悬架式台模

这种台模没有立柱，其特点是台模自重和上部荷载不是传递到下层楼面，而是将台模支承在混凝土柱或墙体的托架上，这样可以加速台模周转，缩短施工周期。台模的面板可采用组合钢模板或胶合板，支架由桁架、檩条、翻转翼板和剪刀撑等组成。这种台模尤其适用于框架结构和剪力墙结构体系。

4）门架式台模

这种台模的支架是由门架、交叉斜撑、水平架和可调底座等组成。其特点是可以利用施工企业已有的门式脚手架进行组装，拼装简便，拆除后仍可用作脚手架，节省施工费用。这种台模也可适用于各种结构体系的楼板施工。

5）构架式台模

这种台模的支架是由碗扣式脚手架等各种承插式脚手架、主梁、檩条（搁栅）等组成，其特点和适用范围与门架式台模相同。

另外，还有些施工企业试用过整体式台模，即将台模和柱模系统组合成一个整体，台模及其上部荷载均由柱模系统承担，这种台模施工不受楼板和柱子的混凝土强度影响，可以加快模板周转，提高施工效率。

1.5.3.5　早拆支撑体系

现浇楼板模板施工中可采用早拆支撑体系。传统的现浇混凝土楼板模板施工中，现浇混凝土养护10～14d后，才能全部拆除模板和支撑，而早拆支撑体系是当楼板混凝土浇筑3～4d，达到设计强度50%时，即可拆除模板和横梁，只保留支撑楼板的柱头和立柱，直到养护期结束时再拆除。

早拆支撑体系由平面模板、模板支架、早拆柱头、横梁和底座等组成。

平面模板：可采用钢框胶合板模板、组合钢模板、竹（木）胶合板、塑料或玻璃钢模壳等。

早拆柱头：有螺杆式升降头，滑动式升降头及螺杆与滑动结合的升降头等多种形式，如图1-50所示，(*a*) 北新1为滑动式升降头，(*c*) 星河1和 (*e*) 天津1、(*f*) 天津2为螺杆式升降头，其余均为螺杆与滑动结合的升降头。

早拆柱头为滑动式升降头的早拆体系，面板可采用钢模板或胶合板，支架用扣件式钢管支架，横梁可用钢管或方木。这种早拆体系可用各种模板作面板，支架和横梁都可利用现有的钢管，如图1-51。

一般采用竹（木）胶合板或钢框胶合板模板作面板；碗扣式支架；圆钢管、矩形钢管或木方作横梁；螺杆式或螺杆与滑动结合的早拆柱头等组合的早拆体系，如图1-52、图1-53。

1.5.3.6　梁柱节点模板

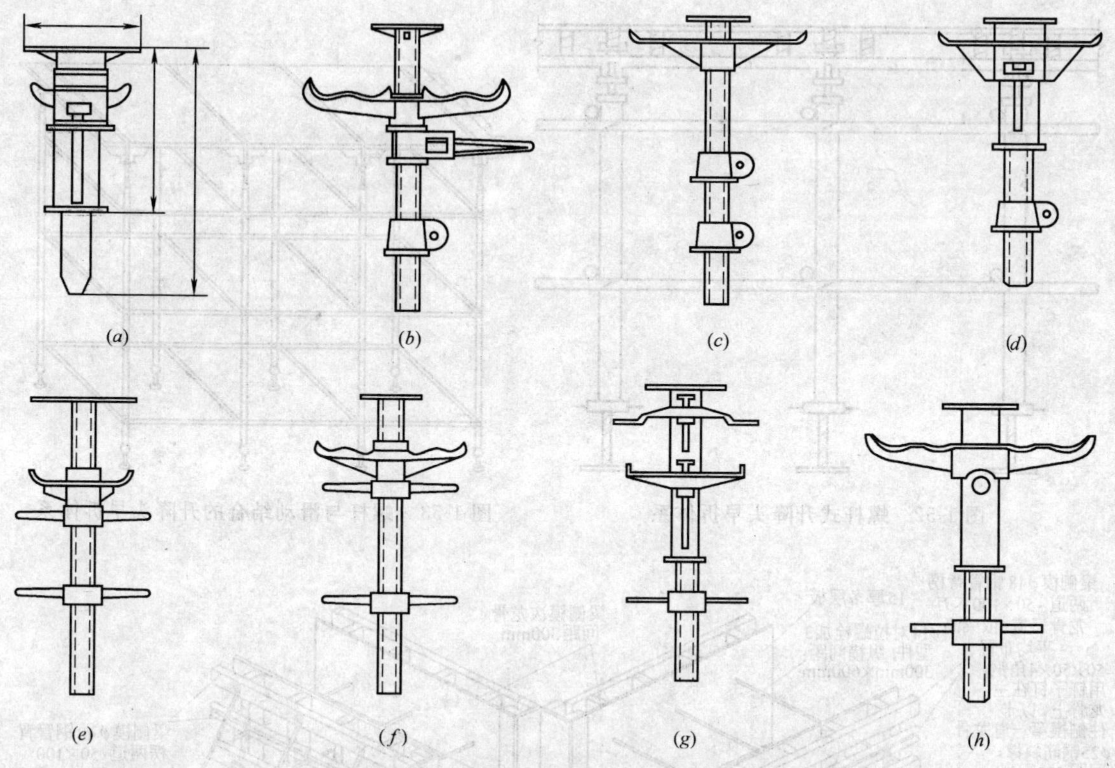

图 1-50　各种早拆柱头

(a) 北新 1；(b) 北新 2；(c) 星河 1；(d) 星河 2；(e) 天津 1；(f) 天津 2；(g) 赫然；(h) 中辰

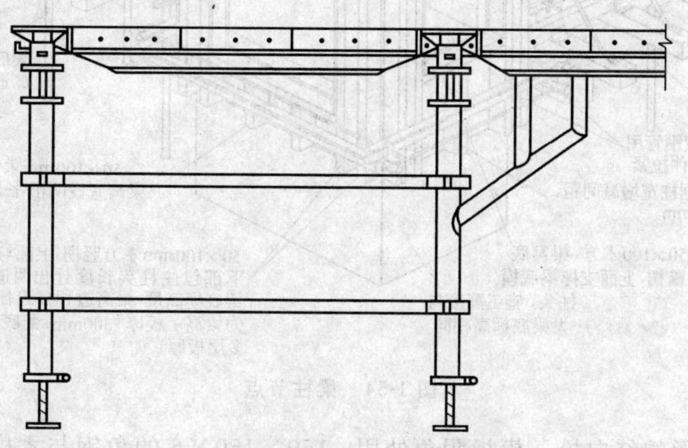

图 1-51　滑动式升降头早拆体系

地下车库梁柱节点模板即为柱头模板，宜根据梁模板的选型来选择柱头模板的形式，可采用定型钢模板或木模板拼装而成。设计时应考虑柱头模板与梁底模、梁侧模的连接，见图 1-54、图 1-55。

1.5.3.7　门窗洞口模板

门窗洞口处多采用定型钢制模板，可保证门、窗洞口的位置及尺寸准确，该模板可拼装、易拆除，刚度好、支撑牢、不变形、不移位，见图 1-56、图 1-57。如采用木模，木

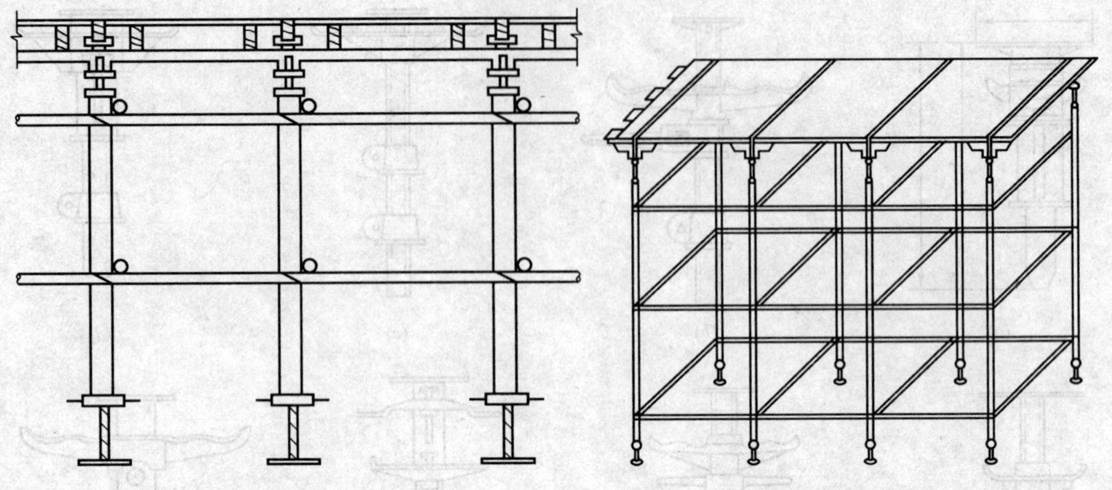

图 1-52　螺杆式升降头早拆体系　　图 1-53　螺杆与滑动结合的升降头早拆体系

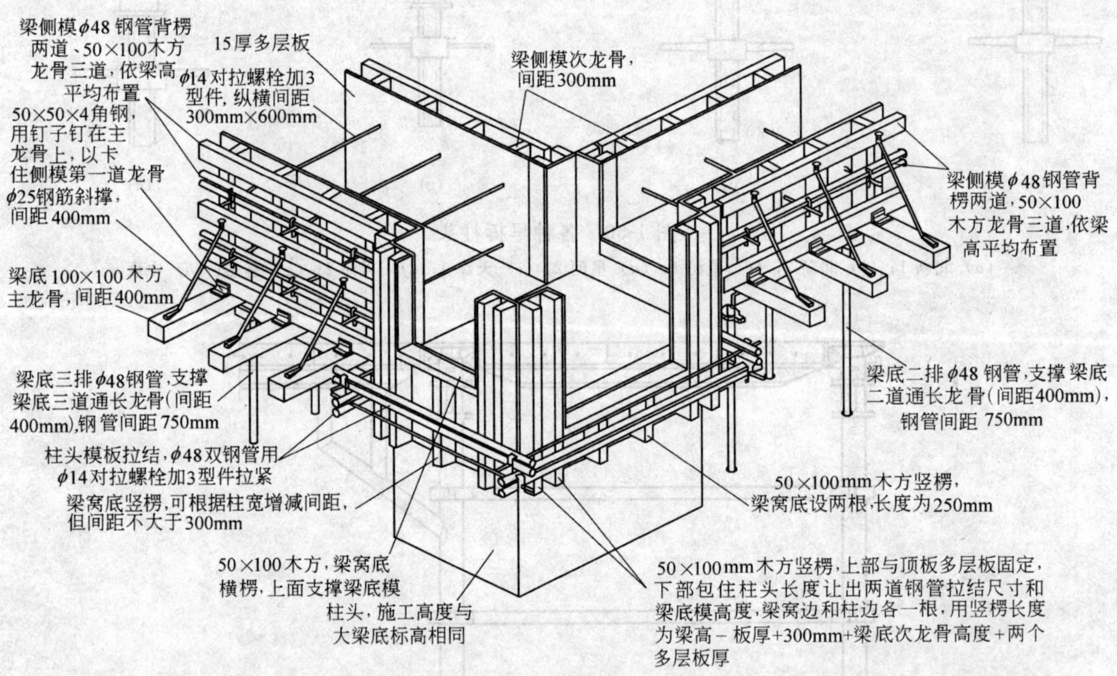

图 1-54　梁柱节点

材宜采用不易变形的红白松，模板阴角处用∟150×150×6 的角钢与木模固定，阳角处用∟75×75×6 的角钢与木模固定，同时洞口模板内部加支撑。注意洞口模板下要设排气孔，洞口模板侧面加贴海绵条防止漏浆，浇筑混凝土时从窗两侧同时浇筑，避免窗模偏位，见图 1-58、图 1-59。

窗洞口模板也可一次做出滴水线、卡窗框的凹槽以及窗台外坡水，从而能够保证外墙清水混凝土的实现，见图 1-60、图 1-61。

木制门窗洞口模板可采用粘贴铝塑板来保证模板的平整度，且容易做出滴水线、卡窗框的凹槽以及窗台外坡水等，见图 1-62。

图 1-55　梁柱节点效果图

(*a*)　　　　　　　　　　　　(*b*)

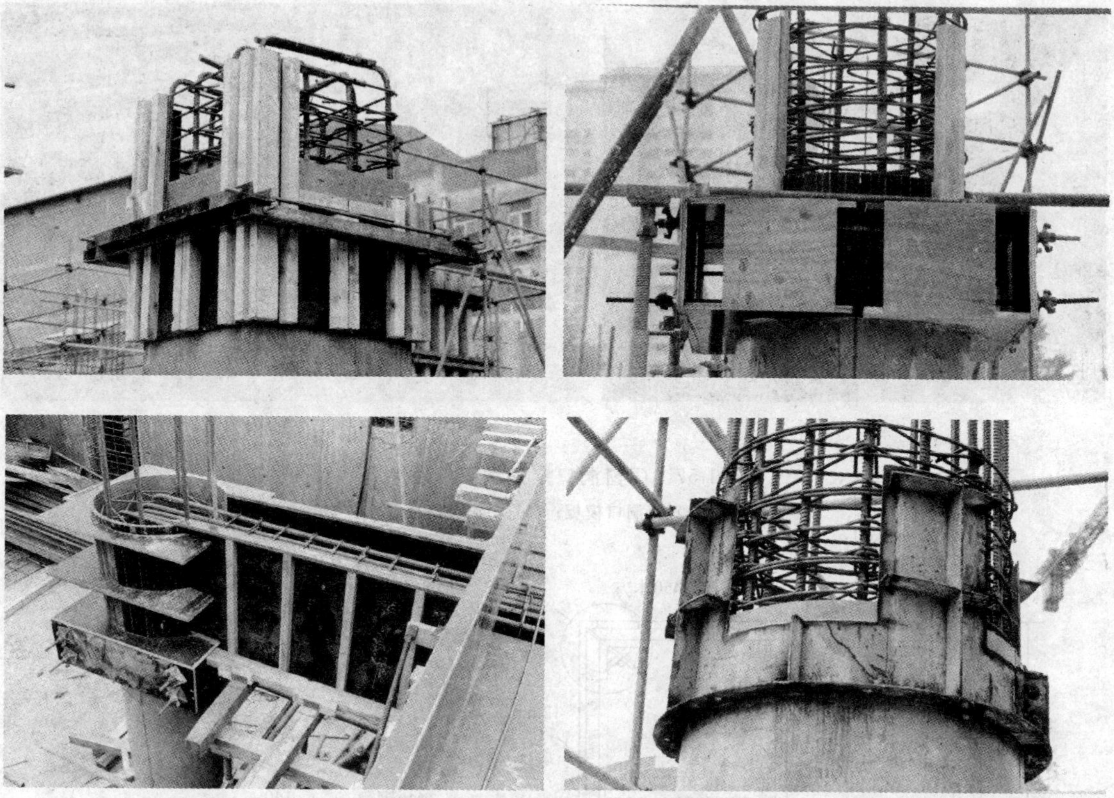

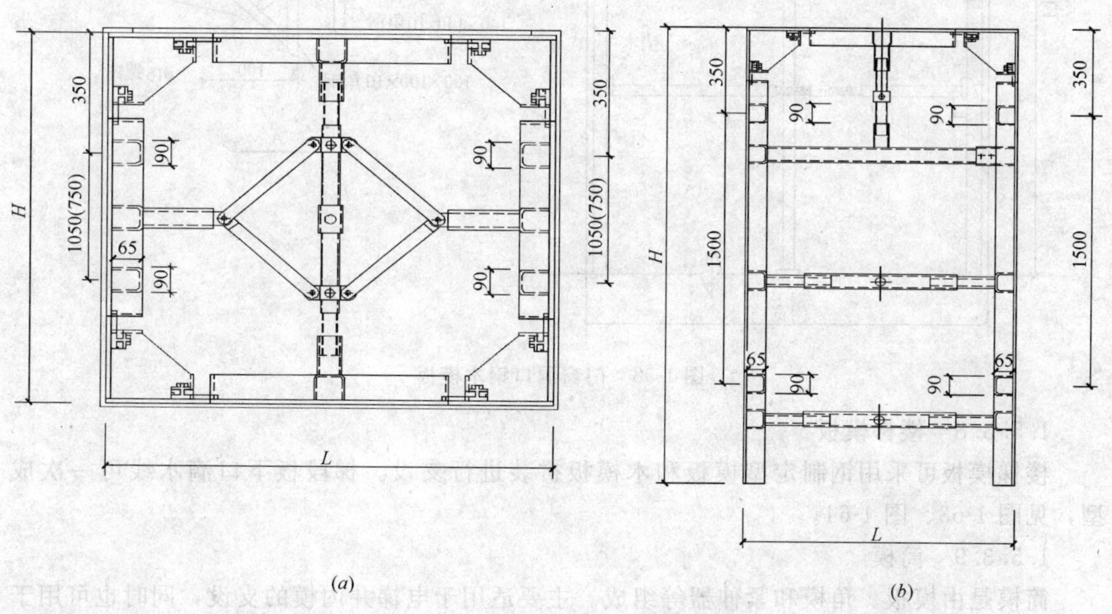

图 1-56　门窗洞口定型钢模板示意图

(*a*) 窗洞口模板；(*b*) 门洞口模板

(a)

(b)

图 1-57　门窗洞口定型钢模板效果图

(a) 窗洞口模板；(b) 门洞口模板

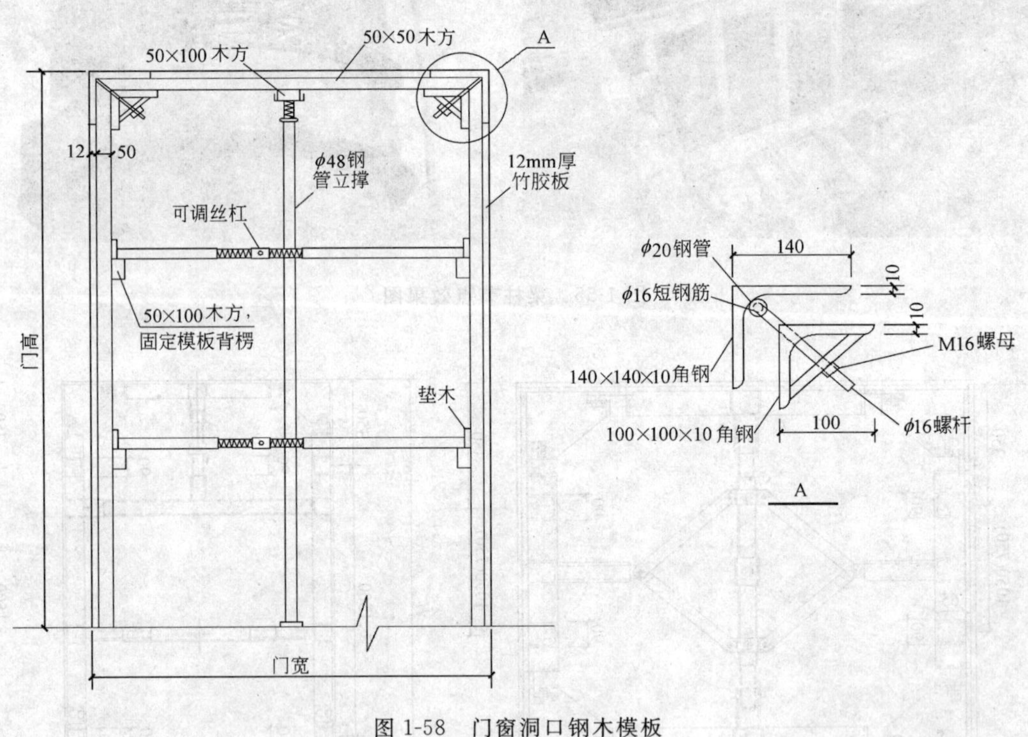

图 1-58　门窗洞口钢木模板

1.5.3.8　楼梯模板

楼梯模板可采用钢制定型模板和木模板拼装进行支设。梯段板下口滴水线可一次成型，见图 1-63、图 1-64。

1.5.3.9　筒模

筒模是由模板、角模和紧伸器等组成。主要适用于电梯井内模的支设，同时也可用于方形或矩形狭小建筑单间、建筑构筑物及筒仓等结构。筒模具有结构简单、装拆方便、施工速度快、劳动工效高、整体性能好、使用安全可靠等特点，见图 1-65。

(*a*) (*b*) (*c*)

(*d*) (*e*)

图 1-59 门窗洞口模板效果图

（*a*）窗洞口支撑模板；（*b*）模板边粘贴海绵条；（*c*）排气孔；（*d*）门洞口模板；（*e*）窗洞口模板

图 1-60 窗洞口滴水线效果图

图 1-61 窗洞口模板（带凹槽）

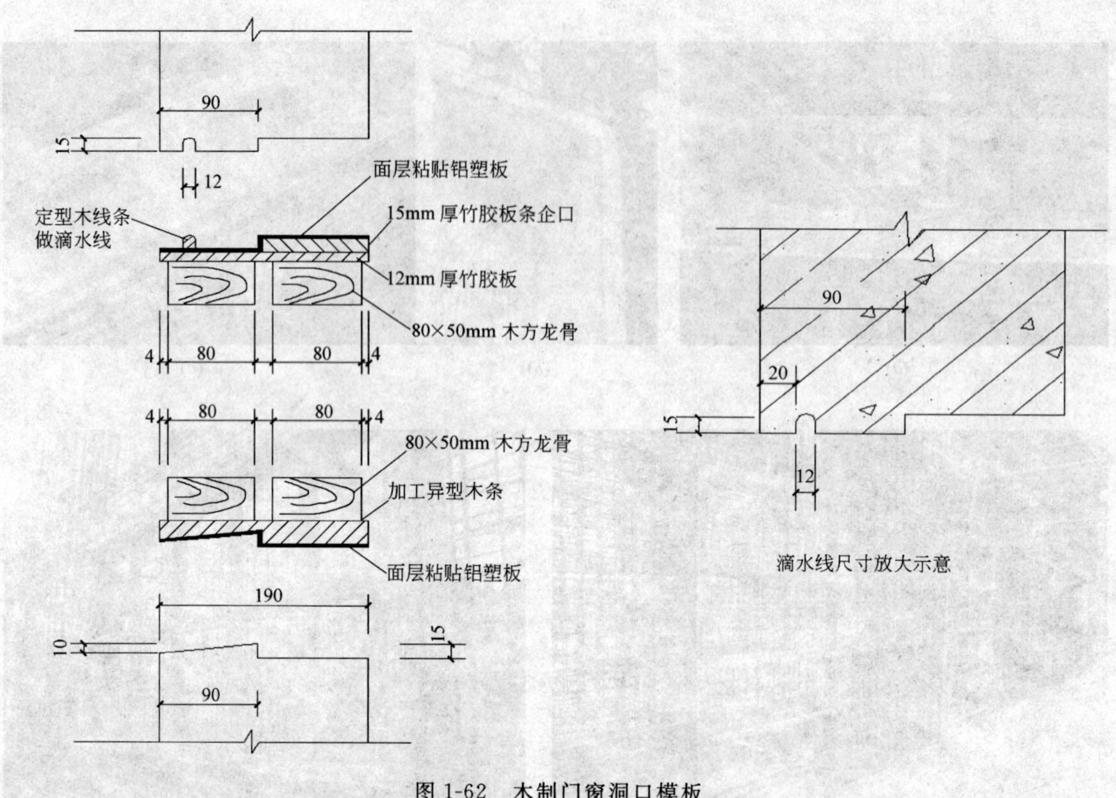

图 1-62　木制门窗洞口模板

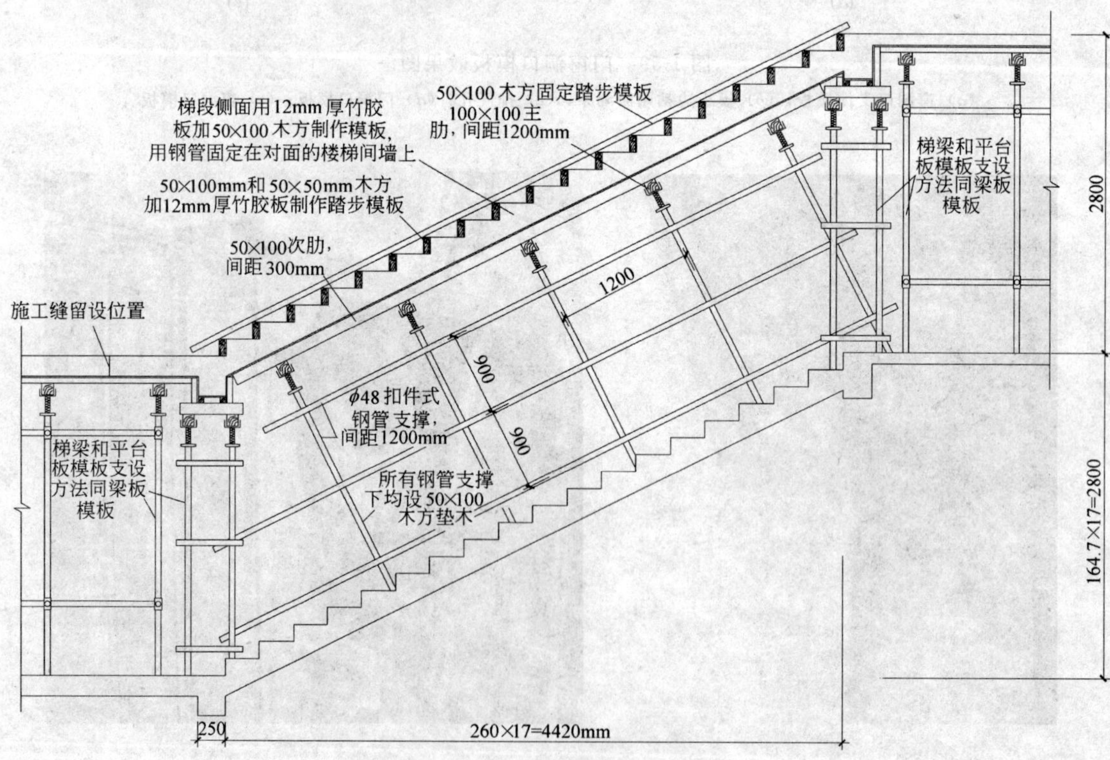

图 1-63　楼梯模板示意图

(a)

(b)

图 1-64　楼梯模板效果图

(a) 楼梯模板安装；(b) 楼梯模板

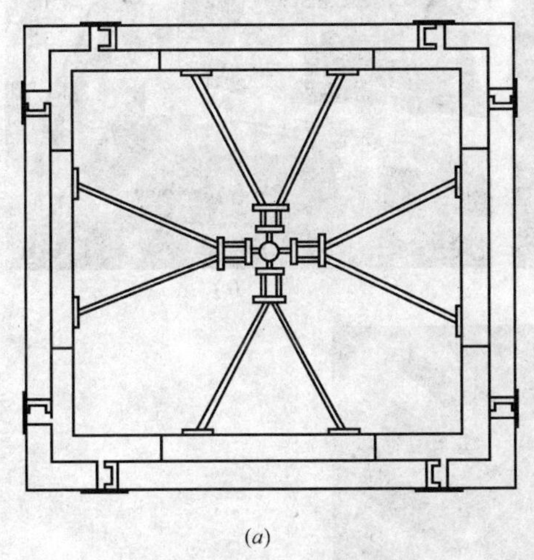

(a)

(b)

图 1-65　筒模

(a) 筒模示意图；(b) 筒模效果图

1.5.3.10　阳台栏板模板

阳台模板一般会采用将阳台下反檐与阳台板一起吊帮支模、浇筑，然后再施工阳台栏板的方法。模板多采用木模板，应用一拉一撑的方法单面支撑，或采用钢筋卡具或木卡具在模板上口固定的方法进行模板固定。根据施工经验此种传统的支设方法支设精确度差、浇筑完的混凝土外观效果不理想。可将阳台栏板的模板支设方法与混凝土浇筑顺序做改变，并应用定型钢制阳台栏板模板进行阳台栏板的

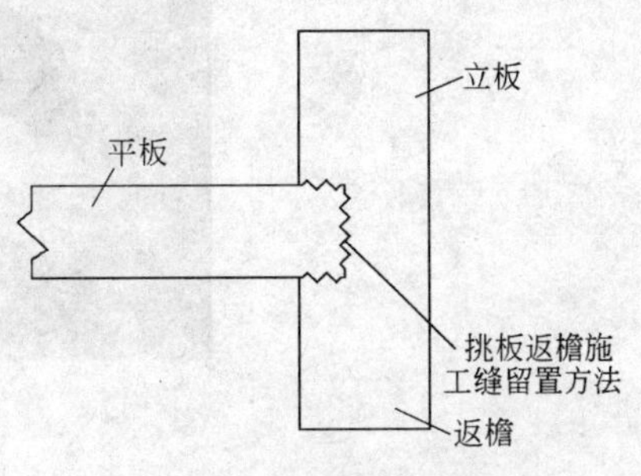

图 1-66　立板将平板全部包裹

施工：(1) 先浇筑阳台平板部分，为二次支设立板模板提供支点，降低了一次浇筑成型需吊帮支模的难度。(2) 二次浇筑立板将平板全部包裹住，实现了混凝土的无缝效果（见图1-66）。(3) 二次施工立板可游刃有余地调整立板板底的平整度及标高，提高了成品高精

(*a*)

(*b*)

(*c*)

(*d*)

图 1-67

(*a*) 浇筑阳台平板部分；(*b*) 阳台栏板模板；(*c*) 阳台栏板模板支撑；(*d*) 阳台立板吊线施工

度的成功率。(4) 二次浇筑立板时主体结构已经起高了数层，提供了吊线施工控制阳台阳角的固定点，见图 1-67。

阳台栏板施工效果见图 1-68。

图 1-68 阳台栏板效果图

1.5.3.11 施工缝、后浇带模板

墙体竖向施工缝可采用绑扎铅丝网做模板；顶板施工缝根据留设位置用多层板或竹胶板制作梳子板做模板，即将多层板或竹胶板上遇钢筋处割出豁口，再用小木条保证钢筋的保护层；后浇带模板应根据后浇带的企口形式以及厚度制作梳子板并用木方龙骨和钢管进行支撑，见图 1-69。

1.5.4 模板安装

1.5.4.1 支模前的准备工作

(1) 模板按施工现场平面布置图规定的位置合理堆放；大钢模板应对面放置，下垫木方；中间留出人行和操作通道，间距 600～800mm，支腿调整至倾角 70°～75°，并符合施工场地自稳角的要求。模板不得靠在其他不稳定物体上，防止滑移倾倒，见图 1-70。

(2) 应对模板进行认真清理，用刨刀、铁铲等将模板与混凝土接触面、模板与模板之间接缝处（含模板零部件）的混凝土浆、杂物等清理干净，以便于周转使用。清理时注意对模板的保护。并涂刷柴油、机油 2∶8 左右或水性脱模剂，不准刷黑色黏稠废机油，要涂刷均匀，不准汪油和淌油，见图 1-71。

(3) 模板安装位置、轴线、标高、垂直度应符合设计要求和标准。模板安装前先测放控制轴线网和模板控制线。根据平面控制轴线网，在防水保护层或楼板上放出墙、柱边线和检查控制线，待竖向钢筋绑扎完成后，在每层竖向主筋上部标出标高控制点。

(4) 检查模板的杂物清理情况、浮浆清理情况、板面修整情况、脱模剂涂刷情况等。在梁端部、柱根角部，剪力墙转角处留置清扫口。模板安装前，施工缝处已硬化混凝土表面层的水泥薄膜、松散混凝土及其软弱层，应剔凿、冲洗清理干净，受污染的外露钢筋应清刷干净。

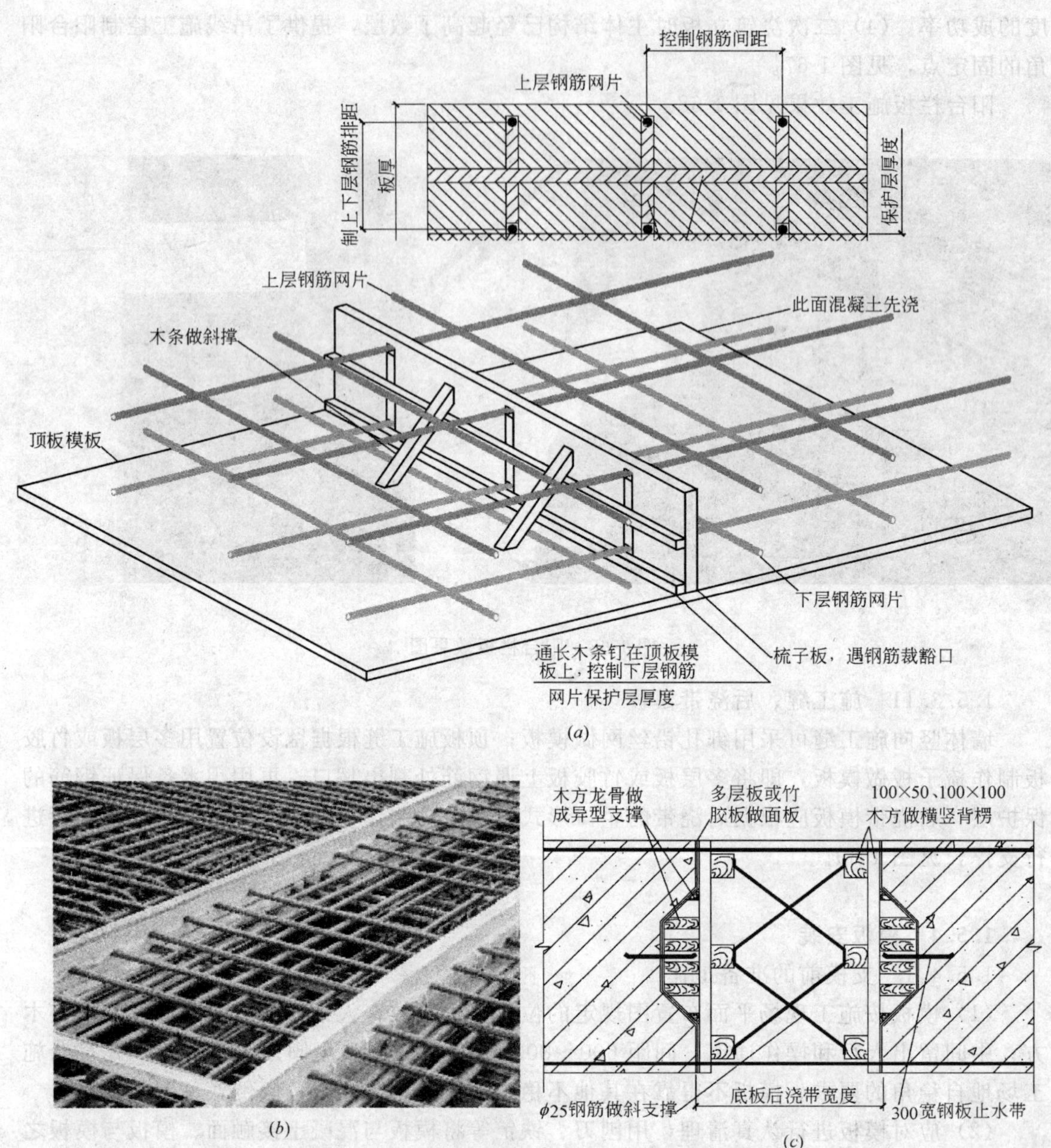

图 1-69　后浇带模板

(*a*) 后浇带模板制作；(*b*) 后浇带模板效果图；(*c*) 后浇带模板示意图

(5) 模板安装应拼缝严密、平整，不漏浆，不错台，不涨模，不跑模，不变形。浇筑混凝土前防止模板漏浆、烂根、错位等的设施设置完毕。堵缝所用胶条、泡沫塑料不得突出模板表面，严防浇入混凝土。大模板下部宜加设塑料布和海绵条，防漏浆和污染下层混凝土墙面，见图 1-72。

1.5.4.2　模板支架相关要求

模板安装支架、拉杆、斜撑符合基本规定，牢固稳定。模板竖向支架的支承部位，当安装在土层地基上时，基土必须坚实，且有排水措施，支架支柱与基土接触面加设垫板。

(a)

(b)

图 1-70
(a) 模板堆放场地；(b) 模板倾角 70°～75°

(a)

(b)

图 1-71 大模板清理
(a) 模板清理；(b) 刷脱模剂

要有雨期施工防基土沉陷和冬期施工防基土冻胀措施。

在安装上层梁、板底模及其支架时，下层楼板应具有足够的强度，能承受上层荷载。上层支架立柱应与下层支架立柱对准同一中心线，并铺设垫板。层间高度大于 5m 时，宜采用多层支架或桁架支模，并应保持横垫板平整，上下层支柱垂直在同一中心线上，拉杆、支撑牢固稳定。

1.5.4.3 模板起拱要求

梁、板的底模板应按规范或设计要求的起拱高度支模，起拱线要顺直，不得有折线。

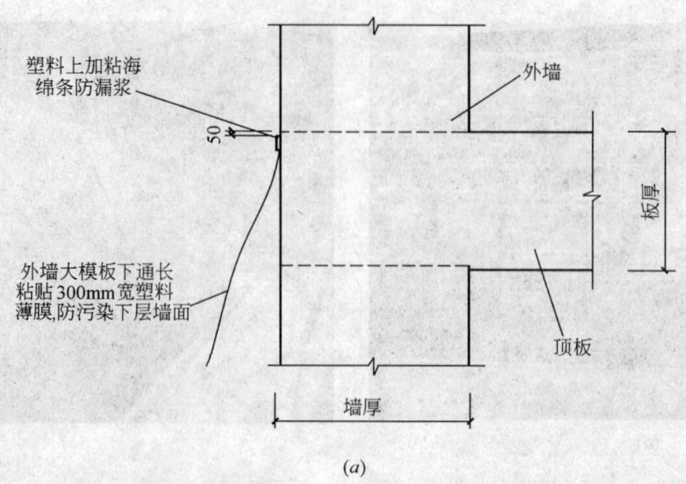

(a)

(b)

(c)

图 1-72　防漏浆作法

(a) 防漏浆作法示意图；(b) 防漏浆作法；(c) 混凝土外墙效果图

现浇钢筋混凝土梁、板，当跨度等于或大于 4m 时，模板应起拱；当设计无具体要求时，起拱高度宜为全跨长度的 1/1000～3/1000。

1.5.4.4　结构构件尺寸准确，门窗和大小洞口、水、电线盒、预埋件、螺栓、插铁（含预应力筋、固定端、张拉端支承垫板、穴模等），位置尺寸准确，固定牢固。预埋件和预留孔洞的允许偏差参见表 1-10。门窗洞口模板支设时设定位筋，应固定牢固，设点、设位正确，并刷防锈漆。定位筋不得直接焊接主筋。

1.5.4.5　预埋件和预留孔洞的允许偏差见表 1-10。

1.5.4.6　梁柱节点、主次梁节点或板墙与顶板、楼梯、阳台等模板，应尺寸准确，边角顺直，拼缝平整。

1.5.4.7　后浇带和结构各部位的施工缝，应按规范或设计规定的位置、形式留置，模板固定牢固，确保留槎截面整齐和钢筋位置准确。

1.5.4.8　模板安装后，应进行自检，互检和专业检查验收。

1.5.4.9　模板安装允许偏差和检查方法见表 1-11。

预埋件和预留孔洞的允许偏差　　　　表 1-10

项　　目		允许偏差(mm)
预埋钢板中心线位置		3
预埋管、预留孔中心线位置		3
预埋螺栓	中心线位置	2
	外露长度	+10～0
预留洞	中心线位置	10
	截面内部尺寸	+10～0

模板安装允许偏差　　　　表 1-11

项　　目		允许偏差		检验方法
		饰面清水	普通清水	
轴线位移	柱、墙、梁	3	5	尺量
底模上表面标高	层高≤5m	+2、-4	+3、-5	水准仪或拉线检查
	层高>5m	+3、-5	+3、-5	
截面模内尺寸	基础	+2、-8	+2、-10	尺量
	柱、墙、梁	+0、-4	+0、-5	
层高垂直度	≤5	3	4	2m 托线板
	>5	5	6	
相邻两模板高低差		2	2	2m 靠尺、楔形塞尺
表面平整度		<2	<3	20m 内上口拉直线尺量检查，下口按模板定位线为基准检查
阴阳角	方正	2	3	方尺、楔形塞尺
	角线顺直	2	3	5m 线尺
预留孔洞	中心线位移	2	3	拉线、尺量
	内孔洞尺寸	+5，-0	+8，-0	拉线、尺量
预埋铁件、预埋管、螺栓	中心线位移	2	2	拉线、尺量
	螺栓外露长度	+5，-0	+5，-0	拉线、尺量
门窗洞口	中心线位移（长宽对中线）	2	3	拉线、尺量
	宽、高	±3	±5	拉线、尺量
	对角线	2	4	拉线、尺量

1.5.5　模板拆除

1.5.5.1　模板拆除时，结构混凝土强度应符合设计要求或规范规定。

(1) 侧模板拆除，以混凝土强度能保证其表面及棱角不因拆模而受损坏时，即可拆除。

(2) 底模板拆除，当设计无要求时，可按表中所列混凝土强度拆除底模板。

(3) 现浇结构拆模时所需混凝土强度见表 1-12。

(4) 预应力结构应在结构构件张拉后，拆除底模板。

1.5.5.2　结构拆除底模板后，其结构上部应严格控制堆放料具施工荷载。必要时应经过核算或加设临时支撑。悬挑结构，均应加临时支撑。

现浇结构拆模时所需混凝土强度　　表 1-12

结构类型	结构跨度(m)	按设计的混凝土强度标准值百分率计(%)
板	≤2	50
	>2,≤8	75
	>8	100
梁、拱、壳	≤8	75
	>8	100
悬臂构件	≤2	75
	>2	100

注：本规定中“设计的混凝土强度标准值”是指与设计混凝土强度等级相应的混凝土立方体抗压强度标准值。

1.5.5.3　拆除的模板，应及时维修保养，清理干净刷油或脱模剂，并分类整齐堆放。

1.5.6　模板工程实施要点

1.5.6.1　顶板及梁模板

几何尺寸、轴线、标高、接缝平整度、顶板及梁模板支撑间距，支撑横纵成线、垫木规格统一、垫木摆放整齐顺直、边梁斜撑牢固稳定（防止梁涨模变形）、梁柱接头方正、顶板与墙交接处加木方，梁起拱、梁直线度、后浇带及施工缝模板与混凝土楼板接缝严密防止错台漏浆、施工缝模板开槽间距准确保证钢筋间距。

1.5.6.2　墙、柱、门窗定型大钢模板

垂直度、几何尺寸、牢固性、连接螺栓数量及垫片、芯带、模板变形修整、清理、脱模剂二次擦拭、拆模时间、楼梯间及电梯井筒层间接缝平整、螺杆孔洞封堵、门洞口固定防止偏移、门洞口模板与大模板之间拼接严密防止漏浆、柱模阳角胶条防止漏浆。

1.6　钢筋工程

1.6.1　基本要求

1.6.1.1　钢筋的级别、种类和直径应按设计要求采用。当需要代换时，应征得设计单位的同意。

1.6.1.2　钢筋进场时应严把钢筋进场关。钢筋材质证明随钢筋进场而进场，材质证明上必须注明钢筋进场时间、进场数量、炉批号、原材编号、经办人。进场时应对每批钢筋进行全数外观检查，检查内容为钢筋应平直、无损伤，表面不得有裂纹、油污、颗粒状或片状老锈。

1.6.1.3　钢筋进场后应按试验规定抽样进行复试，复试应符合有关规范要求，且见证取样数必须≥总试验数的30%。复试结果必须经总包、监理审查批准后，方准投入工程使用。其组批原则、取样规定及复试内容按照《建筑工程资料管理规程》（DBJ 01-51—2003）（北京市地方标准）附录A中执行。其中同牌号、同规格、同冶炼方法而不同炉号组成混合批的钢筋≤60t可作为一批，但每炉号含碳量之差应≤0.02%、含锰量之差

应≤0.15%。

1.6.1.4 对有抗震设防要求的框架结构，其纵向受力钢筋的强度应满足设计要求；当设计无具体要求时，对一、二级抗震等级，检验所得的强度实测值应符合如下规定：钢筋的抗拉强度实测值与屈服强度实测值的比值不应小于1.25，屈服强度实测值与钢筋的强度标准值的比值不应大于1.3。

1.6.1.5 当发现钢筋脆断、焊接性能不良或力学性能显著不正常等现象，应根据现行国家标准对该批钢筋进行化学成分检验或其他专项检验。

1.6.1.6 钢筋半成品加工、连接接头和绑扎质量，必须坚持自检、互检、专业检查验收以及隐蔽工程验收。

1.6.1.7 钢材管理应有入库、出库台账。钢材应按批，分钢种、品种、直径、外形妥善堆放，每垛钢材应有标识牌，写明钢材产地、规格、品种、数量、复试报告单编号，注明合格或不合格。

1.6.1.8 钢筋半成品加工工艺设备和操作方法符合规程要求，专业工种人员均经过技术培训，特殊工种均持岗位资格证书上岗。

1.6.1.9 现场钢材和钢筋半成品堆放保管工作规范，标识清晰，见图1-73。

图1-73 钢筋现场堆放

1.6.2 钢筋加工

1.6.2.1 钢筋的切断

(1) 钢筋采用钢筋切断机进行切断加工，将同规格钢筋根据不同长度长短搭配，统筹排料；先断长料，后断短料，减少短头，减少损耗。

(2) 断料时在工作台上标出尺寸刻度线并设置控制断料尺寸的挡板，保证钢筋长度准确。

(3) 切断过程中，如发现钢筋有严重的弯头、裂纹等必须切除。

(4) 钢筋的断口不得有马蹄形或起弯等现象。

1.6.2.2 钢筋加工

(1) 控制钢筋下料成型。为保证下料和成型尺寸准确，现场技术人员要进行专项交底，并在加工场地派驻专人，对钢筋加工成型质量进行监督和检查。同时加工好的钢筋运至现场后，还要再次严选，有效控制下料成型质量。

（2）钢筋调直宜采用机械调直，也可采用冷拉方法，当采用冷拉方法调直钢筋时，HPB235 级钢筋冷拉率不宜大于 4%，HRB335 级、HRB400 级钢筋冷拉率不宜大于 1%。采用冷拉方法调直施工时应根据冷拉率计算出冷拉拉伸的长度，并用红油漆画出起始标志线和终止标志线，严禁超拉。

（3）钢筋末端弯钩，其弯弧内直径 D 及平直段长度应符合《混凝土结构工程施工质量验收规范》（GB 50204—2002）第 5.3.1 条和 5.3.2 条规定，见图 1-74。

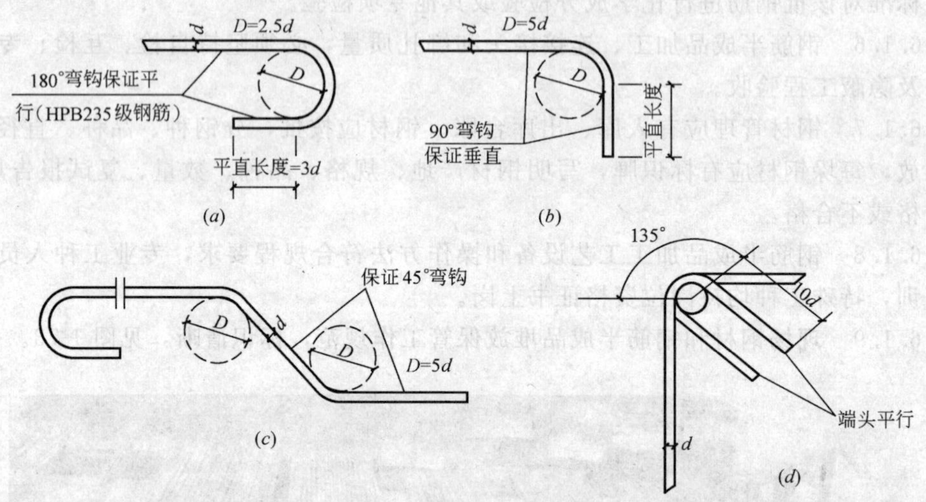

图 1-74 钢筋现场堆放

(*a*) 180°弯钩；(*b*) 90°弯钩；(*c*) 45°弯钩；(*d*) 135°弯钩

（4）箍筋平面无翘曲、扭曲变形，四角在同一平面。保证弯钩 135°，平直段长度不小于钢筋直径 d 的 10 倍（不宜大于 $10d+10$mm，避免浪费），且两个弯钩平直段相互平行，见图 1-75。

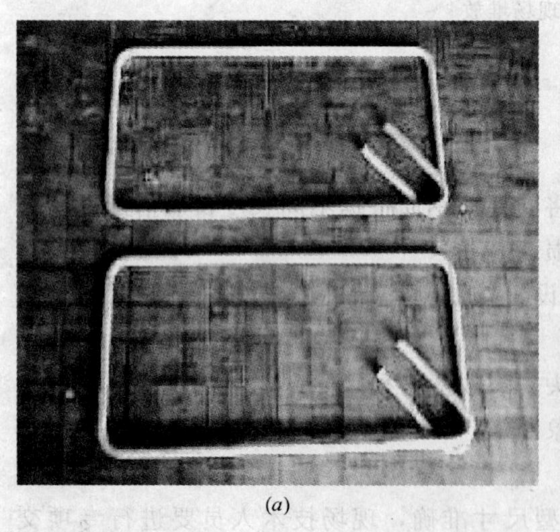

(*a*)

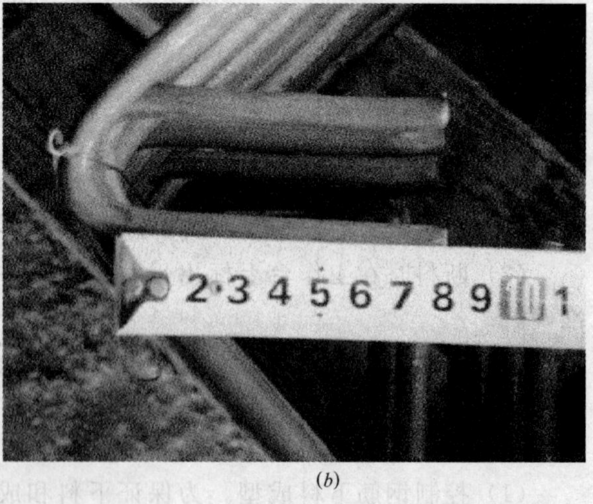

(*b*)

图 1-75 箍筋加工效果图

(*a*) 箍筋弯钩平整不扭翘；(*b*) 箍筋 135°弯钩平直长度 10*d*

（5）钢筋加工时应根据钢筋直径、弯钩角度、弧内直径、平直段长度现场画线，并采用不同直径的轴心弯心模具，专用定位平台见图 1-76，不同的扳手（手工加工）进行加工质量控制。轴承式定型扳子见图 1-77。并采用定型的模具检查箍筋的加工质量，见图 1-78。

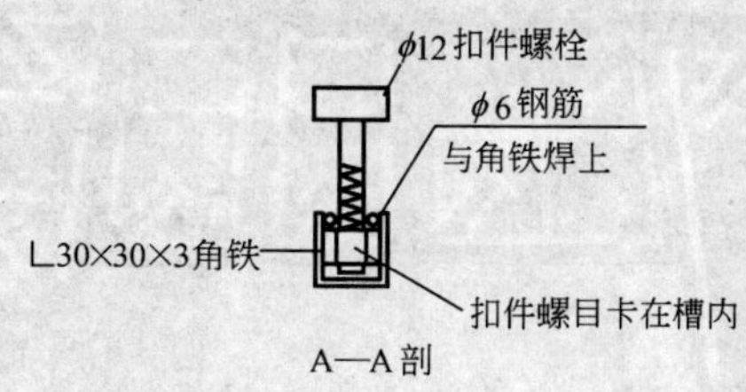

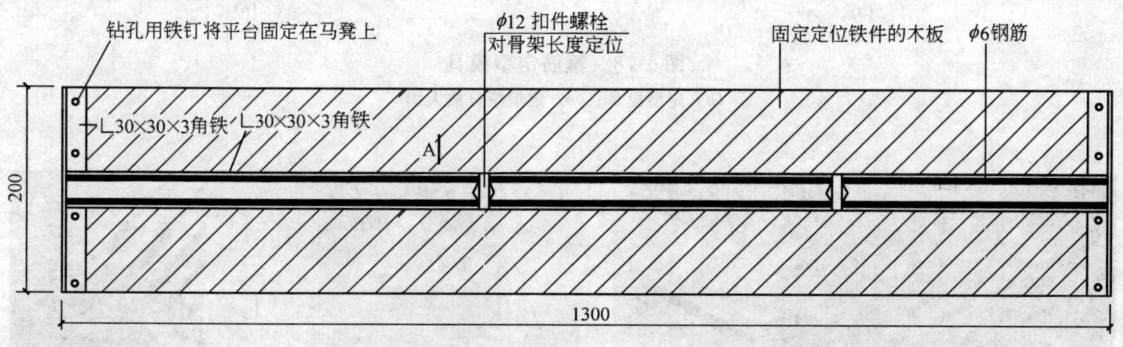

图 1-76　专用定位平台平面示意图

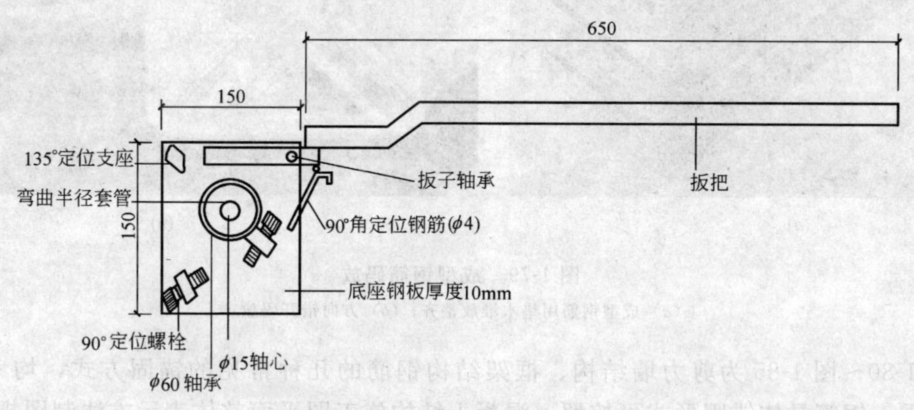

图 1-77　轴承式定型扳子平面示意图

（6）成型钢筋应按指定地点用垫木堆放整齐，防止钢筋变形、锈蚀、油污，见图 1-79。

1.6.3　钢筋锚固

纵向受拉钢筋在各种抗震等级下的最小锚固长度应符合设计要求，并且应符合《混凝土结构施工图平面整体表示方法制图规则和构造详图》中纵向受拉钢筋的最小锚固长度的要求。当设计与施工规范要求不同时，应与设计交涉，办理相应变更手续确定取值大小。

(a)

(b)

图 1-78　箍筋定型模具

（a）定型模具；（b）定型模具放大图

(a)

(b)

图 1-79　成型钢筋码放

（a）成型钢筋用垫木堆放整齐；（b）方向错开码放

图 1-80～图 1-85 为剪力墙结构、框架结构钢筋的几种常见的锚固方式，均考虑一、二级抗震。钢筋具体锚固形式可按照《混凝土结构施工图平面整体表示方法制图规则和构造详图》的要求施工。

1.6.4　钢筋绑扎

钢筋安装绑扎质量，钢筋的钢种、直径、外形、形状、尺寸、位置、排距、间距、根数、节点构造、锚固长度、搭接接头、接头错位和绑扎牢固以及保护层控制措施等，必须符合规范、规程、标准的要求。

1.6.4.1　钢筋的绑扎应符合下列规定：

(1) 钢筋的交叉点应扎牢，见图 1-86；

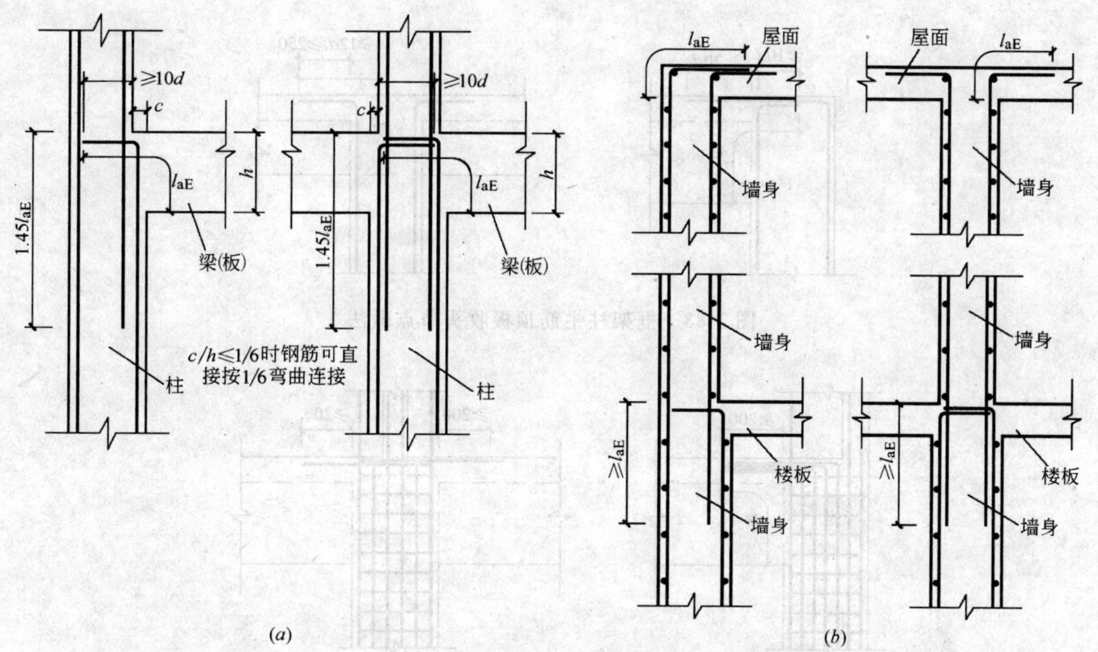

图 1-80　框架柱、剪力墙竖向钢筋变截面处节点做法

（a）框架柱竖向钢筋变截面处节点做法（$c/h>1/6$）；（b）剪力墙竖向钢筋变截面处及顶板收头节点做法

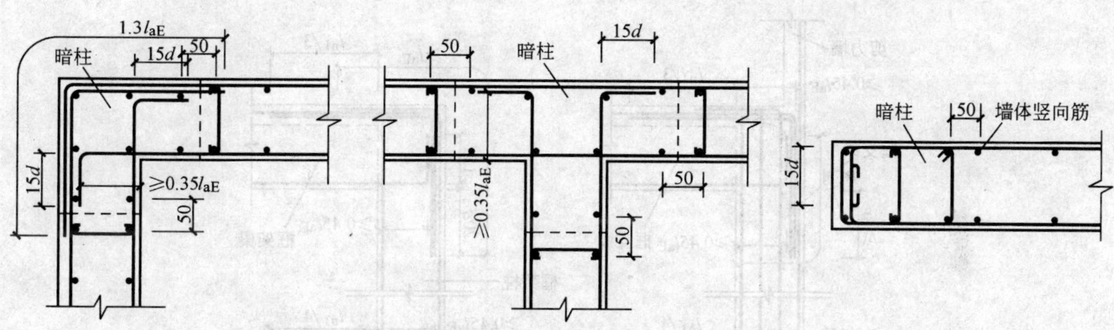

图 1-81　剪力墙转交墙、丁字墙、洞口边水平钢筋节点做法

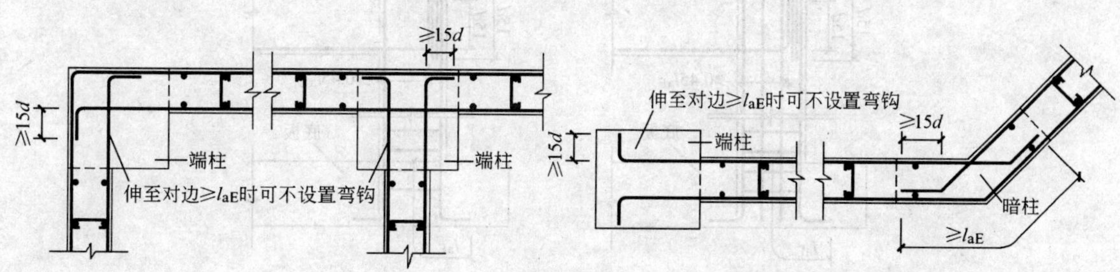

图 1-82　剪力墙有端柱时和斜交墙处水平钢筋节点做法

（2）板和墙的钢筋网，除靠近外围两行钢筋的相交点全部扎牢外，中间部分交叉点可间隔交错扎牢，但必须保证受力钢筋不产生位置偏移；双向受力的钢筋，必须全部扎牢；

（3）梁和柱的箍筋，除设计有特殊要求外，应与受力钢筋垂直设置；箍筋弯钩叠合处，应沿受力钢筋方向错开设置。

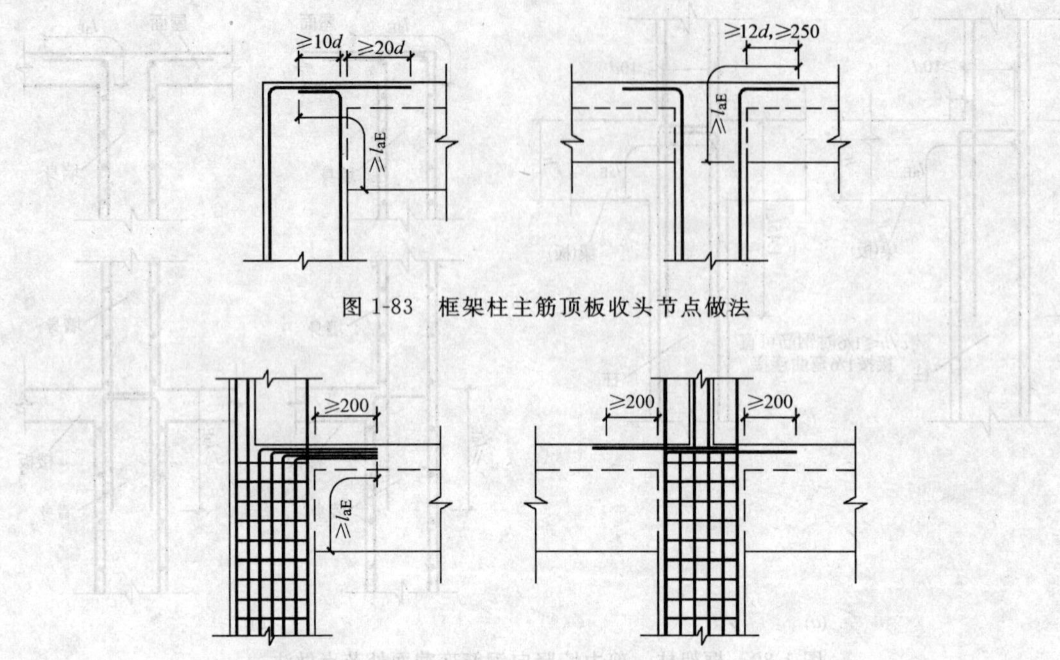

图 1-83　框架柱主筋顶板收头节点做法

图 1-84　框支柱主筋顶板收头节点做法

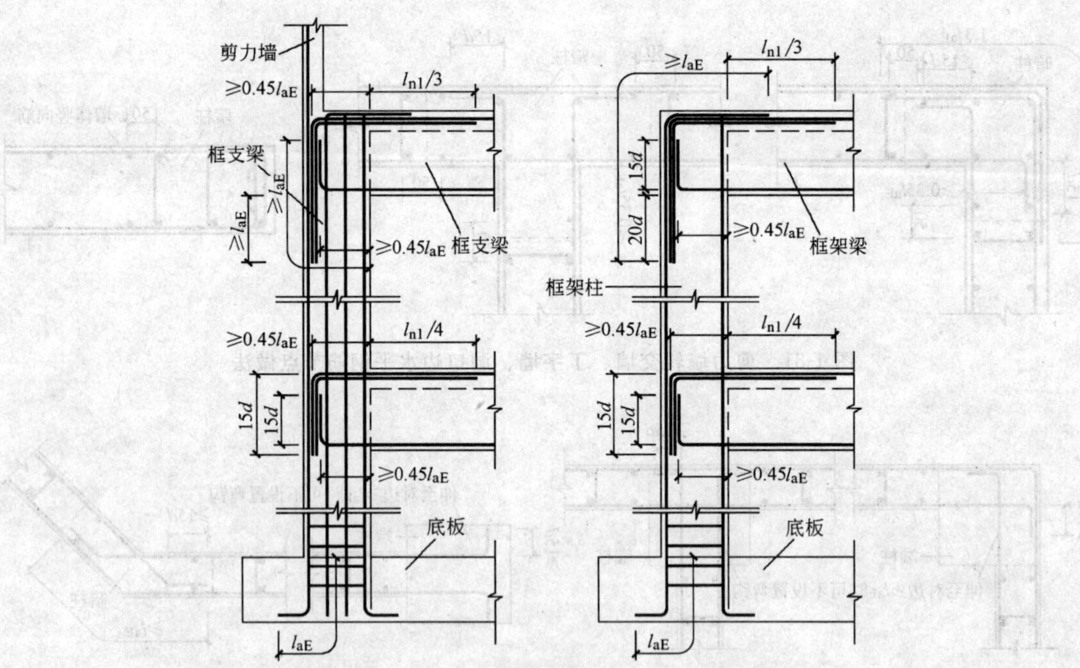

图 1-85　框支架、框架梁主筋收头节点做法

1.6.4.2　钢筋的绑扎接头应符合下列规定：

（1）搭接长度的末端距钢筋弯折处，不得小于钢筋直径的 10 倍；

（2）直径不大于 12mm 的受压 HPB235 级钢筋以及轴心受压构件中任意直径的受力钢筋的搭接长度不应小于钢筋直径的 35 倍；

(3) 纵向受力钢筋的最小搭接长度应符合设计要求和《混凝土结构工程施工质量验收规范》(GB 50204—2002) 附录B中纵向受力钢筋的最小搭接长度的要求；当设计与施工规范要求不同时，应与设计交涉，办理相应变更手续确定取值大小。

1.6.4.3 洞口构造加筋、预埋件、电器线管、线盒、预应力筋及其配件等，位置准确，绑扎牢固，需焊接固定部位，不准咬伤受力钢筋。

图 1-86 钢筋绑扎

1.6.5 钢筋质量要求

控制保护层的措施要合理有效，竖向、水平、悬挑结构，单层或双层钢筋，要依据其钢筋直径大小，合理安放水泥砂浆垫块、塑料卡子、铁马凳或定型卡具，垫块(卡子) 的厚度尺寸、位置、间距、数量应确保混凝土振捣不移位、不脱落。水泥砂浆垫块应具有相应强度。

图 1-87 PVC 垫块施工效果图

PVC 垫块宜选用强度较高的垫块，其安装后卡口应背向模板方向，见图 1-87、图 1-88。

受力钢筋的混凝土保护层厚度，应符合设计要求，并且应符合《混凝土结构施工图平面整体表示方法制图规则和构造详图》中受拉钢筋的混凝土保护层最小厚度值；当设计与施工规范要求不同时，应与设计交涉，办理相应变更手续确定取值大小。

钢筋安装绑扎允许偏差和检查方法见表 1-13。

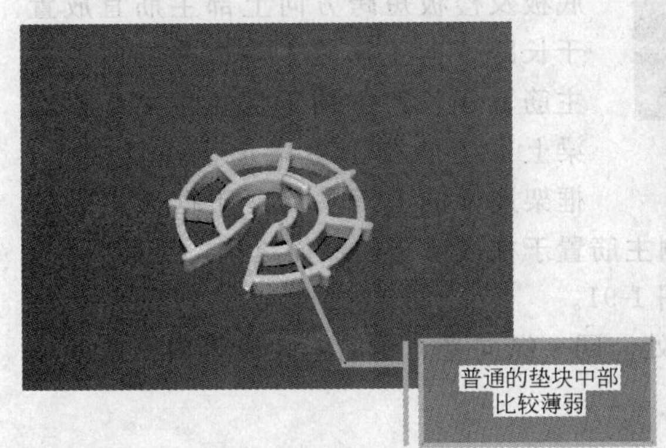

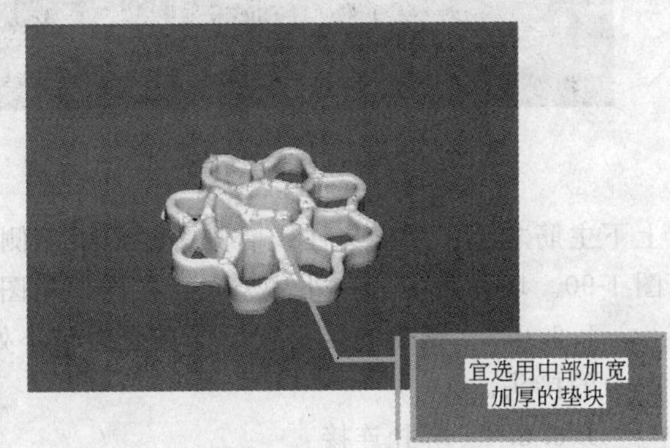

图 1-88 PVC 垫块

钢筋安装位置的允许偏差和检验方法　　表 1-13

项次	项目			允许偏差值(mm)	检验方法
1	绑扎钢筋网	长、宽		±10	钢尺检查
		网眼尺寸		±20	钢尺量连续三档，取最大值
2	绑扎钢筋骨架	长度		±10	钢尺检查
		宽、高		±5	
3	受力钢筋	间距		±10	钢尺量两端、中间各一点，取最大值
		排距		±5	
		保护层厚度	基础	±10	钢尺检查
			柱、梁	±5	钢尺检查
			板、墙、壳	±3	钢尺检查
4	绑扎箍筋、横向钢筋间距			±20	钢尺量连续三档，取最大值
5	钢筋弯起点位置			20	钢尺检查
6	预埋件	中心线位置		5	钢尺检查
		水平高差		+3,0	钢尺和塞尺检查

1.6.6　钢筋绑扎控制要点

1.6.6.1　控制要点为钢筋的规格、品种、位置、保护层、间距、锚固长度、搭接长度、箍筋绑扎到位、箍筋弯曲角度、箍筋弯钩平直长度、弯曲半径、接头位置、起步筋、绑扎丝朝向、直螺纹拧紧力矩、直螺纹拧紧标识、直螺纹丝扣外露长度、定位措施（梯子筋、定位框）、顶模棍、洞口顶棍、下口顶模棍插筋、施工缝水平筋（间距、保护层、甩筋长度、接头错开长度）。

图 1-89　地梁钢筋

1.6.6.2　两向钢筋交叉时，基础底板及楼板短跨方向上部主筋宜放置于长跨方向主筋之上，短跨方向下部主筋置于长跨方向下部主筋之下；次梁上下主筋置于主梁上下主筋之上；框架连梁的上下主筋置于框架主梁的上下主筋之上；当梁与柱或墙侧平时，梁该侧主筋置于柱或墙竖向纵筋之内。见图 1-89，图 1-90。墙体水平筋在外、竖向筋在内，见图 1-91。

1.6.6.3　钢筋的接头宜设置在受力较小处。同一纵向受力钢筋不宜设置两个或两个以上的接头。

1.6.6.4　绑扎连接

（1）双向受力钢筋绑扎时应将钢筋交叉点全部绑扎，控制钢筋不位移。不得漏绑。

图 1-90　底板钢筋

图 1-91　墙体钢筋

(2) 绑扎采用 22 号火烧丝，为防止钢筋跑位，丝扣不能一顺扣，要间隔采用正反八字扣。对于主筋与箍筋垂直部位采用缠扣绑扎方式。见图 1-92。

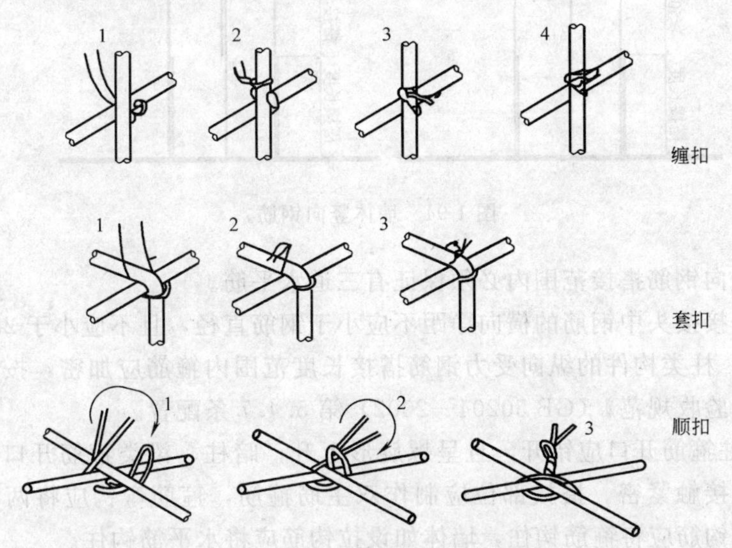

图 1-92　钢筋绑扎丝扣

(3) 对于主筋与箍筋拐角部位采用套扣绑扎方式。

(4) 墙体钢筋绑扎时应对面绑扎，楼板钢筋上铁绑扎完应将绑扎丝头弯向混凝土内。即保证所有绑扎丝头最后一律朝里。

(5) 每根钢筋在搭接长度内必须绑扎三扣。用双丝绑扎搭接钢筋两端头 30mm 处，中间绑扎一道。

(6) 墙体水平钢筋错开间距见图 1-93。

同一构件中相邻纵向受力钢筋的绑扎搭接接头根据《混凝土结构工程施工质量验收规范》(GB 50204—2002) 第 5.4.6 条规定相互错开 50%。

(7) 墙体竖向钢筋根据《混凝土结构施工图平面整体表示方法制图规则和构造详图》规定施工（暗柱主筋按照错开 500mm 且不小于 0.3 倍搭接长度施工，见图 1-94。一般暗

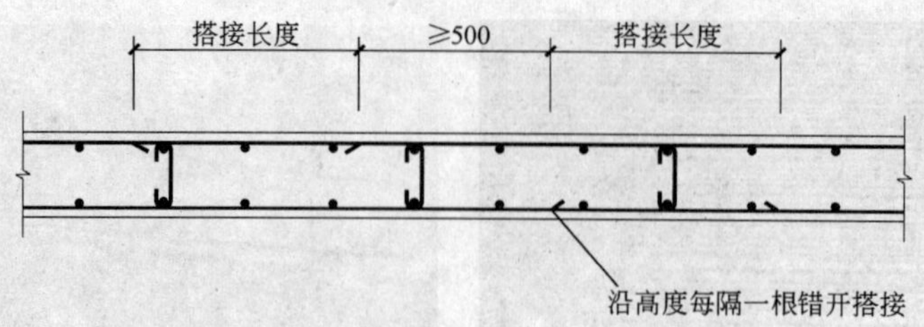

图 1-93 墙体水平钢筋

柱主筋直径大于 20mm 会采用机械连接接头或焊接接头，而直径小于 20mm 的钢筋 0.3 倍的搭接长度不超过 500mm，因此可按照错开≥500mm 施工）。

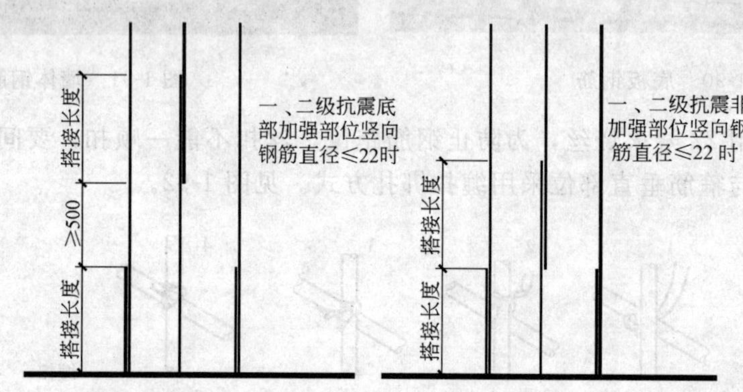

图 1-94 墙体竖向钢筋

(8) 墙体竖向钢筋搭接范围内必须保证有三道水平筋。

(9) 绑扎搭接接头中钢筋的横向净距不应小于钢筋直径，且不应小于 25mm。

(10) 在梁、柱类构件的纵向受力钢筋搭接长度范围内箍筋应加密，按照《混凝土结构工程施工质量验收规范》(GB 50204—2002) 第 5.4.7 条配置。

(11) 框架柱箍筋开口应错开，且呈螺旋形上升；暗柱、梁类箍筋开口应错开。主筋与箍筋弯折处应接触紧密。搭接部位应制作双主筋箍筋，箍筋弯钩应将两根主筋全部钩住。箍筋如设拉钩筋应将箍筋钩住，墙体如设拉钩筋应将水平筋钩住。

(12) 起步筋：墙体水平起步筋距顶板（梁）50mm。暗柱起步箍筋距顶板（梁）25mm（应为 50mm，但与墙体水平起步筋矛盾，故错开 25mm）。墙体竖向起步筋距暗柱边 50mm。楼板第一根起步筋（包括上下铁）距墙边 50mm。过梁起步箍筋距暗柱边 50mm，进暗柱第一根过梁箍筋距暗柱边 100mm（100mm 为图集规定，为更有效地防止洞口角部八字裂纹开展，建议此箍筋距暗柱边 50mm）。框架柱起步箍筋距楼板（梁）50mm，框架梁起步箍筋距柱 50mm。见图 1-95。

(13) 当墙体水平钢筋向上排布时，在楼板内钢筋不取消。暗柱箍筋在连梁内取消。框架柱箍筋在梁内不取消，梁箍筋在柱内取消。

1.6.6.5 钢筋定位措施

(1) 水平定位梯子筋

为保证墙体、暗柱竖向钢筋的间距、排距，宜在顶板底标高以上 100mm 位置设置水

暗柱
楼面
50
25
50
墙
柱钢筋
暗柱
暗柱
100(50)
50
过梁
50
100(50)
梁钢筋

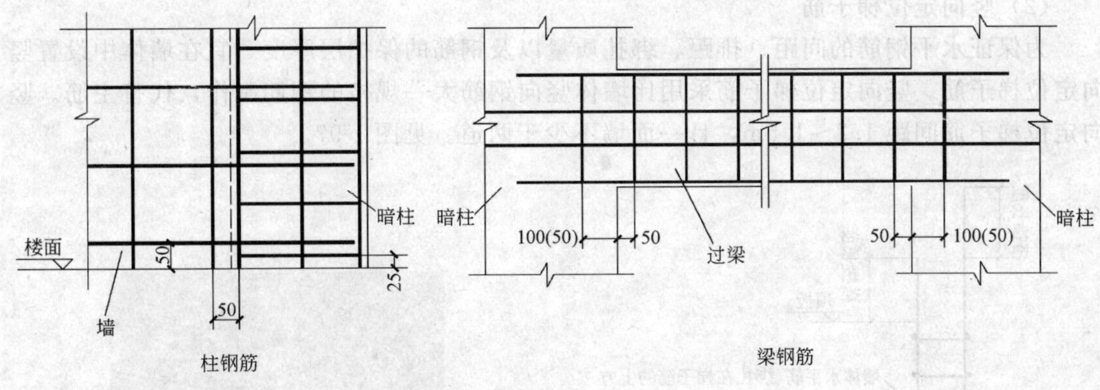

图 1-95

平定位梯子筋，墙体、暗柱混凝土浇筑完毕后、顶板混凝土浇筑前提升至顶板标高以上100mm 位置设置。水平定位梯子筋周转使用。水平定位梯子筋有两种做法，见图 1-96（*a*），均可采用。其钢筋采用比墙体水平筋大一规格的钢筋制作。水平定位梯子筋与暗柱定位柱箍连成一体，控制门窗洞口暗柱钢筋的位置及门窗洞口的尺寸，见图 1-96（*b*）。水平定位梯子筋宜专墙专用，加工后码放整齐，并用垫木垫放，见图 1-96（*c*）、（*d*）。

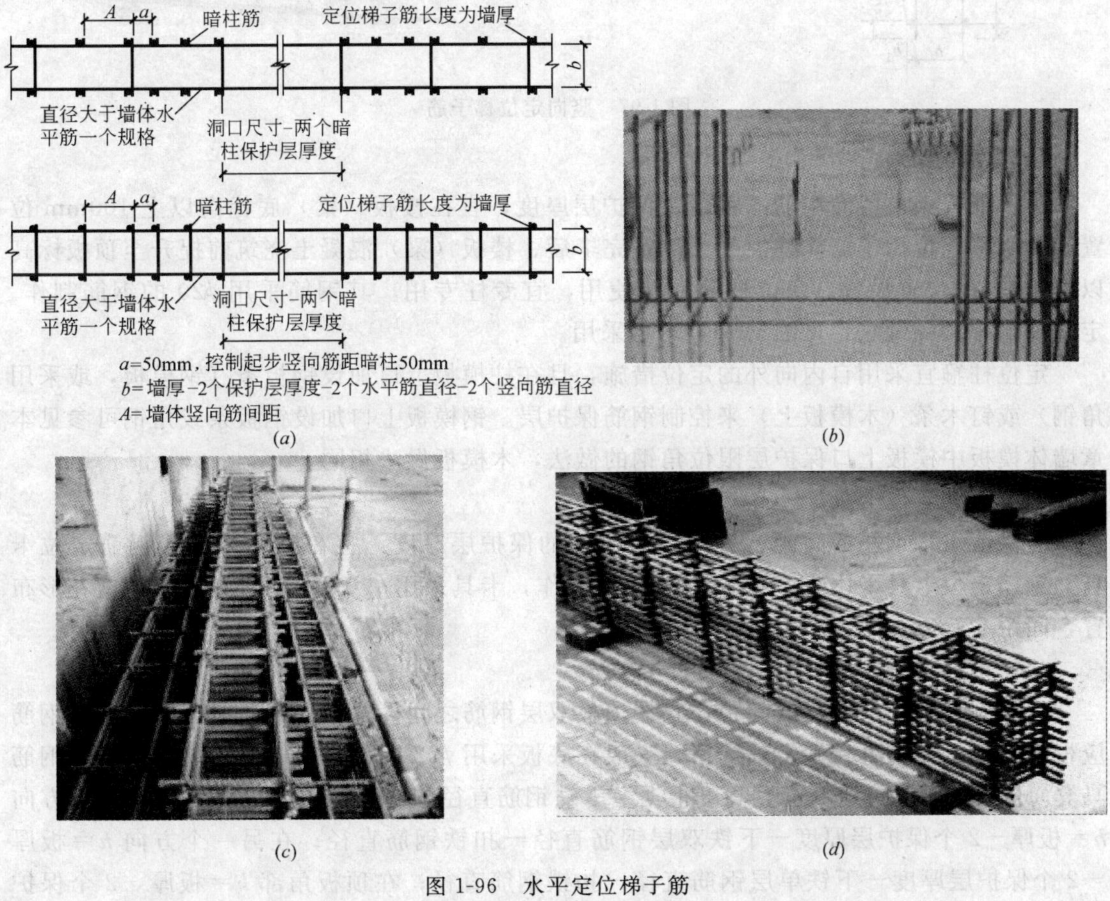

A
a
暗柱筋
定位梯子筋长度为墙厚
b
直径大于墙体水平筋一个规格
洞口尺寸-两个暗柱保护层厚度
A
a
暗柱筋
定位梯子筋长度为墙厚
b
直径大于墙体水平筋一个规格
洞口尺寸-两个暗柱保护层厚度
a=50mm，控制起步竖向筋距暗柱50mm
b=墙厚-2个保护层厚度-2个水平筋直径-2个竖向筋直径
A=墙体竖向筋间距
(a)
(b)
(c)
(d)

图 1-96　水平定位梯子筋

（*a*）定位梯子筋加工图；（*b*）效果图；（*c*）定型定位筋码放整齐；（*d*）成型定位筋用垫木垫放

(2) 竖向定位梯子筋

为保证水平钢筋的间距、排距、绑扎质量以及钢筋的保护层厚度，宜在墙体中设置竖向定位梯子筋。竖向定位梯子筋采用比墙体竖向钢筋大一规格的钢筋制作，代替主筋。竖向定位梯子筋间距 1.2～1.5m，且一面墙不少于两道。见图 1-97。

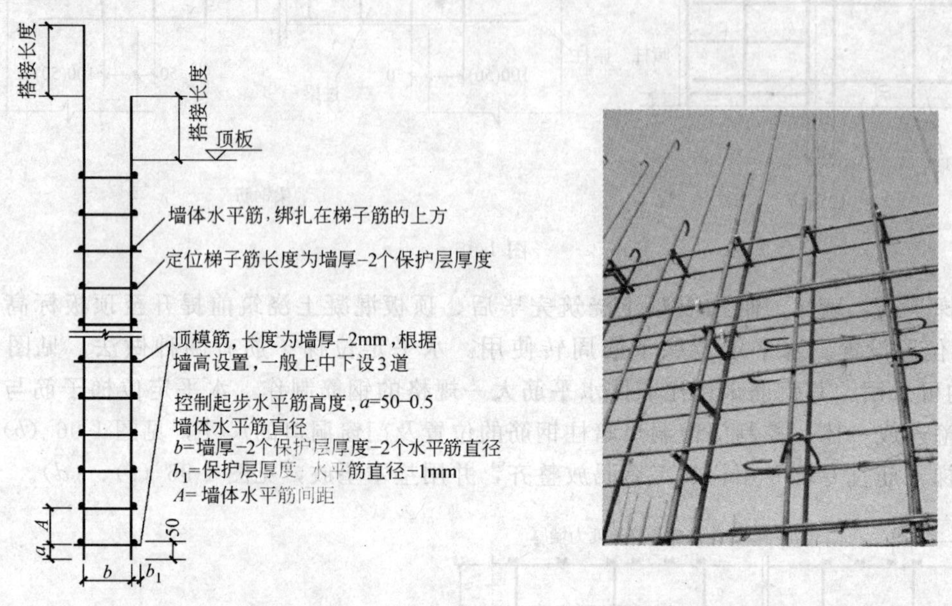

图 1-97 竖向定位梯子筋

(3) 定位柱箍

为保证框架柱竖向主筋的间距及保护层厚度，宜在楼板（梁）底标高以上 100mm 位置设置水平定位梯子筋，柱混凝土浇筑完毕后、楼板（梁）混凝土浇筑前提升至顶板标高以上 100mm 位置设置。定位柱箍周转使用，宜专柱专用。其钢筋采用 ϕ20 的钢筋制作。定位柱箍有两种做法，见图 1-98，均可采用。

定位柱箍宜采用自内向外的定位措施，且在柱模板上口加设钢板条（钢模板，或采用角钢）或钉木条（木模板上）来控制钢筋保护层。钢模板上口加设钢板条或角钢可参见本章墙体模板中模板上口保护层限位角钢的做法，木模板做法相同。

(4) 钢筋定位卡具

为保证水平钢筋的间距、排距以及钢筋的保护层厚度，宜在墙体中设置钢筋定位卡具，钢筋定位卡具采用 ϕ14 钢筋和 ϕ6 钢筋制作，卡具采用“双 F 形”，在墙体中梅花形布置，间距 500mm，见图 1-99。

(5) 钢筋马凳

为控制顶板双层钢筋的间距，宜在顶板双层钢筋之间设置钢筋马凳。制作马凳的钢筋应根据顶板钢筋的直径确定其规格，一般在底板采用 ϕ22 钢筋，顶板采用 ϕ16 钢筋。钢筋马凳每隔 1m 设置一道。马凳高度根据上下铁钢筋直径和马凳位置确定，一般在一个方向 h＝板厚－2 个保护层厚度－下铁双层钢筋直径－扣铁钢筋直径；在另一个方向 h＝板厚－2 个保护层厚度－下铁单层钢筋直径－扣铁钢筋直径；在顶板角部 h＝板厚－2 个保护层厚度－下铁双层钢筋直径－扣铁双层钢筋直径。见图 1-100。

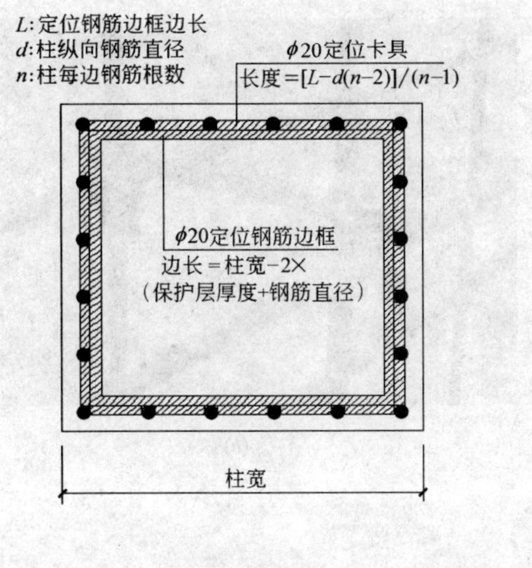

(*a*)

(*b*)

图 1-98　定位柱箍

(*a*) 定位柱箍做法一；(*b*) 定位柱箍做法二

（6）顶模筋

顶模筋用无齿锯下料，端头保持平齐，无毛刺、卷边，并刷 10mm 防锈漆。顶模筋长度比墙厚小 2mm（每侧小 1mm，考虑到混凝土侧压力预留模板变形量）。见图 1-101。

1.6.6.6　钢筋调整

根据墙体起步水平钢筋距地面 50mm，和墙体竖向钢筋搭接范围内保证有三根水平钢筋的要求，需要调整竖向钢筋的起始搭接位置（例如钢筋间距为 200，搭接长度为 630，如果从楼板面开始搭接，第三根钢筋在距板面 650mm 位置处，则不能保证墙体竖向钢筋搭接范围内有三根水平钢筋，因此可将起始搭接位置调整到距板面 30mm，则刚好有三根水平钢筋在竖向钢筋搭接范围内）。

因大部分暗柱箍筋间距、箍筋加密区间距与墙体水平钢筋间距不相同，可能造成墙体水平钢筋和暗柱箍筋位置重叠，所以需要局部调整暗柱箍筋间距，保证箍筋与墙体

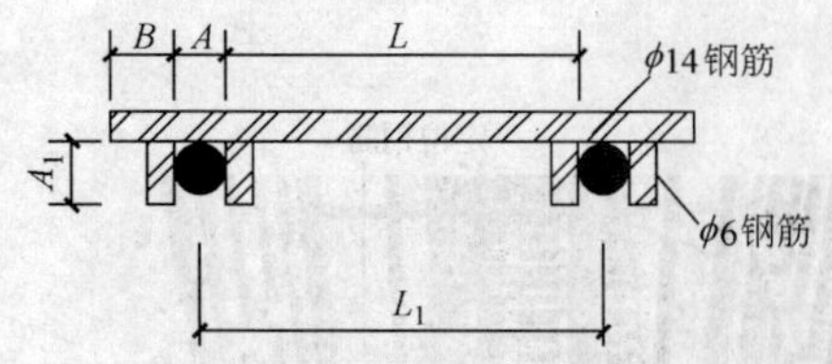

A=墙体水平筋直径　　　B=保护层厚度−1mm

A_1=墙体水平筋直径+3mm　　　L_1=墙体水平筋排距

L=墙厚−2个保护层厚度−2个水平筋直径

(*a*)

(*b*)

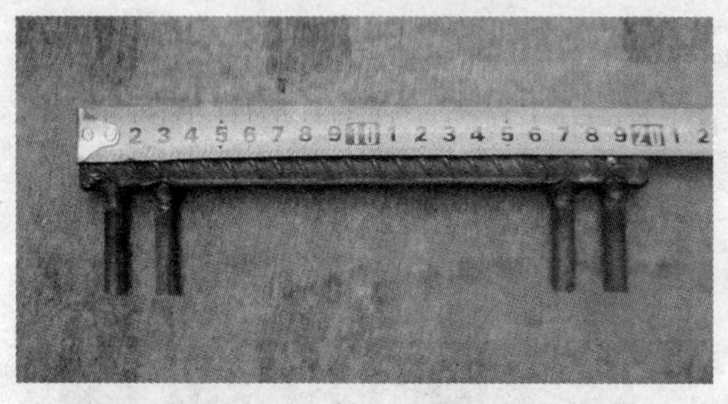

(*c*)

图 1-99　钢筋定位卡具

(*a*) 加工图；(*b*) 效果图；(*c*) 尺寸量取

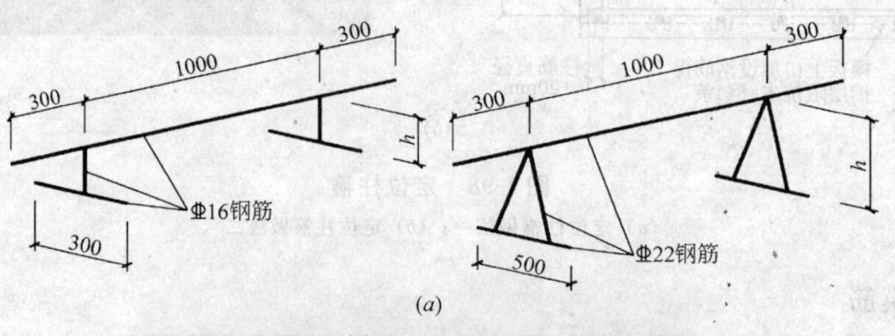

(*a*)

(*b*)

图 1-100　钢筋马凳

(*a*) 加工图；(*b*) 效果图

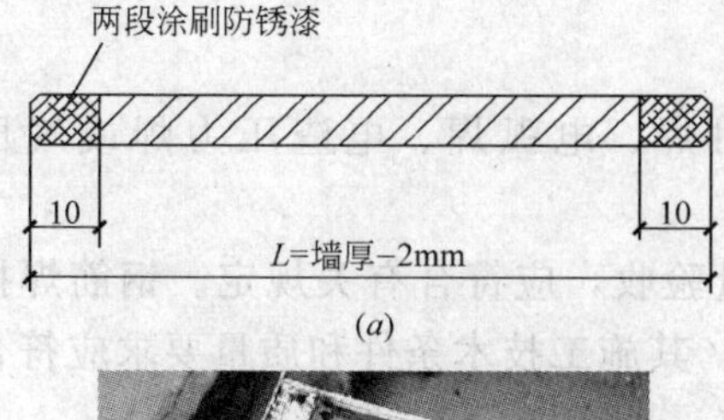

(*a*)

(*b*)

图 1-101　顶模筋
(*a*) 加工图；(*b*) 效果图

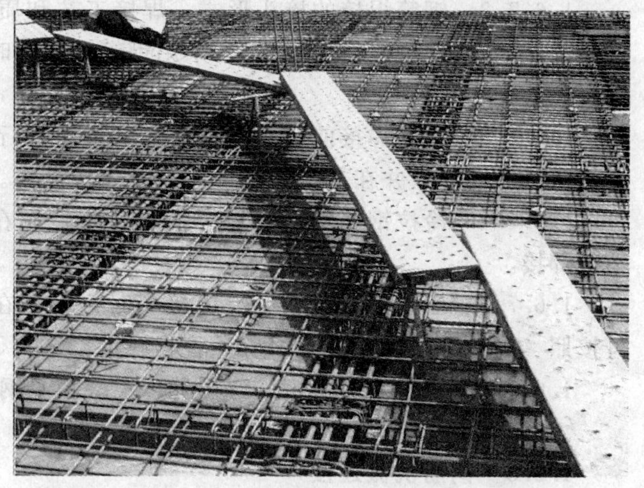
图 1-102　搭设走道

图 1-103　墙柱钢筋包裹

图 1-104　挂牌表示

水平钢筋之间的净距不小于钢筋的直径且不小于 25mm。从而保证混凝土对钢筋的握裹力。

暗柱主筋采用搭接时，其搭接范围内箍筋弯钩须将两根主筋全部钩住，其搭接接头内部主筋面外的第一根箍筋应根据主筋直径作调整。

1.6.6.7　钢筋的保护

顶板钢筋绑扎时以及绑扎完毕后浇筑混凝土前应对成品钢筋进行保护，搭设走道避免踩踏成品钢筋，见图 1-102。用塑料布将墙柱钢筋包裹 300mm，以避免浇筑混凝土时污染钢筋，见图 1-103。绑扎好验收前钢筋宜挂牌表示，见图 1-104。

1.6.7 钢筋焊接连接

1.6.7.1 热轧钢筋的对接焊接，可采用闪光对焊、电弧焊、电渣压力焊或气压焊等。

1.6.7.2 钢筋焊接的接头形式、焊接工艺和质量验收，应符合有关规定。钢筋焊接接头的试验方法应符合有关规定。采用钢筋气压焊时，其施工技术条件和质量要求应符合规定。

1.6.7.3 钢筋焊接前，必须根据施工条件进行试焊，合格后方可施焊。焊工必须有焊工考试合格证，并在规定的范围内进行焊接操作。

1.6.7.4 冷拉钢筋的闪光对焊或电弧焊，应在冷拉前进行；冷拔低碳钢丝的接头，不得焊接。

1.6.7.5 当受力钢筋采用焊接接头时，设置在同一构件内的焊接接头应相互错开。可按照《混凝土结构工程施工质量验收规范》（GB 50204—2002）中第5.4.5条施工。

1.6.7.6 焊接接头距钢筋弯折处，不应小于钢筋直径的10倍。

1.6.8 钢筋机械连接

钢筋机械连接包括直螺纹连接、锥螺纹连接及冷挤压连接等形式。其中钢筋直螺纹连接是使用比较广泛和可靠度较高的机械连接方式，主要有剥肋滚压直螺纹、滚压直螺纹和墩粗直螺纹。

1.6.8.1 滚压直螺纹

(1) 对钢筋直螺纹接头进行工艺检验，确定其各项工艺参数，见表1-14。

钢筋直螺纹接头工艺参数 **表1-14**

钢筋规格	Φ20	Φ22	Φ25	Φ28	Φ32
套丝牙数(整牙数)	10	12	10	11	13

(2) 直螺纹连接套筒分标准型套筒和正反丝套筒。标准型套筒的几何尺寸规定见表1-15。

标准型套筒的几何尺寸（单位：mm） **表1-15**

规格	螺距(P)	长度(L)	外径(Φ)	螺纹小径(D1)
Φ20	2.5	54	31	18.1
Φ22	2.5	60	33	20.4
Φ25	3	64	39	23.0
Φ28	3	70	44	26.1
Φ32	3	82	49	29.8

(3) 钢筋加工

1) 按钢筋配料单进行钢筋下料。采用钢筋切断机下料时，要保证其端部不因挤陷而导致丝扣不饱满。要求下料断面垂直钢筋轴线，无马蹄形或弯曲头，否则用砂轮切割机切掉。见图1-105。如丝扣不饱满者，切掉2cm重新套丝。用环规检查其套丝长度时，如出现丝扣超长，则用手持砂轮机磨掉，直至满足规定的长度要求为止。如丝扣长度不足时，需重新调整限位器并重新套丝，直至满足要求为止。不得用气割下料。见图 1-106。

图 1-105 用砂轮切割机切钢筋

图 1-106 调整限制器

2）滚扎钢筋直螺纹时，采用水溶性切削润滑液，不得用机油作切削润滑液或不加润滑液滚扎丝头。

3）钢筋套丝完成后，要求用牙形规、环规逐个检查钢筋丝头的加工质量。

4）自检合格的丝头，一头拧上同规格的保护帽，另一头拧上同规格的连接套。

5）质检人员用牙形规、环规，按10%的加工数量抽检钢筋丝头加工质量，并填写钢筋螺纹加工检验记录，如发现一个不合格丝头，则逐个检查，剔除不合格丝头。

图 1-107 钢筋丝扣保护帽

（4）钢筋连接

1）拧下待连接钢筋的保护帽和连接套上的密封盖，见图 1-107。

2）将待连接钢筋拧入连接套。拧入前应仔细检查钢筋规格是否与连接套规格一致，钢筋连接丝扣是否干净、完好无损。

3）被连接的两钢筋端面应处于连接套的中间位置，偏差不大于 1P（P 为螺距），并用工作扳手拧紧，使两钢筋端面顶紧，同时随手画上油漆标记，以防钢筋接头漏拧。

（5）连接钢筋注意事项

1）钢筋丝头经检验合格后应保持干净无损伤。

2）所连钢筋规格必须与连接套规格一致。

3）连接水平钢筋时，必须从一端往另一端依次连接，不得从两头往中间或中间往两端连接。

4）连接钢筋时，一定要先将待连接钢筋丝头拧入同规格的连接套之后，再用工作扳手拧紧钢筋接头，以防损坏接头；连接成型后用红油漆作出标记，以防遗漏。

（6）检查钢筋连接质量

随机抽取同规格接头数的10%进行外观检查，钢筋与连接套规格一致，接头外露完整丝扣不大于1扣、外露不完整丝扣不大于3扣。

(7) 直螺纹接头试验

直螺纹进场前厂家应提供钢筋直螺纹接头型式检验报告，并在正式施工前，对钢筋直螺纹接头进行工艺检验。施工时的直螺纹接头应按验收批进行现场检验，钢筋直螺纹接头的工艺检验和现场检验的取样方法、数量、试验项目等可参照北京市地方标准《建筑工程资料管理规程》(DBJ 01-51—2003) 附录A中执行。

1.6.8.2 剥肋滚压直螺纹

(1) 对钢筋直螺纹接头进行工艺检验，确定其各项工艺参数，见表1-16。

钢筋直螺纹接头工艺参数 **表1-16**

钢筋规格	≤ф28	ф32
套丝牙数(整牙数)	10	13

(2) 直螺纹连接套筒分标准型套筒和正反丝套筒。标准型套筒的几何尺寸规定见表1-17。

标准型套筒的几何尺寸 (单位：mm) **表1-17**

规　格	螺距直径	套筒外径	套筒长度
ф20	M21×2.5	31	60
ф22	M23×2.5	33	65
ф25	M26×3	39	70
ф32	M33×3	49	90

(3) 钢筋加工

1) 按钢筋配料单进行钢筋下料。采用钢筋切断机下料时，要保证其端部不因挤陷而导致丝扣不饱满。要求下料断面垂直钢筋轴线，无马蹄形或弯曲头，否则用砂轮切割机切掉。

2) 加工丝头时，应用水溶性切削液，严禁用机油作切削液或不加切削液加工丝头。

3) 经自检合格的丝头，应由质检员随机抽样进行检验，抽检不得少于10个，当合格率小于95%时，应加倍抽检，如复检中合格率仍小于95%时，应对全部钢筋丝头进行检验，并切去不合格丝头，查明原因并解决后重新加工。具体丝头加工尺寸规定见表1-18。

丝头加工尺寸 (单位：mm) **表1-18**

规格	剥肋直径	螺纹尺寸	丝头长度	完整丝扣圈数
ф20	18.8±0.2	M21×2.5	27～30	≥8
ф22	20.8±0.2	M23×2.5	29.5～32.5	≥9
ф25	23.7±0.2	M26×3	32～35	≥9
ф32	30.5±0.2	M33×3	42～45	≥11

4）用环规检查其套丝长度时，如出现丝扣超长，则用手持砂轮机磨掉，直至满足规定的长度要求为止。如丝扣长度不足时，需重新调整限位器并重新套丝，直至满足要求为止。

5）检验合格的丝头，一头拧上同规格的保护帽，另一头拧上同规格的连接套。分类放好。

（4）连接钢筋

1）拧下待连接钢筋的保护帽和连接套上的密封盖。

2）将待连接钢筋拧入连接套。拧入前应仔细检查钢筋规格是否与连接套规格一致，钢筋连接丝扣是否干净完好无损。

3）底板钢筋连接时，考虑到钢筋拧紧时存在转动摩擦阻力，将力矩扳手的游动标尺刻度调到比待连接钢筋规格略大一等级。

4）先把套筒拧在一端的钢筋上，用扭矩扳手将其固定，用扭矩扳手按下表规定的力矩值把钢筋接头拧紧直至扭矩扳手在调定的力矩值发出"咔嗒"声为止，并随手画上油漆标记，以防钢筋接头漏拧。连接钢筋拧紧力矩值见表1-19。

连接钢筋拧紧力矩值 **表1-19**

钢筋直径(mm)	20～22	25	32
拧紧力矩(N·m)	200	250	320

（5）连接钢筋注意事项

1）钢筋丝头经检验合格后应保持干净无损伤。

2）所连钢筋规格必须与连接套规格一致。

3）连接水平钢筋时，必须从一头往另一头依次连接，不得从两头往中间或中间往两端连接。

4）连接钢筋时，一定要先将待连接钢筋丝头拧入同规格的连接套之后，再用力矩扳手拧紧钢筋接头，以防损坏接头；连接成型后用红油漆作出标记，以防遗漏。

5）力矩扳手不使用时，将其力矩值调为零，以保证其精度。

（6）检查钢筋连接质量

1）检查接头外观质量应无完整丝扣外露，钢筋与连接套之间无间隙。如发现有一个完整丝扣外露，应重新拧紧，然后用检查用的扭矩扳手对接头质量进行抽检。

2）用质检力矩扳手检查接头拧紧程度。

（7）直螺纹接头试验

直螺纹进场前厂家应提供钢筋直螺纹接头型式检验报告，并在正式施工前，对钢筋直螺纹接头进行工艺检验。施工时的直螺纹接头应按验收批进行现场检验，钢筋直螺纹接头的工艺检验和现场检验的取样方法、数量、试验项目等参照《建筑工程资料管理规程》(DBJ 01-51—2003）附录A中执行。

（8）力矩扳手的精度为±5%，要求每半年用力矩仪检定一次。

（9）钢筋机械连接接头应符合《钢筋机械连接通用技术规程》（JGJ 107—2003）的规定。

1.6.8.3 钢筋锥螺纹连接

（1）锥螺纹接头外观要求

对锥螺纹接头要检查丝扣的露扣情况，不允许有完整丝扣外露，对出现的完整丝扣外露应采取补焊的措施予以加强，锥螺纹还应用扭矩扳手检查力矩值并作合格标记。套筒挤压连接要检查压痕、弯折、裂缝、横向净矩的情况，此外还要检查接头错开的情况，只有所有接头验收通过后，才可以开始绑扎。锥螺纹套丝应完整，牙数规定值见表 1-20。

锥螺纹套丝完整牙数规定值 **表 1-20**

钢筋规格(mm)	16～18	20～22	25～28	32	36	48
完整牙数	5	7	8	10	11	12

（2）钢筋接头检验

钢筋绑扎搭接接头，焊接连接接头（电弧焊、闪光对焊、电渣压力焊）和机械连接接头（锥螺纹、等强直螺纹、挤压接头），必须遵守专项操作规程，接头质量符合规范标准，并按规定进行抽样试验，具有试验和检验报告。

接头性能等级的选定应符合下列规定：

1）混凝土结构中要求充分发挥钢筋强度或对接头延性要求较高的部位，应采用 A 级接头；

2）工程中应用钢筋机械连接时，应由该技术提供单位提交有效的型式检验报告；

3）钢筋连接工程开始前及施工过程中，应对每批进场钢筋进行接头工艺检验和型式检验，参见《建筑工程资料管理规程》(DBJ 01-51—2003) 附录 A 中规定。

1.6.8.4　钢筋冷挤压连接

（1）机械设备

钢套筒挤压钳、超高压电动油泵站、超高压油管、悬挂器（手动葫芦）。

（2）挤压前的准备工作

1）清除钢套筒和钢筋压接部位的铁锈、油污、泥砂等污染物，钢筋端部要顺直，如有弯折较严重、马蹄形等必须用砂轮切割机切割或扳直的方法予以矫直。

2）对照《带肋钢筋套筒挤压连接技术规程》中挤压接头的检验标准，保证满足接头质量的要求，对钢套筒做外观及尺寸检查。

3）按照《钢筋配料单》对各部位钢筋逐根就位，并检查接头位置的正确。

4）根据各种规格钢筋伸入钢套筒的深度，钢筋连接端划出明显的红色定位标记，确保钢筋伸入套筒长度的正确性。

5）检查挤压设备，保证其完好，并进行试压确定其油压参数后，方可开始作业。

6）为了防止液压油污染钢筋，挤压设备下应垫 12 厚整块竹胶板，垫板面积不小于 $2.0m^2$。

（3）挤压操作应符合的要求

1）参加挤压接头作业的人员必须经过厂家技术培训，并经考核合格后方可持证上岗。

2）挤压时采用的挤压力、压模宽度、压痕直径或挤压后套筒长度及压痕道数，均应符合技术参数要求。

3）按钢筋上标记插入套筒内深度，钢筋端头离套筒长度中点不超过 5mm。

4）挤压时，挤压钳与钢筋轴线保持垂直。

5）挤压宜从套筒中央开始，并依次向两端挤压。

6）挤压完成后用检查卡规对每道压痕进行检查，挤压面应为“人”字纹面，不得挤压带肋面。符合标准后对合格的接头用红油漆涂上标记。每完成一个涂一个。

（4）挤压接头的施工现场检验与验收

1）同条件施工，同一批材料的同等级、型式、同规格接头以500个为一个验收批，不足500个也作为一个验收批。

2）每一批取三个试件做单向拉伸试验。

（5）外观检查

1）钢套筒挤压接头压痕直径 d：当 $d_2 \leqslant d \leqslant d_1$ 时，即为合格。

2）挤压后套筒长度应为原套筒长度的1.1～1.15倍或压痕处套筒外径为原套筒外径的0.8～0.9倍。

3）压痕道数应符合型式确定的道数，而且均匀。

4）接头处弯折不得大于4°，超标准的可用调直机调直，见图1-108。

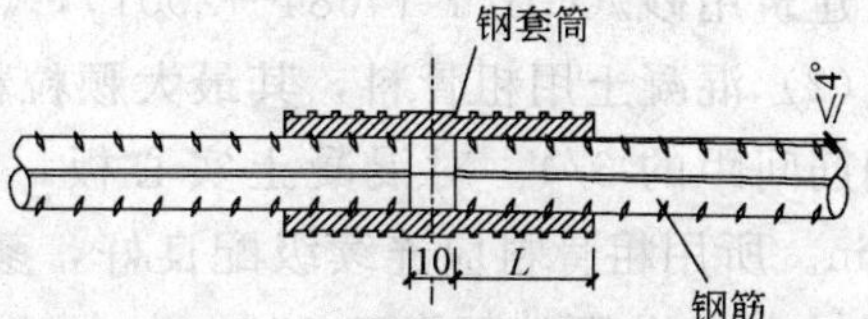

图1-108 钢套筒挤压连接示意图

5）套筒上不得有肉眼可见裂缝。

6）挤压连接钢筋伸入钢套筒长度见表1-21。

挤压连接钢筋伸入钢套筒长度　　表1-21

规格	Φ20	Φ22	Φ25	Φ28	Φ32
L(mm)	60	65	80	90	95
压痕道数	3	3	4	5	5

1.7 混凝土工程

1.7.1 原材料的质量要求

1.7.1.1 混凝土原材料应满足混凝土工程的外观质量要求、施工性能、物理力学性能和耐久性要求。

1.7.1.2 水泥

所用水泥应为符合《硅酸盐水泥、普通硅酸盐水泥》（GB 175—1999）和《矿渣硅酸盐水泥、火山灰质硅酸盐水泥及粉煤灰硅酸盐水泥》（GB 1344—1999）质量要求的硅酸盐水泥、普通硅酸盐水泥和矿渣硅酸盐水泥；水泥应有抗压强度、抗折强度、安定性等检验数据及鉴定结论，必须符合现行国家有关标准的规定。

（1）混凝土工程用的水泥均应按厂别、品种、批号、强度等级提供水泥出厂合格证。或由供应部门提供转抄（复印）件给用户单位。合格证内容包括：水泥牌号、厂标、水泥品种、强度等级、出厂日期、批号、合格证编号、抗压强度、抗折强度、安定性等检验数据及鉴定结论。合格证应加盖厂家质量检查部门印章。转抄（复印）件应说明原件存放处、原件编号、转抄人及加盖转抄单位印章（印章应以红印为准，复印件无效）。合格证的备注栏内由施工单位填写单位工程名称及使用部位，单位工程技术负责人签章。

（2）水泥进场必须有出厂合格证或进场试验报告，并应对其品种、强度等级、包装或散装仓号、出厂日期等检查验收。当对水泥质量有怀疑或水泥出厂超过 3 个月（快硬硅酸盐水泥超过 1 个月）时，应复查试验，并按试验结果使用。

（3）检验项目必须齐全，其项目包括细度、凝结时间、安定性、抗压强度、抗折强度等。

（4）水泥合格证和试验报告单内容均应符合现行国家技术标准的要求。

1.7.1.3　骨料

（1）所用骨料必须符合《普通混凝土用砂、石质量及检验方法标准》（JGJ 52—2006）和《建筑用砂》(GB/T 14684—2001)，《建筑用卵石、碎石》（GB/T 14685—2001）要求。

（2）混凝土用粗骨料，其最大颗粒粒径不得超过结构截面最小尺寸的 1/4，且不得超过钢筋间距的 3/4。对混凝土实心板，骨料最大粒径不宜超过板厚的 1/3，且不得超过 40mm。所用粗骨料应连续级配良好，颜色一致、洁净，含泥量小于 1%，泥块含量小于 0.5%，针片状颗粒不大于 15%。

（3）细骨料应选择质地坚硬，级配良好、颜色一致的河砂或人工砂，其细度模数应大于 2.6（中砂），含泥量不应大于 1.5%，泥块含量不大于 1%。砂中的含泥量是以重量计的百分率。混凝土强度等级高于或等于 C30，砂的含泥量不应大于 3%；混凝土强度等级等于或低于 C30，含泥量不大于 5%；有抗冻、抗渗或其他特殊要求的混凝土用砂，其含泥量不应大于 3%。

（4）对经常受潮部位的混凝土，宜选用非碱活性骨料，如受资源限制，不能选用非碱活性骨料时，可有条件使用低碱活性骨料，使用条件可参照北京市《预防混凝土工程碱集料反应技术管理规定》（试行）中的规定执行。

（5）严禁使用碱活性骨料或高碱活性骨料。

1.7.1.4　外加剂

（1）矿物掺合料

矿物外加剂（掺合料）宜选用硅粉、粉煤灰、磨细矿渣粉、天然沸石粉等，并应满足以下要求：

1）符合《高强高性能混凝土用矿物外加剂》（GB/T 18736—2002）中规定的质量要求。

2）不得含有对混凝土及钢材有害的成分。

3）勃氏比表面积宜大于 4000cm²/g。

（2）外加剂

混凝土中使用的外加剂必须符合《混凝土外加剂》（GB 8076—1997）和《混凝土外加剂应用技术规范》（GB 50119—2003）的要求；不得使用含有氯盐的外加剂；外加剂应不改变混凝土的颜色，在混凝土硬化后表面也不会导致出现析霜或返潮现象。

1.7.1.5　拌合用水及养护用水

拌合及养护用水必须是无色无味，符合《混凝土用水标准》（JGJ 63—2006）规定的质量要求。

1.7.2 混凝土配合比

1.7.2.1 配合比设计的原则

混凝土的配合比应使混凝土具有均匀一致的外观质感，良好的流变性能、内在均质性能、力学性能、体积稳定性、耐久性和经济性；还应根据工程设计、施工情况和工程所处环境，考虑抗中性化、冻害和碱骨料反应等方面的要求。

混凝土应按国家现行标准《普通混凝土配合比设计规程》（JGJ 55—2000）的有关规定，根据混凝土强度等级、耐久性和工作性等要求进行配合比设计。对有特殊要求的混凝土，其配合比设计上应符合国家现行有关标准的规定。

1.7.2.2 原材料的选用

（1）用于同一工程的水泥宜为同一厂家生产、同一品种、同强度等级的水泥，以保证颜色均匀；对于混凝土宜采用同一熟料磨制。

（2）所选用的掺合料应符合 1.7.1.4 中的规定，并应通过试验确定适宜添加量，混凝土制备中应以此添加量来使用。

（3）同一工程所用的掺合料应使用同一厂家的同一品种。

（4）减水剂应首先按《混凝土外加剂》（GB 8076—1997）规定的方法以净浆流动度来确定最适宜添加量，在混凝土中应以此添加量来使用。同一工程所用的减水剂、引气剂均应来自同一厂家的同一品种，并符合 1.7.1.5 中的规定，且选用的外加剂和确定的掺量应不改变混凝土的颜色。

（5）对首批进场的原材料取样复试合格后，应立即进行“封样”，以便与后续进场的材料进行对比，发现有明显色差的不得使用。

1.7.2.3 配合比的确定与调整

（1）混凝土强度标准差的取值，配制强度的确定，混凝土配合比的计算、试配、调整与确定可按《普通混凝土配合比设计规程》（JGJ 55—2000）的规定进行。

（2）为保证混凝土的工作性和耐久性的要求，基本组成材料应包括矿物外加剂（亦称掺合料），处于寒冷地区的工程的混凝土还应掺用引气剂。

（3）混凝土中的氯离子含量应不超过 0.2kg/m^3。

（4）混凝土水胶比除满足强度与流动性要求，还应满足抗中性化要求。保护层厚度应不低于 15mm。C50 以上的高性能混凝土可不考虑中性化的问题。

（5）砂率宜在 35%～45%的范围内（高层建筑其砂率控制不大于 40%）；水泥用量也不应低于 300kg/m^3；在满足技术要求的前提下，宜采用低的胶结材用量；用水量不宜超过 180kg/m^3；粗骨料用量不宜低于 1000kg/m^3，最大粒径≤25mm；细骨料用量不宜低于 620kg/m^3。

（6）用于混凝土中的掺合料等量取代水泥，掺量宜符合下列要求，以保证混凝土的抗中性化性能。

硅粉≤10%，粉煤灰≤35%，磨细矿渣粉≤60%，天然沸石粉≤15%。

（7）处于经常潮湿且受冻融环境的混凝土应采用引气混凝土，引气量宜为 3%～5%。

（8）混凝土拌制前，应测定砂、石含水率并根据测试结果调整材料用量，提出施工配合比。

（9）首次使用的混凝土配合比应进行开盘鉴定，其工作性应满足设计配合比的要求。开始生产时应至少留置一组标准养护试件，作为验证配合比的根据。

1.7.3 混凝土的配制

1.7.3.1 基本要求

混凝土配制应严格按照法定检测单位提供的配合比进行，并应严格控制水灰比和混凝土的和易性及坍落度。拌制混凝土的强度等级必须符合设计的强度等级，并应符合《混凝土强度检验评定标准》（GBJ 107—87）和《混凝土质量控制标准》（GB 50164—92）的规定。

为了满足设计要求的混凝土的强度等级以及抗渗性、耐蚀性和耐久性等性能，同时也为了满足施工操作要求混凝土拌合物的和易性，必须执行混凝土的设计配合比。因为组成混凝土的各种成分的多少，直接影响混凝土的质量。所以要对水泥、砂、石等组成混凝土级配的原料进行控制。其温度、湿度和体积经常在变化，同体积的材料有时重量相差很大，所以，拌制混凝土级配应按重量进行计算，才能保证配合比正确、合理，使拌制混凝土质量达到要求。

混凝土原材料每盘称量的偏差应符合表 1-22。

混凝土原材料每盘称量的允许偏差　　表 1-22

材　料　名　称	允许偏差(%)
水泥、掺合料	±2
粗、细骨料	±3
水、外加剂	±2

注：1. 各种衡器应定期校验，每次使用前应进行零点校核，保持计量准确；
2. 当遇雨天或含水率有显著变化时，应增加含水率检测次数，并及时调整水泥和骨料的用量。

1.7.3.2 影响混凝土质量的因素

（1）水泥强度等级达不到配合比设计强度，导致降低混凝土强度等级；水泥用量过大时，如果在大体积混凝土中，水泥水化反应放出的热量会使混凝土内外温差过大而导致裂缝。

（2）砂石骨料级配、砂率过小或过大，粗骨料相对增多或减少，则流动性变差。只有通过实验确定最佳砂率，才能使拌合物有良好的流动性，易于施工和保证混凝土质量。

（3）水灰比的大小不仅影响混凝土的强度等级和密实性，而且也影响混凝土的抗渗性、抗冻性、抗蚀性和抗碳化性能。

（4）混凝土的坍落度小，使混凝土拌合物流动性不良，直接影响混凝土浇筑，而导致混凝土结构构件产生麻面、蜂窝、孔洞和露筋等质量缺陷，降低混凝土的密实性。

（5）外加剂的掺量过多或过少都会影响混凝土的质量，为了改善混凝土的性能，提高混凝土的早强性、抗冻性、抗渗性及工作性，掺入外加剂必须按试验后确定外加剂的品种和掺量来拌制混凝土。

1.7.3.3 混凝土拌合物的制备

（1）混凝土搅拌的最短时间应符合表 1-23 的规定。

（2）混凝土搅拌应符合以下规定：原材料计量应建立岗位责任制，计量方法力求简便易行、可靠，特别是水的计量，应制作标准计量量具；外加剂应用台秤计量；应在拌制点和浇筑点定时分别检查混凝土的坍落度或工作度；当拌制混凝土受到外界因素的影响时，应及时调整和修正配合比，使拌制的混凝土达到设计的要求；混凝土拌合物质地必须均匀，且色泽一致。

混凝土搅拌的最短时间（s） 表 1-23

混凝土坍落度(mm)	搅拌机型	搅拌机出料量(L)		
		<250	250～500	>500
≤30	强制式	60	90	120
	自落式	90	120	150
>30	强制式	60	60	90
	自落式	90	90	120

注：1. 混凝土搅拌的最短时间系指自全部材料装入搅拌筒中起到开始卸料为止的时间；
2. 当掺有外加剂时，搅拌时间应适当延长；
3. 当采用其他形式的搅拌设备时，搅拌的最短时间应按设备说明书的规定或经试验确定。

(3) 施工现场搅拌混凝土，其配合比必须由具备资格的试验室提供。工程项目现场必须配置与现场试验相适应的简易试验室和相应试验设备及标准养护室（标养箱）。现场试验人员（含制作试块），必须经过专业培训考核，具备相应的试验工作资格。混凝土配制的强度等级和性能（抗渗、抗冻、低碱及其他特殊要求），必须符合设计要求和规范、标准，并应满足施工需要。原材料水泥、砂、石、外加剂、掺合料，必须符合相应质量标准，并依照有关规定具有产品出厂合格证和进场复试报告。并分类堆放妥善管理和分批、分品种挂牌标识。

(4) 水泥、外加剂、掺合料入库房（棚），按进场批分生产厂、品种、标号、数量、生产日期、试验单编号、合格、不合格等注明标识，并有防潮、防雨、防雪措施。

(5) 砂石在硬底场地堆放，不同品种、规格砂、石之间以墙相隔，防止混料，并有料堆淋水、排水措施，挂标识牌，注明产地、规格等。

(6) 现场搅拌设备应安装在防风雨的搅拌房内，工艺设备合格，上料系统合理有效运行，计量系统先进准确，并经计量检定合格。采用地磅或吊磅者，要安装平稳。必须采取保证计量准确，坚持昼夜班每车过磅和防止发生计量失控的有效控制措施。预拌混凝土按有关规定执行。

(7) 现场搅拌配合比起用，应组织有关部门进行开盘鉴定，经按实际条件和要求对设计配合比调整签认后，制作标养试块、抗渗试块，按调整后的施工配合比进行搅拌。并在搅拌台旁设混凝土配合比标牌。标牌的主要内容见表 1-24。

1.7.4 对预拌（商品）混凝土的技术要求

对预拌（商品）混凝土的技术要求即为对混凝土搅拌站的技术要求，此要求应该在工程签订预拌混凝土供应合同前编制，且在甲、乙方签订合同前得以双方确认。

1.7.4.1 混凝土搅拌站应以如下规范、规程、标准为准则：

《硅酸盐水泥、普通硅酸盐水泥》(GB 175—1999)；

《普通混凝土用砂、石质量及检验方法标准》(JGJ 52—2006)；

《水泥骨料试块潜在碱活性反应试验方法（砂浆棒法）》(ASTM C227—1997)；

《混凝土用水标准》(JGJ 63—2006)；

《混凝土外加剂》(GB 8076—1997)；

《混凝土泵送施工技术规程》(JGJ/T 10—1995)；

混凝土搅拌配合比标牌 **表 1-24**

工程名称：							
浇筑部位：		浇筑日期：			浇筑总量(m^3)：		
强度等级：		配合比编号：			初凝时间：		
水泥品种、强度等级：		砂子规格：			石子规格：		
外加剂品种：		掺合料品种：			坍落度：		
设计配合比	材料名称	水泥	水	砂子	石子	外加剂	掺合料
	配合比比例						
	每 m^3 用量 kg/m^3						
	每盘用量 kg/盘						
施工配合比	每盘实际用量 kg/盘						
	小车运料每车净重						
	砂石含水率%						
	砂石含泥量%						
	电子称加水每秒流量(kg/秒)：			每盘加水时间			
工程项目技术负责人： 施工配合比调整负责人： 搅拌操作负责人：				开盘鉴定人： 含水率测试人：			

《混凝土结构工程施工质量验收规范》(GB 50204—2002)；

《建设工程冬期施工规程》(JGJ/T 104—97)；

《北京市预防混凝土工程碱集料反应技术管理规定（试行）》；

同时必须符合国家及地方对混凝土相关技术要求的规定。

1.7.4.2 工期要求

混凝土搅拌站所供应的混凝土必须满足工程的工期要求（应向搅拌站提供工程的施工进度计划）。

1.7.4.3 质量要求

混凝土搅拌站所供应的混凝土必须满足工程对混凝土强度、龄期、抗渗、坍落度、外加剂等技术指标的质量要求（包括清水混凝土和冬施对混凝土的技术要求）。混凝土强度等级、抗渗等级、坍落度要求等以混凝土配合比申请单为准。

1.7.4.4 预拌（商品）混凝土的有关参数要求

(1) 原材料

1) 混凝土搅拌站必须使用质量稳定的原材料，包括水泥、砂、石子、外加剂、掺合料等。原材料要有出场合格证和检测报告，使用前必须经过复试、符合国家现行标准，并有可追溯性的试验报告。外加剂为非氯盐类且不含氨，原材料有碱含量检测报告，混凝土碱总含量符合有关规定，且有计算。

2) 具体原材料要求可参见第 1.7.1 条混凝土原材料的质量控制的内容。

(2) 预拌（商品）混凝土的生产

1) 原材料储存、计量、搅拌过程中所需一切设备和工艺应满足有关规范、规程、标准的规定。

2) 具体要求可参考第 1.7.3 条混凝土的搅拌的内容。

（3）预拌（商品）混凝土的运输

1）运输车辆采用标准罐车，应保持混凝土拌合物的均匀性，不产生分层离析现象。罐车搅拌筒应保持 3～6r/min 的慢速转动。

2）无论何时何地均严禁私自加水。

3）供货速度：墙体混凝土 25 分钟/车，顶板混凝土 10 分钟/车（应根据施工现场具体情况确定）。

4）从搅拌机卸出运输到现场的时间不大于初凝时间的 1/2（应根据运距、混凝土初凝时间等因素按施工现场具体情况确定）。

5）混凝土拌合物运输到施工现场，应逐车检查坍落度，检查颜色有无变化，并观察有无分层离析现象，并作好记录；对工作性和颜色不符合要求的拌合物严禁使用。

（4）预拌（商品）混凝土的坍落度要求

墙体混凝土坍落度控制在××±10mm，顶板混凝土坍落度控制在××±10mm，对于不满足要求的混凝土一律退场（坍落度应根据施工现场具体情况和规范要求确定，并以混凝土配合比申请单为准）。

（5）预拌（商品）混凝土的初凝、终凝时间

1）混凝土初凝时间控制在 4～5h。混凝土终凝时间控制在 7～8h。

2）为保证混凝土不出现冷缝，底板混凝土和清水混凝土初凝时间应适当增加，底板混凝土初凝时间控制在 10h 以内清水混凝土初凝时间控制在 6～7h。（混凝土的初凝、终凝时间应根据现场具体情况确定）

（6）季节性措施

1）冬季混凝土出罐车温度控制在 10℃以上且保证入模温度不小于 5℃；夏季控制在 30℃度以内，以保证混凝土质量。

2）冬期施工，混凝土罐车必须有保温措施，防止混凝土热量散失。

3）夏季罐车上应加遮盖，以防风雨或暴热天气时进水或水分蒸发。

4）冬期施工所采用的防冻剂应能够满足施工的需要。且必须符合国家现行标准。有可溯性的试验报告。

（7）质量检查

1）检查项目：强度和坍落度。

2）坍落度试验由甲方专业人员现场抽测，强度试验委托××试验室及××试验室（第三方见证试验）完成。

3）合格判定：强度的试验结果满足《混凝土强度检验评定标准》（GBJ 107—87）的规定；坍落度符合上述（4）的规定。

（8）混凝土搅拌站必须保证符合混凝土标准要求的下列资料的可追溯性：

1）水泥的品种、强度等级、出厂合格证、检测报告及搅拌站进场水泥复试报告；

2）掺合料品种、掺量，出厂合格证、检测报告及搅拌站进场复试报告；

3）外加剂的品种及掺量，出厂合格证、检测报告及搅拌站进场复试报告；

4）混凝土中卵（碎）石、砂出厂合格证、检测报告及搅拌站进场复试报告。

（9）混凝土搅拌站必须提供符合混凝土标准要求的下列资料：

1）混凝土出厂合格证（写明工程名称、部位、强度等级、抗渗等级、配合比编

号等）；

2）混凝土验收小票；

3）混凝土配合比申请单、配合比通知单和混凝土开盘鉴定；

4）混凝土外加剂要有外加剂厂家的出厂合格证和检验报告；

5）外加剂为非氯盐类外加剂的检测合格报告；

6）外加剂不含尿素（氨）的检测合格报告，氨含量的检测报告；

7）原材料碱含量符合现行标准要求的检测合格报告；

8）混凝土碱含量的计算，并符合现行标准要求，总含碱量限值为 3kg/m³。

1.7.5 混凝土浇筑

1.7.5.1 混凝土的和易性

混凝土拌合物的和易性是指混凝土运输、浇筑、振捣等过程中便于施工、适合操作和有利于硬化的一系列性质。因而和易性是混凝土拌合物的流动性、黏聚性和保水性的综合表现。为了提高混凝土的和易性，目前，对混凝土拌合物的和易性还只能用坍落度（维勃稠度）来表示其流动性。坍落度对混凝土质量具有重要的影响：坍落度小，将使混凝土拌合物流动性差，混凝土浇筑易产生蜂窝、麻面、孔洞和露筋等质量缺陷；坍落度大，使混凝土拌合物流动性好，便于浇筑，也有利于消除混凝土的质量通病。影响混凝土拌合物和易性的有以下一些因素。

(1) 单位用水量：合适的用水量可使构件便于成型，亦可防止内部产生蜂窝。但用水量过大（保持水灰比不变），不仅多用水泥，还会造成混凝土的黏聚性和保水性下降，如用水量过小混凝土稠度大也不易成型密实，施工困难，因此用水量一定要按配合比控制使用，在天气变化时则应予以调整。

(2) 混凝土拌合物中的粗（细）骨料颗粒级配合理，可确保混凝土结构的密实度。如果粗（细）骨料颗粒级配不良，会导致混凝土的空隙率增大，使混凝土强度降低。

(3) 含砂率适当，不但能用砂填充粗骨料之间的空隙还可起润滑作用，使混凝土和易性好。但砂率过大，则砂石总的表面积也随之增大，混凝土拌合物就显得干稠，流动性减小；如果砂率过小，砂浆量不足，使石子形成松散的状态。因此，砂率过大或过小都会影响混凝土拌合物的和易性。所以，要严格按试验配合比试配确定的最佳砂率。

(4) 水灰比是影响混凝土拌合物和易性的重要因素之一：水灰比过大，使水泥浆的黏聚性降低导致拌合物保水性降低，使混凝土出现泌水现象；水灰比小，水泥浆变稠，使混凝土拌合物黏聚性增大，导致拌合物成团；水灰比大，混凝土拌合物的流动性增大，坍落度也增大，在运输、浇筑及捣固过程中会产生分层离析现象，难以保证混凝土拌合物的匀质性。

(5) 混凝土拌合时必须保证拌合时间充分和搅拌均匀。

(6) 混凝土拌合物掺入的减水剂，是一种表面活性材料。它对混凝土中的水泥颗粒起扩散作用，使水泥浆的凝聚体结构破坏，从而把水泥凝聚体中被水泥颗粒所包围的游离水释放出来，以达到减少拌合用水的目的。

(7) 拌合混凝土时掺入适量的早强剂，可以提高混凝土早期强度，对模板周转、施工进度及节约冬期施工费用都有明显效果。

(8) 保水性是指混凝土拌合物保持水分不易析出的能力。混凝土在浇捣操作中，随粗、细骨料的下沉，则水分极易上浮到混凝土表面，这就是通常所说的泌水现象。如果混凝土保水性差，泌水现象严重，将直接影响混凝土质量。

综上所述，混凝土拌合物的和易性对混凝土的匀质性、密实性有很大的影响，对保证混凝土的强度，以及抗渗性、抗冻性、抗蚀性、耐久性等指标起着重要的作用。只有混凝土拌合物的和易性性能良好，才能使混凝土的质量达到要求标准。

1.7.5.2 混凝土的运输

混凝土从搅拌机中卸出到浇筑完毕的延续时间不宜超过表 1-25 的规定。

混凝土从搅拌机中卸出到浇筑完毕的延续时间 **表 1-25**

混凝土强度等级	气温	
	不高于 25℃	高于 25℃
不高于 C30	120min	90min
高于 C30	90min	60min

(1) 运送混凝土，宜采用搅拌运输车，如果运距不远，也可采用翻斗车。运送的容器应严密，其内壁应平整光洁。粘附的混凝土残渣应经常清除。

(2) 冬期混凝土运输应采取有效的保温措施，保证混凝土出罐温度不小于 10℃，入模温度不小于 5℃。夏季运输应采取必要的措施防止运输车辆暴晒致使水分蒸发，或雨水进入混凝土中，影响混凝土和易性，致使混凝土浇筑质量降低。

(3) 混凝土运至浇筑地点时，应认真填写运输小票，见图 1-109；并逐车检查坍落度，见图 1-110；检查颜色有无变化，并观察有无分层离析现象，并作好记录，如果产生分层离析现象，浇筑前必须进行二次搅拌。

图 1-109 填写混凝土运输小票

图 1-110 检查混凝土坍落度

(4) 泵送混凝土必须符合以下规定：混凝土泵最大水平输送距离必须经过计算。泵送混凝土必须保证混凝土泵的连续工作；输送管道宜直，转弯宜缓，并有可靠的固定措施；进行泵送混凝土之前，应预先用水泥砂浆润滑输送管道内壁。如果发现混凝土离析时，应用高压水冲洗管内残留的混凝土；泵送混凝土的受料斗内应经常有足够的混凝土，以防止吸入空气阻塞输送管道。图 1-111 为泵管的固定方式。

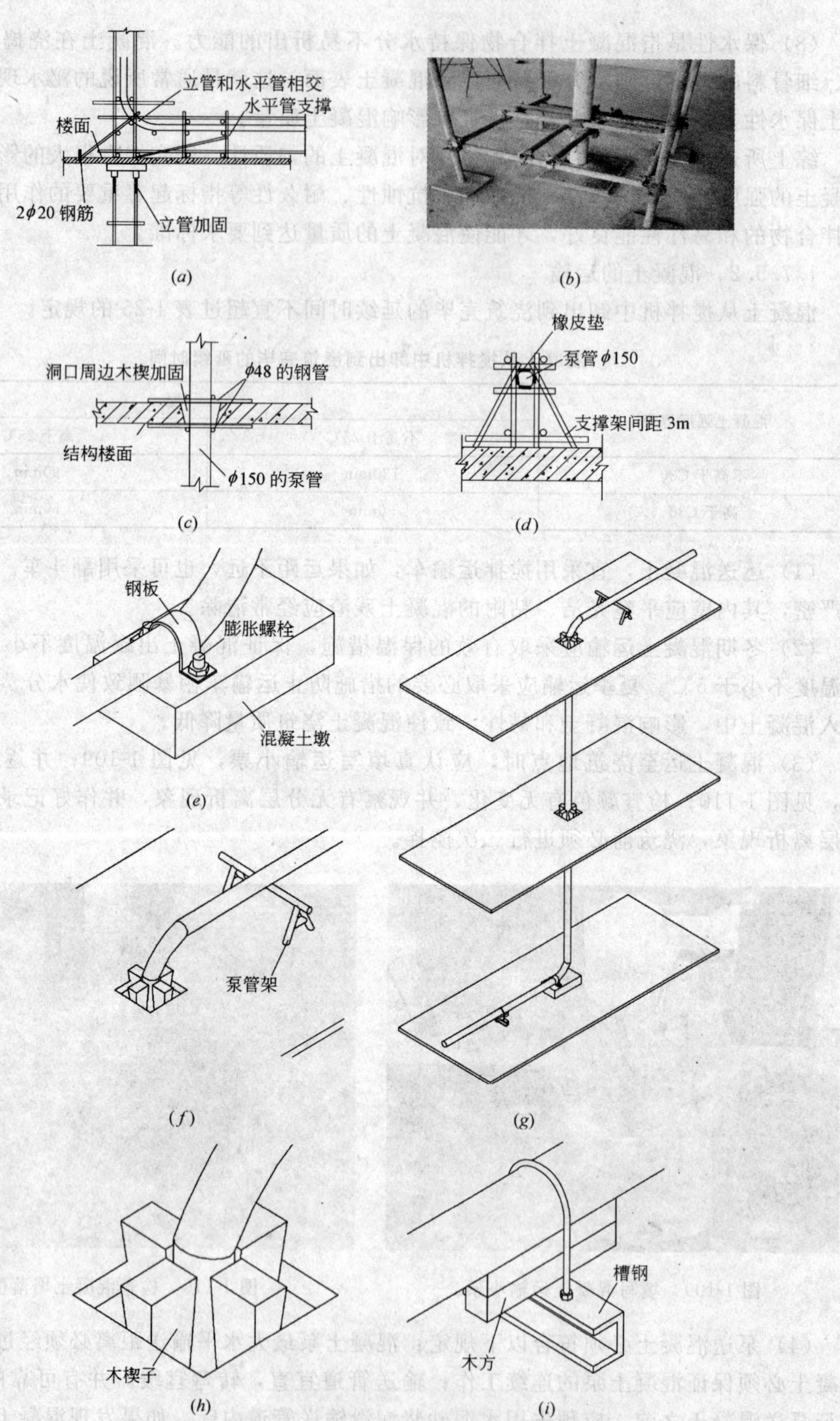

图 1-111　泵管加固示意图

(a) 水平管立管固定；(b) 效果图；(c) 穿楼板加固；(d) 加固节点；(e) 首层泵管加固详图；(f) 操作层泵管加固详图；(g) 泵管架设轴侧图；(h) 泵管穿楼板固定详图；(i) 首层泵管固定详图

1.7.5.3 混凝土浇筑前的准备工作

(1) 编制混凝土浇筑施工技术方案。

(2) 作好施工组织设计和技术交底。这是两项很重要的工作。其中包括施工前的准备、材料试验、配合比设计、计量器具、施工方法(如需留置施工缝时，应按指定位置及采取适当节点构造，并应符合设计要求和施工规范规定、质量标准等)。

(3) 检查施工准备条件。模板制作、钢筋加工、配合比的设计、预埋件及垫块的安装与设置等。

(4) 物资准备工作：水泥、砂石、外加剂等要根据同批材料的数量进行质量检验和验收；对所需的搅拌机、运输车辆、料斗、振捣器等机具，要保证机具的完好率，使生产机具处于完好状态。

(5) 检查模板的强度、刚度是否符合规定，标高、位置与结构截面尺寸是否符合设计要求，预留拱度是否正确。

(6) 检查支撑系统是否稳定，支架与模板的结合处必须稳定可靠，出现变形时应及时调正。

(7) 检查钢筋与埋设件规格、数量、安装的几何尺寸与位置，以及钢筋接头等是否与设计要求相符，对于已变形和位移的钢筋应及时校正。检查和安放保护层垫块、铁马凳，钢筋骨架上应铺设马道跳板，严防踩压钢筋骨架。

(8) 浇筑混凝土前，应清除模板内的垃圾、木片、刨花、锯屑、泥土等杂物，确保模板内干净，钢筋上的污染物应清除干净，见图 1-112。

(9) 检查模板预留的三孔(即观察孔、振捣孔、清扫孔)是否符合施工要求。

(10) 木模应浇水润湿，见图 1-113，并将缝隙塞严，金属模板预留孔洞应堵塞严密，以防漏浆。脱模剂涂刷应均匀。

图 1-112 模板清理

图 1-113 木模浇水润湿

(11) 混凝土浇筑令、开盘鉴定等相关准备资料签认完毕。

(12) 施工缝处混凝土表面必须满足下列条件：已经清除浮浆、剔凿露出石子、用水冲洗干净、湿润后清除明水、松动砂石和软弱混凝土层已经清除、地下结构外墙钢板止水带均已安装、已浇筑混凝土强度≥1.2MPa(通过同条件试块来确定)。

(13) 混凝土泵、泵管铺设、承台或塔式起重机、吊斗已经准备(或调试)好。浇筑混凝土的人员(包括试验、水电工、振捣工等)、机具(包括振动棒、电箱等)、冬雨等季节性施工的保温覆盖材料、水、电（需要调试的必须预先调试好）等已经安排就位。

(14) 浇筑前清整现场道路，保证混凝土运输通畅。

1.7.5.4 混凝土浇筑

(1) 混凝土浇筑间歇时间的控制

1) 浇筑混凝土应连续进行。当必须间歇时，其间歇时间宜缩短，并应在前层混凝土凝结之前，即将次层混凝土浇筑完毕。

2) 混凝土运输、浇筑及间歇的全部时间不得超过混凝土初凝时间，当超过时应留置施工缝。

(2) 混凝土分层浇筑

浇筑混凝土时为了保证混凝土的密实性和强度，必须分层浇筑和振捣，并应根据不同的振捣方法和使用不同的振捣工具限制投料的厚度。如果一次投料过厚，就会因振捣不实而影响混凝土的密实性，密实性不良会导致混凝土强度降低。因此，浇筑混凝土时必须分层进行，并限制其分层的厚度。可采用测杆检查分层厚度。如 40cm 一层，测杆每隔 40cm 刷红蓝标志线，测量时直立在混凝土上表面上，以外露测杆的长度来检验分层厚度，并配备检查、浇筑用照明灯具，见图 1-114。为了保证柱子的分层浇筑厚度，可计算出各柱子的分层混凝土用量，并根据用量定制相应规格的小灰斗，用以控制每层浇筑的混凝土量。

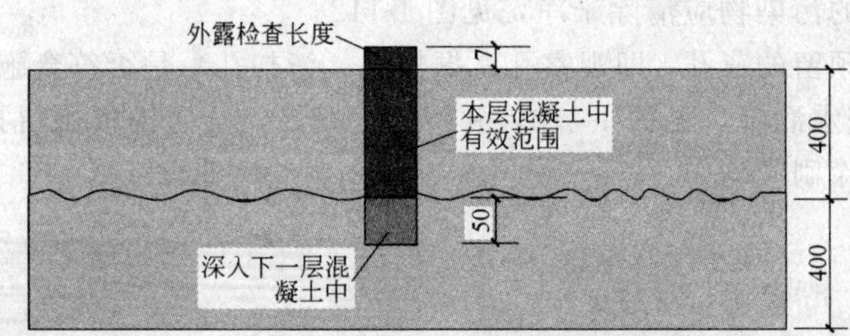

图 1-114 混凝土浇筑振捣范围示意图

(3) 混凝土振捣

混凝土浇筑后振捣是用各种振动器使混凝土受振，把混凝土内部的空气排挤出，让砂子充满石子间的空隙，水泥浆充满砂子之间的空隙，以达到混凝土的密实。常用的振动器有内部振动器、表面振动器和外部振动器。

1) 内部振动器，又称插入式振动器。操作方式有两种，一种是垂直振捣，即使振捣棒与混凝土表面垂直；一种是斜面振捣，即使振捣棒与混凝土表面成一角度，约 40°～50°。采用振捣棒振捣时要“快插慢拔”，快插是为了防止先将表面混凝土振实而与下部混凝土产生分层离析。慢拔是为了使混凝土能填满振动器抽出时所造成的空洞。浇筑混凝土时要分层浇筑，每层混凝土厚度不得超过振捣棒有效长度的 1.25 倍；上层混凝土的振捣要在下层混凝土初凝之前进行；振捣时要插入下层 50mm 左右。每一插点要掌握好振捣时间，一般以石子下沉、表面浮浆为宜。插点要均匀排列，可以排成“行列式”或“交错式”。插点距离应不大于振捣棒作用半径的 1.25 倍。一般振捣棒的作用半径为 300～400mm，在振动 30～60s 后，必须停 30s。操作中应避免碰撞钢筋、模板、预埋件等等。

振捣完毕后应将表面清洗干净。

2）表面振捣器，又称平板振动器，用于振捣平板、地面或预制楼板等。表面振动器在混凝土表面成行列依次移动振捣，在每一振捣位置上应连续振动 25～40s，每一振捣位置包括行与行之间的位置应搭接 30～40mm。表面振动器的有效作用深度，在无筋及单筋平板中约 200mm；在双筋平板中约 120mm。振动器使用完毕后要清洗干净。

3）外部振捣器，又称附着式振动器，仅适用于振捣钢筋较密，厚度较小以及不宜用插入式振动器的结构构件。外部振动器的振捣作用深度约 250mm；其设置间距应通过试验确定，并应与模板牢固和紧密连接。

4）采用振捣器捣实时，每一振点的振捣延续时间，应使混凝土表面呈现浮浆和不再沉落。

5）施工中要严防漏振或过振。并应随时检查钢筋保护层和预留孔洞、预埋件及外露钢筋位置，确保预埋件和预应力筋承压板底部混凝土密实，外露面层平整。施工缝符合要求。封闭性模板可增设附着式振捣器辅助振捣。

（4）混凝土结构允许偏差和检查方法见表 1-26。

现浇结构尺寸允许偏差与检验方法（mm）　　　　**表 1-26**

项次	项目			允许偏差值(mm)		检验方法
				国家规范标准	优质工程标准	
1	轴线位置	基础		15	10	尺量
		独立基础		10	10	
		柱、墙、梁		8	5	
2	标高	层高		±10	±5	水准仪、尺量
		全高		±30	±30	
3	截面尺寸	基础宽、高		+8、−5	±5	尺量
		柱、墙、梁宽、高		+8、−5	±3	
4	垂直度	层高	≤5m	8	5	经纬仪、吊线、尺量
			＞5m	10	8	
		全高(H)		H/1000、且≤30	H/1000 且≤30	
5	表面平整度			8	3	2m 靠尺、塞尺
6	角、线			—	3	拉线、尺量
7	预留孔、洞中心线位置			15	10	尺量
8	预埋螺栓	中心线位置		10	3	尺量
		螺栓外露长度		5	+5,−0	
9	楼梯踏步板宽度、高度			—	±3	尺量
10	电梯井筒	长、宽对定位中心线		+25、0	−20，−0	钢尺检查
		筒全高(H)垂直度		H/1000 且≤30	H/1000 且≤30	经纬仪、尺量
11	阳台、雨罩位移			—	±5	吊线、尺量

（5）注意事项

1）灌注倾倒混凝土入模，不得集中下料冲击模板或冲砸钢筋骨架，应按浇筑顺序分层均匀下料，柱、墙板灌注高度大于3m时，应采用布料管、溜管或串筒下料，出料管口至浇筑层自由高度不宜大于1.5m，严防混凝土离析，分层灌注混凝土厚度，宜采用尺杆量测，一般厚度可在40cm左右。

2）梁、板与柱和墙连成整体同时浇筑混凝土时，要特别注意在柱和墙浇筑完毕后，必须停歇1～1.5h，使柱和墙的混凝土达到一定强度后，再继续浇筑梁和板的混凝土。如果忽略了这一点，柱、墙、梁和板连续浇筑，就会造成因柱、墙部位混凝土沉陷量较大，使位于柱、墙部位的梁和板混凝土产生裂缝，影响混凝土结构的整体性和耐久性。

3）同一柱子宜用同一罐车的混凝土浇筑。

4）为了确保小截面及钢筋密集部位的混凝土质量，必须采用与母体相同强度等级的细石混凝土浇筑，采取人工捣固工具来配合机械振捣。对小截面及钢筋密集的结构部位，采用的人工捣固工具有：捣固锤、捣固钎、有孔捣固铲和无孔捣固铲；捣固锤是用来捣实混凝土的，捣固钎是用来排放混凝土内空气的，捣固铲是用来插模的。所以，用人工捣固混凝土时应综合使用人工捣固工具。人工捣固操作要精心，使节点混凝土密实，整体性好。

5）门窗洞口的混凝土浇筑，应从洞口两侧同时浇筑，避免窗模偏位或压力不均匀产生变形。

1.7.5.5　混凝土养护

1）混凝土浇筑后，应及时采取有效养护措施，严防脱水和收缩裂缝。采用养护剂宜选用保水性好，且表面涂层薄膜可自行脱落的产品，不宜选用在结构表面残留粉状物的产品；采用塑料薄膜养护，应封闭严密，防止风吹掀起或脱落，且应该先做阳角护角后，再包裹塑料布，避免塑料布直接接触混凝土造成水印等；浇水养护应设专人喷水，保持混凝土湿润不脱水。冬期施工应有保温防冻措施。大体积混凝土和冬期施工应有测温措施。夏季高温天气应采取必要的措施防止新浇筑的混凝土受到阳光暴晒，必要时可采用加冰块等措施对混凝土进行降温处理。

2）对已浇筑完毕的混凝土，应在12h以内加以浇水和覆盖。对采用硅酸盐水泥、普通硅酸盐水泥或矿渣硅酸盐水泥拌制的混凝土，养护时间不得少于7d，对掺用缓凝型外加剂或有抗渗性要求的混凝土，养护时间不得少于14d；浇水次数应能保持混凝土处于湿润状态；对于不宜浇水的立面可以采取涂刷养护剂的办法进行养护，对楼板夏季高温时增加浇水次数并要保证表面湿润，或用塑料布覆盖严密，并保持塑料布内有凝结水，严防混凝土裂纹的出现。

3）模板拆除后的混凝土表面不得直接用草帘或草袋覆盖，以免造成永久性黄颜色污染，应采用干净塑料薄膜严密覆盖养护；如需保温，在塑料薄膜外可以覆盖草帘或草袋。见图1-115。

1.7.5.6　混凝土成品保护

（1）在工程交工前，对外墙宜用塑料薄膜进行保护，防止混凝土表面受到污染。

(a)

(b)

(c)

(d)

图 1-115 混凝土的养护

(a) 柱混凝土的养护；(b) 楼板混凝土的养护；(c) 冬施混凝土养护；(d) 墙体涂刷养护剂

(2) 已浇筑的楼板、楼梯踏步的上表面混凝土要加以保护，必须在混凝土强度达到1.2MPa后方可上人，为防止现浇板受集中荷载过早而产生变形裂纹，钢筋焊接用电焊机、钢筋不得直接放于现浇板上，外墙外挂架在墙体混凝土达到7.5MPa后方可提升。

(3) 冬期施工阶段混凝土表面覆盖时，要站在脚手板上操作，尽量不踏出脚印。见图 1-116。

图 1-116 板施工在脚手板上操作

(4) 混凝土浇筑振捣及完工时，要保持钢筋的正确位置，保护好洞口、预埋件及水电管线等。

(5) 混凝土施工过程中，对沾污墙面、楼面的水泥浆和遗洒在地面的混凝土要及时清理干净，不得损坏棱角。

（6）对于施工人员可以直接接触到的部位以及楼梯踏板，可采用废旧的竹胶板或木模板保护，楼梯角处用 ϕ10 的圆钢防止破损；门窗洞口、预留洞口、墙体及柱阳角在表面养护剂干后采用废旧的竹胶板或木模板做护角保护。见图 1-117。

(a)

(b)

图 1-117　混凝土的成品保护

(a) 柱阳角成品保护；(b) 楼梯踏步成品保护

1.7.5.7　混凝土工程控制要点及规矩

（1）梁板：控制要点有坍落度、严禁混凝土中加水、平整度、标高、拉毛方向一致、塑料薄膜覆盖、浇水养护、初凝前对裂缝二次拉毛收光、禁止上人及上料过早、墙根及柱根 150mm 范围内平整度控制在 3mm 之内、水平施工缝及后浇带剔凿、切割及接浆、墙体交接处门洞下部楼板平整度、布料杆及时移动防止冷缝、浇筑时防止踩踏负弯距钢筋。应严格按操作规程施工，确保混凝土质量。好的梁板混凝土效果见图 1-118。

（2）墙柱：控制要点有模板下口堵缝、接浆防止烂根、下灰高度、冷缝、洞口边下灰

图 1-118　梁板混凝土效果图

图 1-119　柱混凝土效果图

顺序、振捣时间、浇筑高度、施工缝切割及剔毛、梁窝留设、养护、气泡、修补、落地灰及墙面流浆清理。好的柱混凝土效果见图 1-119。

1.7.6 混凝土施工缝

1.7.6.1 混凝土施工缝的预留

施工缝的留置会影响混凝土的整体性，并能使混凝土强度降低。所以，施工缝就成为混凝土结构的薄弱环节。为此，施工缝的留置必须遵守设计要求和规范的规定。施工缝宜留在结构受力（剪力和弯矩）最小处。

（1）地下防水混凝土施工缝

1）墙体水平施工缝不应留在剪力和弯矩最大处或底板与侧墙的交接处，应留在高出底板表面不小于 300mm 的墙体上。墙体有预留洞时，施工缝距孔洞边缘不应小于 300mm，并宜与变形缝、后浇带相结合。垂直施工缝应避开地下水和裂隙水较多的地段。

2）地下防水混凝土施工缝应根据设计要求设置钢板止水带或遇水膨胀止水条。采用中埋式止水带时，应确保位置准确、固定牢靠；选用的遇水膨胀止水条应具有缓涨性能，其 7d 的膨胀率不应大于最终膨胀率的 60%。防水混凝土的模板穿墙螺栓可采用工具式螺栓或螺栓加堵头，螺栓上应加焊方形止水环，拆模后应采取加强防水措施将留下的螺栓凹槽封堵密实，并宜在迎水面涂刷防水涂料。

（2）普通混凝土施工缝

1）柱子施工缝留置在基础的顶面、梁下面、无梁楼板柱帽的下面。

2）和板连成整体的大断面梁施工缝，留置在板底面以下 20～30mm 处，当板下有梁托时，留置在梁托下部。

3）单向板施工缝，留置在平行于板的短边的任何位置。双向板施工缝，留置在跨中三分之一范围内。

4）有主次梁的楼板，宜顺着次梁方向浇筑，施工缝应留置在次梁跨度的中间三分之一范围内。

5）梁柱垂直施工缝应留在主次梁相交处，主梁不留施工缝，次梁施工缝留在支座处，进主梁 30～50mm。水平施工缝宜留在主梁下面。

6）楼梯梯段不宜设置施工缝，将施工缝设置在楼梯平台上，在平台板上跨中三分之一范围设置施工缝。如在梯段板上留置施工缝，宜将施工缝留置在梯段上下第三步台阶处。休息平台梁在楼梯墙体上应预留梁窝，梁窝宽度同梁宽，高度根据休息平台梁上下主筋的锚固长度确定，以满足主筋向上、向下的锚固长度。休息平台梁也可不留置梁窝，而预埋钢筋和直螺纹套筒来连接梁主筋，但此方法不推荐使用。

7）墙体施工缝留置在门洞口过梁跨中三分之一范围内，也可留置在纵横墙的交接处。

8）一般设备地坑及水池，施工缝可留在坑壁上，距坑（池）底混凝土面 300～500mm 的范围内。

9）承受动力作用的设备基础，不应留施工缝；如必须留施工缝时，应征得设计单位同意。

1.7.6.2 施工缝处混凝土的浇筑（图 1-120）

（1）在施工缝处继续浇筑混凝土时，已浇筑的混凝土，其抗压强度不应小于 1.2N/

图 1-120 施工缝的控制

(*a*) 墙边线内 5mm 处切割；(*b*) 柱根部水平施工缝；(*c*) 顶板垂直施工缝；
(*d*) 洞口垂直施工缝隙；(*e*) 墙根部水平施工缝；(*f*) 弹墙边线和控制线

mm^2。施工缝根据不同部位分为水平和竖向施工缝，浇筑混凝土时应该区别对待，先浇柱子（竖向结构），后浇梁板（平面结构）。

（2）墙柱根部水平施工缝：施工墙柱前，宜先将墙柱边线和模板控制线弹好，并在墙柱边线内 5mm 处弹线，用云石机切割约 5mm 深，再进行剔凿。然后清除水泥浮浆、松动石子，并充分湿润和冲洗干净，且不得有积水；浇筑混凝土前，应先均匀铺 3～5cm 厚与混凝土内砂浆相同成分的水泥砂浆。

(3) 墙柱顶部水平施工缝：施工梁板前，将已硬化的墙柱顶面混凝土上的水泥浮浆、松动石子和软弱混凝土层剔除，并充分湿润和冲洗干净，且不得有积水；浇筑混凝土前，在施工缝处铺一层与混凝土内成分相同的水泥砂浆；如更好地确保施工缝浇筑质量，宜先将顶板板底标高线弹出，并在其上 5mm 处弹线，剔凿时剔到此位置，严禁剔凿超过此线（避免浇筑顶板混凝土时漏浆、接槎明显）。

(4) 墙体和顶板竖向施工缝处应将施工缝模板遗留的铅丝网或木板条剔除掉，将松动石子和水泥浮浆剔除，并充分湿润和冲洗干净。

(5) 施工缝处严禁无接浆浇筑混凝土。混凝土应仔细捣实，使新旧混凝土紧密结合。

1.7.7 混凝土的拆模

1.7.7.1 混凝土模板拆除程序应严格按照《建筑工程大模板技术规程》（JGJ 74—2003）和钢筋混凝土工程的有关技术规程进行，拆模过程中不得损伤混凝土成品。

1.7.7.2 模板拆除必须在结构混凝土强度达到设计要求时进行，当无设计要求时混凝土应达到其表面及棱角不会因拆模而受损的强度水平时方可进行。

1.7.7.3 模板的拆除顺序按模板设计要求进行，各紧固件依次拆除后，应轻轻将模板撬离墙体，并注意对拉螺栓孔眼的保护；必须在确认模板与混凝土结构之间无任何连接后，方可起吊模板，且不得碰撞混凝土成品。

1.7.8 混凝土质量验收标准

1.7.8.1 普通混凝土验收标准

(1) 实体质量

混凝土的实体质量除满足《混凝土结构工程施工质量验收规范》（GB 50204—2002）要求外，混凝土的碱含量、氯离子含量等均应满足耐久性的要求。

钢筋保护层厚度满足《混凝土结构工程施工质量验收规范》（GB 50204—2002）的要求。

(2) 外观质量

整体结构混凝土密实整洁，面层平整，棱角整齐平直，梁柱节点，墙板交角、线、面顺直清晰，起拱线、面平顺；无蜂窝、麻面掉皮、孔洞；无漏浆、跑模、胀模、错台、烂根、裂缝；施工缝结合严密平整，无夹杂物，无冷缝，无砂浆隔层。见图 1-121。

图 1-121 混凝土外观质量

1.7.8.2 清水混凝土验收标准

(1) 实体质量

清水混凝土的实体质量除满足《混凝土结构工程施工质量验收规范》（GB 50204—2002）要求外，混凝土的碱含量、氯离子含量等均应满足耐久性的要求。

钢筋保护层厚度满足《混凝土结构工程施工质量验收规范》（GB 50204—2002）的要求。

（2）外观质量

1）颜色：清水混凝土应表现混凝土的自然色，表面色泽均匀，颜色一致。在同一视觉空间内，混凝土表面颜色一致，色泽均匀；自然光下，距饰面清水混凝土 4m 处肉眼看不到明显色差；距普通清水混凝土 8m 处肉眼看不到明显色差。

2）几何与外观尺寸：立面垂直度、表面平整度和阴阳角方正应达到各地方优质工程的有关标准的规定。起拱线、拱面几何尺寸准确，圆滑。

3）表面质量：混凝土表面不得出现蜂窝、麻面、砂带、冷接缝和表面损伤等；不得受到污染和出现斑迹；饰面清水混凝土和普通清水混凝土表面裂纹宽度分别不得超过 0.15mm 和 0.2mm。

4）表面气泡：饰面清水混凝土表面 $1m^2$ 面积上的气泡面积总和不大于 $3\times10^{-4}m^2$，最大气泡直径不大于 3mm，深度不大于 3mm；普通清水混凝土表面 $1m^2$ 面积上的气泡面积总和不大于 $6\times10^{-4}m^2$，最大气泡直径不大于 5mm，深度不大于 4mm。

5）分格缝直线度与对拉螺栓孔眼：饰面清水混凝土和普通清水混凝土分格缝直线度偏差分别不大于 2mm 和 4mm。对拉螺栓孔眼排列整齐匀称，拆模后封堵密实，颜色同墙面一致；如封堵的孔眼颜色与墙面不一致，应形成有规律性的装饰效果。对拉螺栓孔眼呈现有规则分布，排列整齐，封堵密实；孔眼呈同一颜色。

6）饰面清水混凝土墙面的细微冷接缝，不超过 1/500（m/m^2），普通清水混凝土不超过 2/500（m/m^2）。

7）模板拼缝印迹整齐、均匀，在同一视觉空间交圈，且印迹宽度不大于 1.5mm。

8）混凝土应修补面积，饰面清水不超过总面积的 0.1/100，普通清水不超过总面积的 0.2/100。

1.7.9 混凝土质量检验

1.7.9.1 混凝土坍落度测试

当采用预拌混凝土时，混凝土坍落度应做到每车必测。现场混凝土的坍落度不但要测混凝土罐车进场时的坍落度，更要检测布料机出口处的坍落度是否满足要求。试验员负责对当天施工的混凝土坍落度实行抽测，混凝土责任工程师组织人员对每车坍落度测试，负责检查每车的坍落度是否符合预拌混凝土小票技术要求，并做好坍落度测试记录。如遇不符合要求的，必须退回搅拌站，严禁使用。具体坍落度的控制指标由项目技术部制定，对墙体和楼板等不同构件要有不同的控制范围，以满足不同构件混凝土凝结时间的不同要求。

1.7.9.2 验收评定混凝土质量有关规范和标准的规定

《混凝土强度检验评定标准》（GBJ 107—87）；

《混凝土抗渗、抗折试件留置、制作、养护及其强度检验评定》（GBJ 82—85）；

《建筑工程施工质量验收统一标准》（GB 50300—2001）；

《混凝土结构工程施工质量验收规范》（GB 50204—2002）；

《普通混凝土力学性能试验方法》（GBJ 81—85）。

1.7.9.3 混凝土强度等级检测

应符合《普通混凝土力学性能试验方法标准》(GB/T 50081—2002)的有关规定。

(1) 混凝土试件一般技术规定

1) 混凝土物理力学性能试验一般以3个试件为1组。每组试件所用的拌合物应从同盘或同一车运送的混凝土取出，或者在试验室用机械或人工单独拌制。用以检验现浇混凝土工程或预制构件质量的试件分组及取样原则，应按现行《混凝土结构工程施工质量验收规范》(GB 50204—2002)及其他有关规定执行。

2) 所有试件应在取样后立刻制作。在确定混凝土设计特征值、强度等级或进行材料性能研究时，试件的成型方法应视混凝土设备条件、现场施工方法和混凝土稠度而定，可采用振动台、振捣棒或人工插捣。检验工程和构件质量的混凝土试件成型方法应尽可能与实际施工采用的方法相同。见图1-122。

图 1-122　混凝土试件

3) 棱柱体试件宜采用卧式成型。

4) 特殊方法成型的混凝土(离心法、压浆法、真空作业法及喷射法等)，其试件的制作应按相应的规定进行。

5) 混凝土骨料最大粒径应不大于试件最小边长的1/3。

(2) 试块制作

1) 试块混凝土取自于布料机的出口。对于1天强度的试块，必须从最后一罐混凝土中选取，确保整体混凝土都能达到1d的时间。对于3d、28d及其他强度的试块，应均匀地从全部混凝土中选取。对于同条件试块，取样时要做好记录，取自于哪一道墙今后试块就放到哪里。

2) 检查试模，拧紧螺栓并清刷干净，在其内层涂刷一层矿物油脂。

3) 室内混凝土拌合应按混凝土拌合规定执行。

4) 振捣成型：

① 采用振动台时，应将混凝土拌合物一次装入试模，装料时应用抹刀沿试模内壁插捣并应使拌合物稍有富裕。振动时要防止试模在振动台上自由跳动，并振动到表面呈现水泥浆为止，刮除多余混凝土用抹刀抹平。

② 用插入式振捣棒时，混凝土拌合物应一次装入试模并稍有富裕。振动时将振捣棒从试模中心插入，振动至表面呈现水泥浆为止，试件面凹坑应及时填补抹平。

③ 人工振捣时，混凝土拌合物分二层装入试模，每层厚度应大致相等。振捣应按螺旋方向从边缘向中心均匀进行。插捣底层时，捣棒应达到试模底面，插捣上层时，应深入下层深度约2～3cm。捣棒应垂直插捣，并用抹刀沿试模内壁插入数次，防止产生麻面。最后刮除多余混凝土，沿模口初步抹平。

5) 试件成型后，在混凝土初凝前1～2h内须进行抹面，沿模口抹平。

6) 成型后带模试件应用湿布或塑料布覆盖，并在20±2℃的室内静置1d(不得超过

2d），然后拆模编号。

7）拆模后试件应立即送人工标准养护室养护，试件间应保持10～20mm的距离，并避免直接用水冲淋试件。无标准养护室时，试件可在水温为20±2℃不流动的水中养护。见图1-123。

8）同条件养护的试件成型后应将表面加以覆盖。试件拆模时间可与构件的实际拆模时间相同；拆模后，试件仍须保持同条件养护。见图1-124。

图1-123　混凝土标养试件

图1-124　混凝土同条件养护试件

（3）混凝土试件质量评定中必须保证的项目

评定混凝土强度的试件，必须按《混凝土强度检验评定标准》（GBJ 107—87）的规定取样、制作、养护和试验，其强度等级评定方法详见《混凝土结构工程施工质量验收规范》（GB 50204—2002）有关规定。

1.7.9.4　混凝土强度评定

（1）混凝土强度等级检验评定，应符合《混凝土强度检验评定标准》（GBJ 107—87）和《混凝土结构工程施工质量验收规范》（GB 50204—2002）有关的规定。

（2）检验评定混凝土结构构件的强度等级，应按单位工程的验收项目划分验收批，每一验收批混凝土试件的代表性，试件留置部位及组数、养护方法、试压龄期及测定的强度等必须符合设计要求及有关技术标准、规范的规定。

（3）检验混凝土质量的一般规定：

1）混凝土在拌制和浇筑过程中应按下列规定进行检查：

① 检查拌制混凝土所用原材料的品种、规格和用量，每一工作班至少两次；

② 检查混凝土在浇筑地点的坍落度，每一工作班至少两次；

③ 在每一工作班内，当混凝土配合比由于外界影响有变动时，应及时检查；

④ 混凝土的搅拌时间应随时检查。

2）检查混凝土质量应进行抗压强度试验。对有抗冻、抗渗要求的混凝土，尚应进行抗冻性、抗渗性等试验。

3）当采用预拌混凝土时，预拌厂应提供下列资料：

① 水泥品种、强度等级及每立方米混凝土中的水泥用量；

② 骨料的种类和最大粒径；

③ 外加剂、掺合料的品种及掺量；

④ 混凝土强度等级和坍落度；

⑤ 混凝土配合比和标准试件强度；

⑥ 对轻骨料混凝土尚应提供其密度等级。

(4) 混凝土试件的留置、取样与规格要求

1) 评定结构构件的混凝土强度应采用标准试件的混凝土强度，即按标准方法制作的边长为150mm的标准尺寸的立方体试件，在温度20±2℃、相对湿度95%以上的环境或水中的标准条件下，养护至28天时按标准试验方法测得的混凝土立方体抗压强度。

2) 结构构件的拆模、出池、出厂、吊装、张拉、放张及施工期间临时负荷时的混凝土强度，应采用与结构构件同条件养护的标准尺寸试件的混凝土强度。

3) 试件强度试验的方法应符合现行国家标准《普通混凝土力学性能试验方法标准》(GB/T 50081—2002) 的规定。

4) 用于检查结构构件混凝土质量的试件，应在混凝土的浇筑地点随机取样制作。试件的留置应符合下列规定：

① 每拌制100盘且不超过100m^3的同配合比混凝土，其取样不得少于一次。

② 每工作班拌制的同配合比的混凝土不足100盘时，其取样不得少于一次。

③ 对现浇混凝土结构，其试件的留置尚应符合以下要求：

(A) 每一现浇楼层同配合比的混凝土，其取样不得少于一次；

(B) 同一单位工程每一验收项目中同配合比的混凝土，其取样不得少于一次。

④ 每次取样应至少留置一组标准试件，同条件养护试件留置组数，可根据实际需要来定。

注：预拌混凝土除应在预拌混凝土厂内按规定留置试件外，混凝土运到施工现场后，尚应按本条的规定留置试件。

(5) 混凝土试件的强度等级取值及其强度等级评定

1) 每组三个试件应在同盘混凝土中取样制作，并按下列规定确定该组试件的混凝土强度代表值：

① 取三个试件强度的平均值；

② 当三个试件强度中的最大值或最小值之一与中间值之差超过中间值的15%时取中间值；

③ 当三个试件强度中的最大值和最小值与中间值之差均超过中间值的15%时，该组试件不应作为强度评定的依据。

2) 混凝土强度的评定应按下列要求进行：

① 混凝土强度应分批进行验收；

② 同一验收批的混凝土应由强度等级相同、生产工艺和配合比基本相同的混凝土组成；

③ 对现浇混凝土结构构件，尚应按单位工程的验收项目划分验收批，每个验收项目应按现行国家标准《建筑工程施工质量验收统一标准》(GB 50300—2001) 确定；

④ 对同一验收批的混凝土强度，应以同批内标准试件的全部强度代表值来评定。

1.8 外墙外保温工程

1.8.1 基本规定

1.8.1.1 外墙外保温工程施工必须严格遵照《外墙外保温工程技术规程》(JGJ 144—2004)，北京地区尚应按照北京市地方标准《外墙外保温施工技术规程（胶粉聚苯颗粒保温浆料玻纤网格布抗裂砂浆做法）》(DBJ/T 01—50—2002)、《外墙外保温施工技术规程（聚苯板玻纤网格布聚合物砂浆做法）》(DBJ/T 01—38—2002)、《外墙外保温用聚合物砂浆质量检验标准》(DBJ 01—63—2002) 等相关标准施工。

1.8.1.2 北京地区外墙外保温的验收应遵照《居住建筑节能保温工程施工质量验收规程》(DBJ 01—97—2005) 进行。

1.8.2 现浇混凝土复合聚苯（EPS）钢丝网架板外保温施工

1.8.2.1 材料要求

(1) 保温板：厚度按设计要求，保温板在厂家加工成层高×1200mm 的标准板块，表观密度须大于 18kg/m^3，斜插丝为 Φ2 穿出保温板外≥5cm 的镀锌钢丝，保温板外表面涂刷 EC-1 界面处理剂。

保温板必须具有出厂证明、检测报告、备案证明，钢丝网架点焊不应有开焊的现象。

(2)“U”形筋：8 号镀锌钢丝，尺寸 150mm×150mm。钢丝平网和角网：Φ2 镀锌钢丝，网格为 50mm×50mm。

(3) 抹灰砂浆：保温板外墙装修底灰采用 1∶3 抗裂水泥砂浆，面层按设计要求。

1.8.2.2 机具设备

手握钢锯、断丝剪、钢筋钩、钢卷尺、Φ30 管锥等。

1.8.2.3 施工顺序

裁板→检查剪力墙钢筋→安装保温板→验收保温板→支模并验收→浇筑混凝土→拆模→混凝土质量验收→外装饰施工。

1.8.2.4 施工方法

(1) 裁板

保温板进场后按外墙几何尺寸及洞口情况放样，用手握钢锯裁板，并裁留门窗洞口。裁板由专人负责，裁板后搬到施工层。

(2) 检查剪力墙钢筋绑扎情况

在挂保温板之前必须先检查剪力墙钢筋绑扎情况，经过监理验收，办完隐蔽验收手续。核查水泥砂浆垫块在墙体钢筋上的安置数量，间距必须为 600mm，梅花型布置（不宜采用塑料垫块，因塑料垫块遇保温板接触面小，塑料垫块易挤入保温板内）。

(3) 安装保温板

将保温板安装在已绑好的钢筋骨架外侧，板上斜插丝出头一面朝里，以便和外墙混凝土粘牢。钢丝网格在外面与模板相接触。保温板按楼层层高断开，互不连接，梯形挂灰槽横向布置，保温板竖向接缝。

（4）保温板固定

1）由测量员放出距轴线为50cm的控制线，控制外墙厚度尺寸，然后按照拼板图拼装保温板，并与墙体钢筋固定，见图1-125。

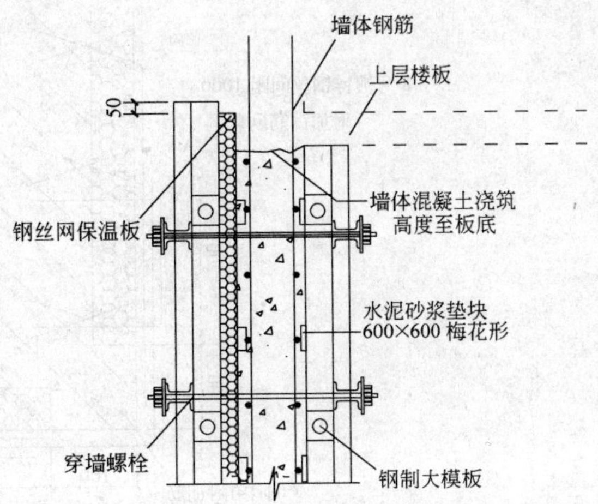

图1-125 外墙保温支模方式

2）保温板拼装就位后，用8号钢丝做成“U”形固定筋，尺寸为150mm×150mm。将“U”形筋按照间距600mm×600mm垫块位置穿过保温板，用钢丝将其与钢丝网和墙体钢筋分别绑扎牢固。

3）保温板竖缝为企口缝，搭接缝处增加竖向平网。竖缝平网为200mm宽，搭接处用“U”形筋与墙体钢筋进行拉接，间距1000mm。保温板企口搭接必须严密，不得松动。层与层之间水平缝不设平网固定（断开），如图1-126。

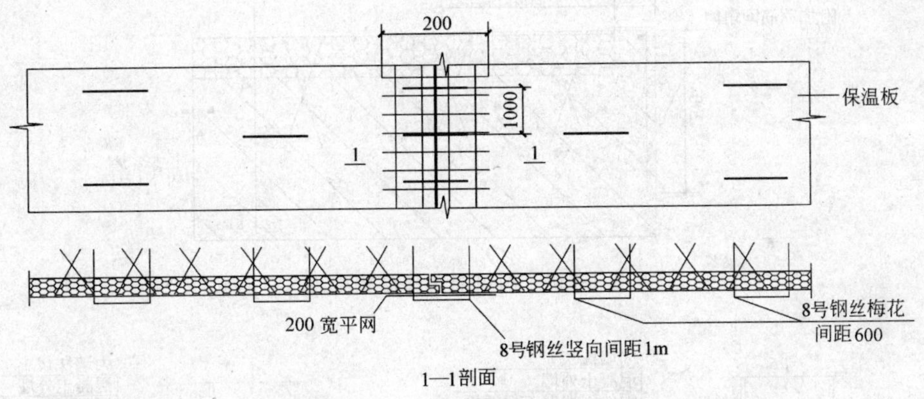

图1-126 竖向拼缝及整板固定措施

（5）阴角、阳角、阳台及门窗洞口保温板安装方法

1）外墙阳角两侧保温板各后退100mm，角部增加$\phi6$钢筋，外侧附加角网，每侧不小于300mm，见图1-127。

2）门窗口边保温板后退50mm，此部位浇筑混凝土，需用角网加固，同时在中间部位加一道$\phi6$钢筋，钢筋两端锚入墙体之中，以保证此部位混凝土的强度。洞口四周保温板梯形挂灰槽容易漏浆，应满粘海绵条，防止灰浆进入保温板灰槽内，并且在洞口侧模上满粘海绵条，以防止漏浆，见图1-128。

3）对于阳台栏板后浇筑混凝土问题，预留栏板钢筋，其做法为：支外墙模板时，应先支立保温板，将阳台栏板筋穿过保温板，一端伸入墙内与钢筋绑扎，在保温板外侧将钢筋弯起，然后立内外钢模板。墙体浇完混凝土后拆模时，将阳台栏板部位的保温板剔除，并将阳台预埋筋扳直，然后绑扎阳台栏板钢筋，支阳台栏板模板，浇筑混凝土，见图1-129。

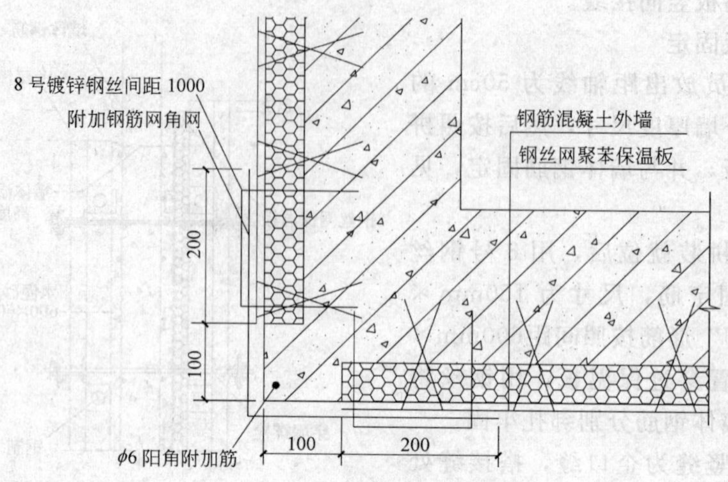

图 1-127　转角处保温板安装示意图

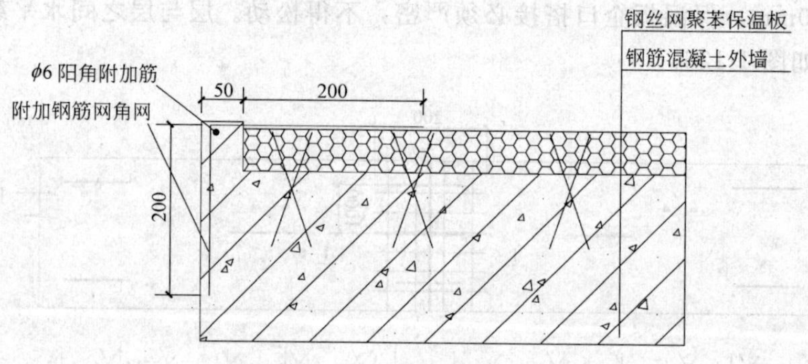

图 1-128　洞口周边保温板处理

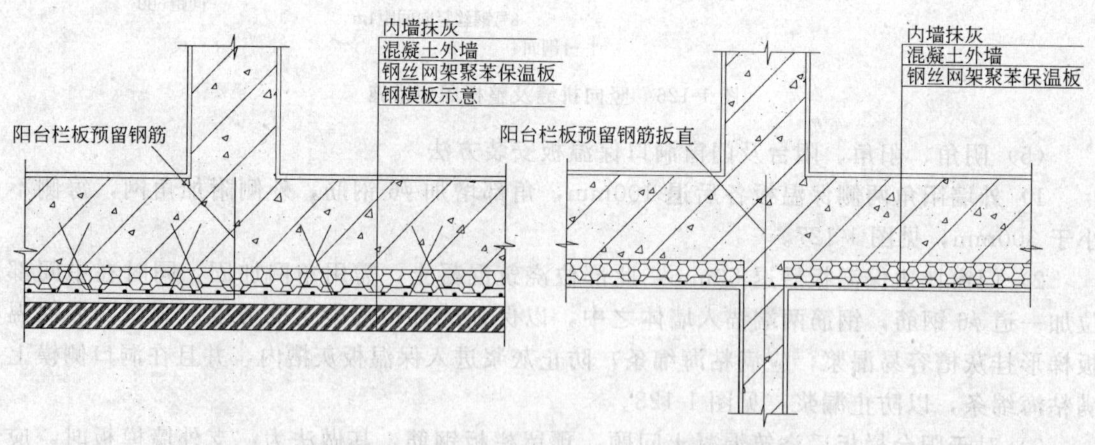

图 1-129　阳台栏板处支模措施

（6）安装外墙模板

1）根据墙体以及保温板厚度确定模板配置尺寸。在模板配置时均考虑外墙外保温导致墙体厚度增大，致使外模板和对穿螺栓尺寸增大，调节各层及不同墙体阴阳角模板的配置。

2）临时固定保温板。先安装外侧大模板，在螺栓孔位置用 $\phi30$ 管锥由外向内穿透保温板，然后再安装外墙内模。为防止大模板根部漏浆，安装保温板时应高出顶板标高3cm。先按外墙内侧定位控制线，校正内侧模板位置，并用线坠调整垂直度，再以内侧模板为标准，按照墙厚与保温板的厚度加设模板内侧钢筋顶杆，并用钢卷尺校正模板上口尺寸，用线坠再调整侧模板的垂直。注意保证外墙大角的垂直度。

3）保温板安装时及时清理落地的聚苯板碎末，防止混凝土出现烂根现象，合模时，须在每道墙体留置一块模板，待清理完毕后进行合模。

4）安装外墙外侧模板。采用定位梯子筋及顶模棍伸入保温板内顶撑模板，控制截面尺寸。模板支设固定后必须经过两次检测，螺栓紧固、截面尺寸和垂直度符合规范要求，否则一旦胀模，就会降低保温效果，给外装修带来麻烦。竖向定位梯子筋及水平定位梯子筋，用于外保温墙时做如下改动：为防止保温板向墙内倾斜，在水平定位梯子筋外侧加焊一根通长水平钢筋，见图 1-130；为控制保温板不挤靠墙体钢筋，保证钢筋保护层厚度，竖向定位梯子筋在外侧加焊短钢筋头，见图 1-131。

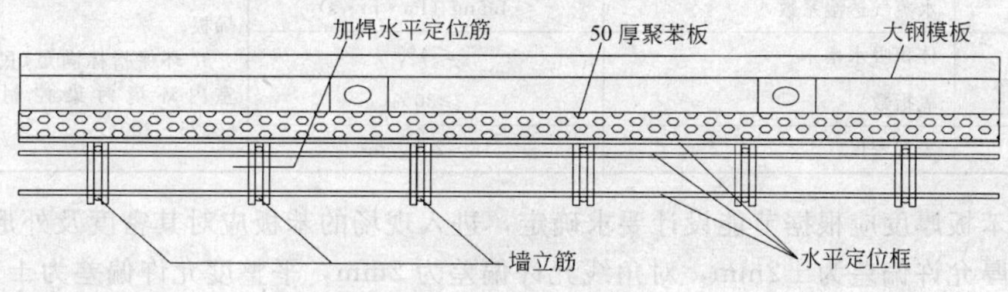

图 1-130　水平定位梯子筋示意图

(7) 混凝土施工

1）严格按混凝土施工工艺施工，混凝土浇筑同剪力墙常规做法，注意分层浇筑，并分层振捣密实，振捣时，不能碰到保温板。

2）监控措施：墙体混凝土浇筑前保温板顶面必须利用多层板或竹胶板遮挡，为防止保温板变形以及混凝土沿模板与外墙保温板间隙渗入，采用通长木条顶住保温板上口，木条与外侧墙筋绑扎牢固，防止木条滑落入下部墙体和混凝土内。

(8) 拆模工序应注意问题

当混凝土强度达到拆模要求时，一定要提前拔出对穿螺栓，不得用撬棍撬保温板与模板面之间的缝隙，否则将会损坏保温板，应在混凝土墙上端放一块木方，利用杠杆原理，撬大模板的槽钢固定支撑。起吊大模板时，一定要注意不要碰撞保温板。

(9) 外墙装饰施工要求

1）待主体结构验收后，即可进行外墙抹灰。抹灰前应清理表面灰浆及门窗洞口四周的海绵条。

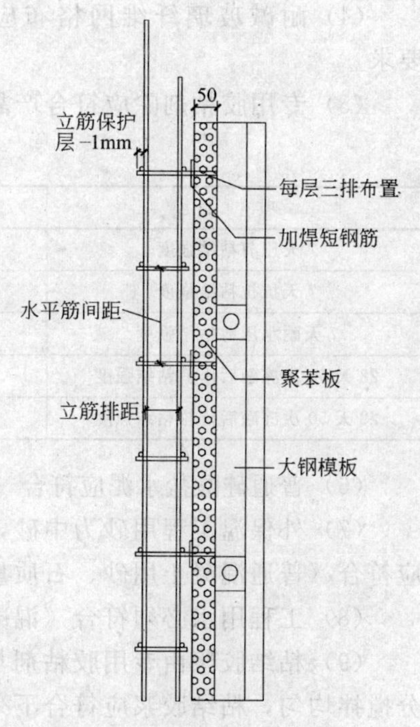

图 1-131　竖向定位梯子筋示意

2）根据建筑物全高垂直度及平整度来确定灰饼厚度，抹底灰前先进行毛化处理，用建筑胶与水泥按配比1∶0.4拉毛，抹灰应用中砂，含泥量小于3%；砂浆比例按水泥∶砂子为1∶3配置，并按水泥重量的1%掺入抗拉纤维，配置抗裂砂浆，以防止抹灰层空鼓、开裂；最后刷涂料或贴面砖，按照其工艺要求进行。

1.8.3 外墙粘贴聚苯乙烯板外保温施工

1.8.3.1 材料要求

（1）聚苯乙烯板主要技术性能指标见表1-27。

聚苯乙烯板主要技术性能 **表1-27**

序号	项目	指标	备注
1	导热系数	≤0.041W/(m·K)	1. 外墙保温板技术性能应符合国家、行业有关标准。材料进场后应抽样检验，合格后方可使用。 2. 保温材料应选用自熄型聚苯乙烯板。 3. 环保指标满足《民用建筑工程室内环境污染控制规范》（GB 50325—2001）
2	压缩强度	≥100kPa	
3	70℃48h后尺寸变化率	≤5%	
4	水蒸气透湿系数	≤4.5ng/(Pa·m·s)	
5	体积吸水率	≤4%	
6	氧指数	≥30%	
7	表观密度	18～20kg/m³	

（2）苯板厚度应根据节能设计要求确定，进入现场的苯板应对其密度及外形尺寸进行复查。板厚允许偏差为±2mm，对角线允许偏差为2mm，平整度允许偏差为±1mm。

（3）耐碱玻璃纤维网格布中的玻璃纤维应符合《耐碱玻璃纤维无捻粗纱》（JC/T 572—1994）的要求。

（4）耐碱玻璃纤维网格布应符合《耐碱玻璃纤维网格布》（JC/T 841—1999）的要求。

（5）专用胶粘剂除应符合产品标准要求外，其性能指标尚应符合表1-28的要求。

专用胶粘剂性能指标 **表1-28**

项目	指标(MPa)	环保指标(mg/m³)
7天压剪粘结强度	≥1.0	1. TVOC≤0.5。 2. 游离甲醛≤0.08。 3. 苯≤0.09
7天抗拉粘结强度	≥1.0	
7天耐水压剪粘结强度	≥1.0	
28天50次冻融后压剪粘结强度	≥0.9	
28天50次冻融后抗拉粘结强度	≥0.9	

（6）普通硅酸盐水泥应符合《硅酸盐水泥、普通硅酸盐水泥》（GB 175—1999）的要求。

（7）外保温工程用砂为中砂，细度模数$\mu_f=2.3\sim3.0$，含泥量应小于1.0%，其性能应符合《普通混凝土用砂、石质量及检验方法标准》（JGJ 52—2006）的有关规定。

（8）工程用水必须符合《混凝土用水标准》（JGJ 63—2006）的规定。

（9）粘结胶浆由专用胶粘剂与普通42.5级硅酸盐水泥按1∶1拌合而成，用搅拌器充分搅拌均匀，粘结胶浆应符合下列要求：

1）在干燥状态下对基层墙体的粘结强度平均值应不小于0.3MPa，且粘结面不应出现任何脱胶。对苯板的粘结强度平均值应不小于0.1MPa，且粘结面不应出现脱胶。

2）粘结胶浆与苯板经相容性试验后，苯板降解厚度应不小于1mm。

（10）护面胶浆由专用胶粘剂、低碱42.5级硫铝酸盐水泥、砂按1：1：0.5拌合而成，应符合下列要求：

1）无论在干燥状态还是在浸水作用后，对苯板的粘结强度平均值应不小于0.1MPa，且粘结面不应出现脱胶。

2）无论在干燥状态还是在浸水作用后，经抗拉试验后护面胶浆与网格布之间不得发生分层脱皮。

3）经不透水试验整个表面全部湿透的时间应不小于2h。

（11）密封膏：符合GB/T 14683—93规定的硅酮类建筑密封膏或符合JC 482—92规定的聚氨酯类密封膏，同时应满足与系统组成材料及基层墙体的相容性。

（12）饰面涂料：丙烯酸弹性防水涂料或纯丙烯酸花岗岩仿石涂料。

1.8.3.2 施工要点

（1）须先配制粘结胶浆。采用专用胶粘剂、普通42.5级硅酸盐水泥按1：1拌合成胶浆，用搅拌器充分搅拌均匀。必须做到随用随配置，严禁使用初凝后的胶浆。夏期施工时，若胶浆凝结速度过快，宜通过试验掺加柠檬酸，但掺量最多不应超过水泥用量的0.4%。

（2）保温板施工前应确定水平基准线和在外墙大角吊垂线，并根据门窗洞口两侧壁垂直度及门窗侧壁保温厚度吊门窗洞口线。需设置系统变形缝处，应在墙面弹出变形缝线及变形缝宽度线。

（3）粘贴苯板采用点粘法。板面尺寸一般采用600mm×(900～1200)mm，苯板粘贴采用点状布胶的方式，胶点的直径为100mm梅花形布置，厚度为5～10mm，间距为150～200mm，沿板周涂抹宽度50mm，厚度5～10mm的胶浆带。压实后的粘结胶浆厚度不应大于8mm。有特殊要求部位，布胶间距应按具体的质量要求布胶，如在网格布翻包部位，用苯板做成装饰线条部位及外墙转角部位应满浆粘贴。

（4）粘聚苯板宜自下而上进行，在底层板下面要有托板，防止板下滑。

（5）点状布胶后，应立即将苯板平贴靠在墙面上，并通过双手均匀的挤压，对称的揉动，使板安装到位。不得用力猛压板的一端，造成另一端翘起，当遇有一面粘贴不平、不牢时应立即取下重贴，随时用2m长靠尺对已上墙的苯板面进行压平操作，检查平整及垂直度。

（6）粘结苯板时应垂直错缝粘贴，板间应对缝紧密，缝隙宽度不得大于2mm，板间高差不得大于1mm，如缝隙过大，应用相应宽度的苯板条填实后磨平，板与板相接部位严禁抹粘结胶浆（外墙转角除外）。每粘贴完一块应及时清除挤出的多余胶浆。在墙面阴阳角部位，要错槎拼接。在门窗洞口处板的拼缝要离开门窗洞口立棱200mm。

（7）如需在窗洞口贴聚苯板，窗洞口处要保证同一樘窗框外露宽度左右一致、上下层窗框外露宽度一致，同时也要保证水平高度一致。

1.8.3.3 其他要求

（1）面层施工前应按设计要求对外墙外立面用苯板做成的装饰线条及伸缩缝、墙面分格缝等进行处理，应对翻包网格布采取保护措施。

（2）网格布的剪裁应沿经纬线进行。

(3) 面层做法一般为“一布二浆”，粘结网格布时，先在苯板上抹底层面胶浆1.5～2mm厚，将预先裁好的网格布沿水平方向抻紧、抻平，立即用抹子将网格布压入第一层胶浆中，随即抹面层护面胶浆1.5～2mm厚。当网格布需断开时，网格布的搭接长度不应小于100mm。在墙体外立面用苯板作成的装饰线条部位及墙面的分格部位网格布应连续铺设。

(4) 夏季施工时，严禁在阳光直射下进行面层的施工，护面胶浆终凝后，应喷水养护3d，不得使墙面发干。养护期间严禁撞击和振动。

(5) 粘苯板结束后用特种铆钉将苯板与墙体进行加强连接，铆钉数量不少于2个/m^2。

(6) 苯板表面打磨、找平、清扫等处理应在保温层施工完毕24h后进行。

1.8.3.4　细部构造

(1) 外墙转角（阴角、阳角）两侧的苯板应垂直交错咬槎粘结，靠近阳角两侧的板边应相互粘结紧密。

(2) 在门窗洞口四周沿45°角方向设400mm×200mm斜拉加强网格布，门窗洞口四周内阴角部位设长400mm与门窗膀等宽的阴角护角加强网格布（见图1-132）。

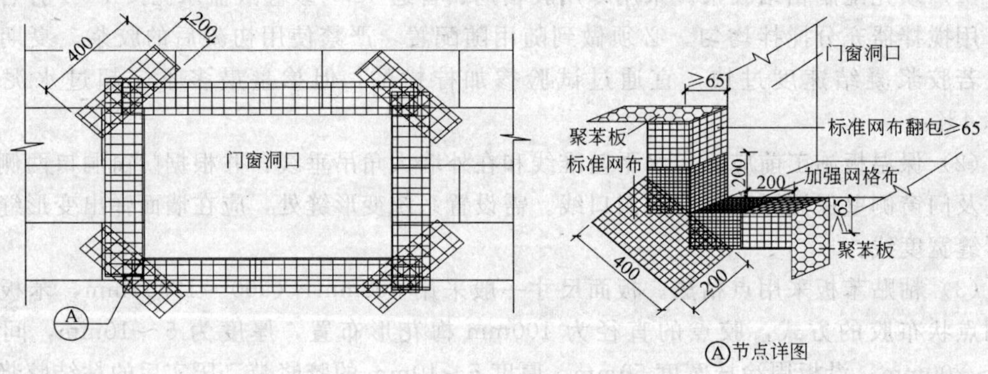

图1-132　门窗洞口网格布加强示意图

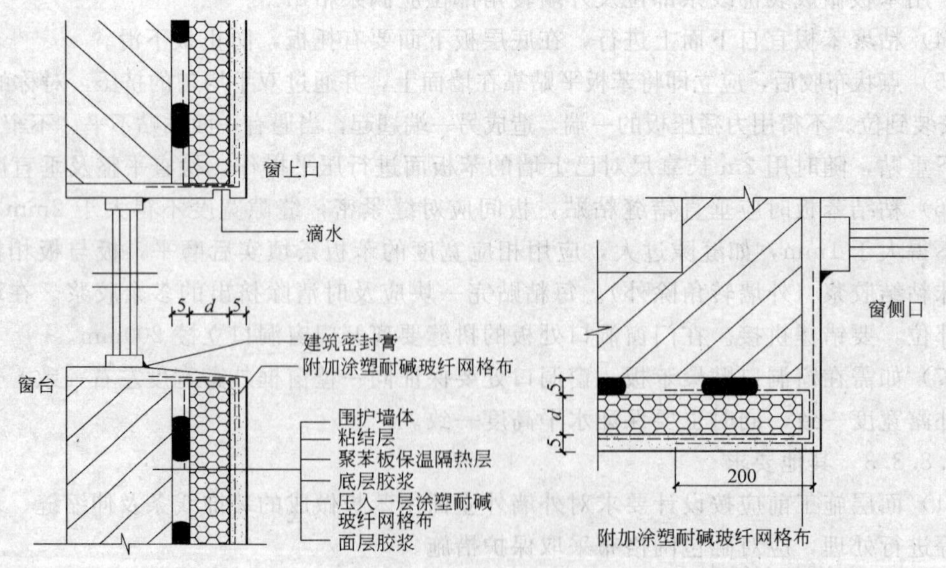

图1-133　窗口构造示意图

（3）外保温墙体应加强门窗洞口四周边保温及窗与墙的密封；门窗洞口阳角的网格布一侧贴至门窗框，另一侧宽度不应小于 200mm（见图 1-133）。

（4）在外墙的转角及门窗洞口的阴、阳角部位应先粘贴一层护角加强网格布，外墙转角的护角网格布每边不少于 200mm（见图 1-134）。

（5）相邻两块网格布必须搭接，搭接宽度横向不得少于 100mm，纵向不得少于 80mm。

（6）变形缝处要将网格布压入缝中 50mm，用胶粘牢（见图 1-135）。

（7）在女儿墙顶面，标准网格布要在墙顶混凝土面用胶浆粘贴 65mm 以上。

（8）在空调孔处，将网格布用刀割成十字，用胶浆向孔内壁粘住，将裁好长度的塑料管外侧抹胶浆塞入孔内，管段与板面平（见图 1-136）。

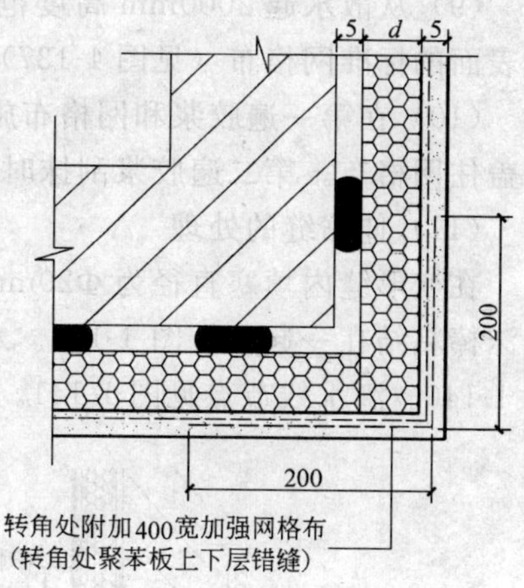

图 1-134　外墙阳角加强示意图

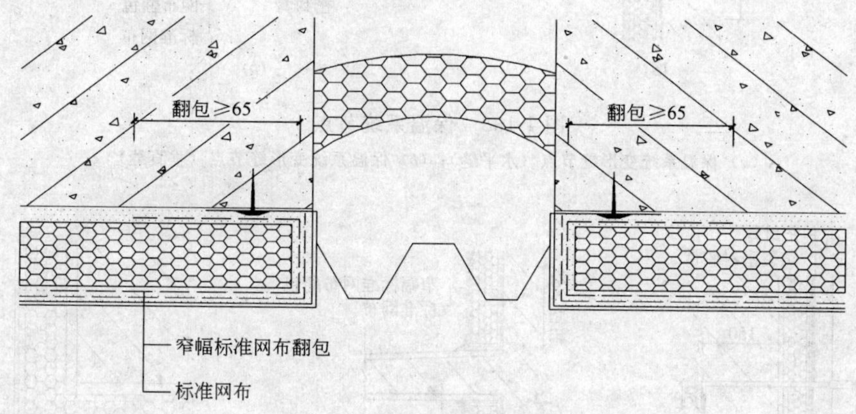

图 1-135　主体变形缝节点

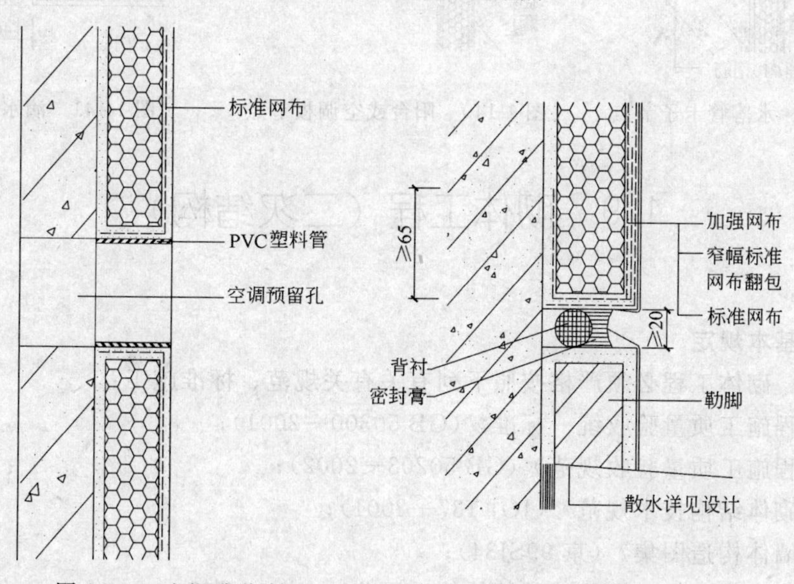

图 1-136　空调孔节点　　图 1-137　散水节点

(9) 从散水起 2000mm 高度范围内要先粘铺一层加强网，加强网格布刮压胶浆后再铺表面的标准网格布（见图 1-137）。

(10) 在第一遍胶浆和网格布施工完后，开始自上而下刮第二遍胶浆，第二遍胶浆要遮盖住网格布。第二遍胶浆刮抹时要仔细，尽量消除抹子印。

(11) 伸缩缝的处理

在变形缝内填塞直径为 Φ20mm 聚苯泡沫棒。将密封膏料挤压入缝内，与保温系统及泡沫棒粘结在一起，见图 1-138。水落管卡子的处理见图 1-139。阳台或空调板的节点见图 1-140。滴水线节点见图 1-141。

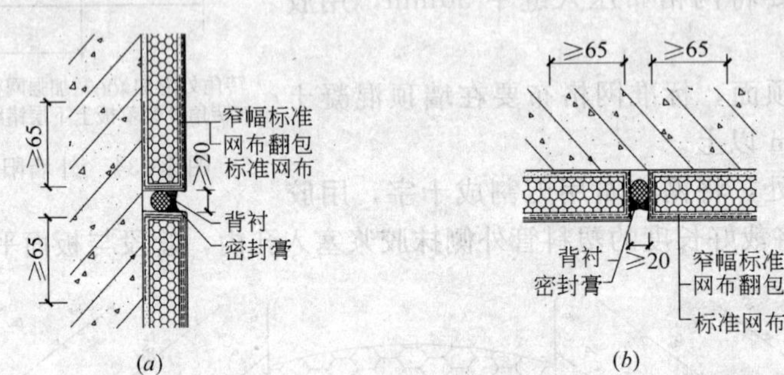

图 1-138 保温系统节点

(*a*) 保温系统变形缝节点（水平缝）；(*b*) 保温系统变形缝节点（垂直缝）

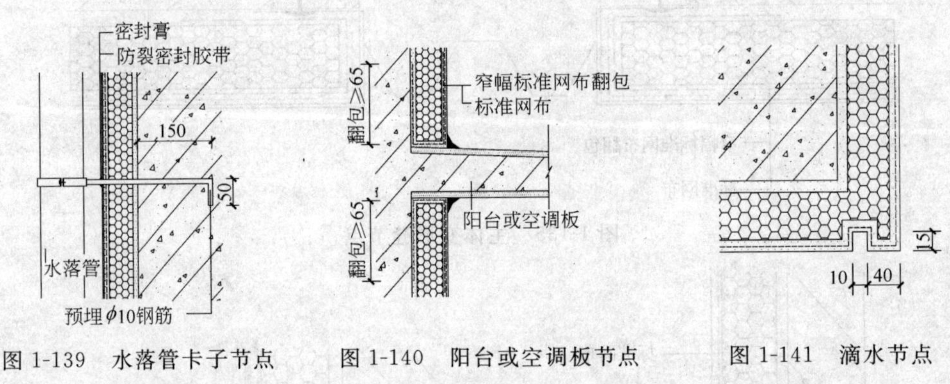

图 1-139 水落管卡子节点　　图 1-140 阳台或空调板节点　　图 1-141 滴水节点

1.9 砌体工程（二次结构）

1.9.1 基本规定

1.9.1.1 砌体工程必须严格按照下列有关有关规范、标准施工：

《建筑工程施工质量验收统一标准》(GB 50300—2001)；

《砌体工程施工质量验收规范》(GB 50203—2002)；

《多孔砖砌体结构技术规范》(JGJ 137—2001)；

《多孔砖墙体构造图集》(京 99SJ34)；

《普通混凝土小型空心砌块建筑墙体构造图集》(京 99SJ35)；

《建筑工程冬期施工规程》(JGJ 104—97)。

1.9.1.2 砌体工程按照材料的形式可分为砖、石、(轻骨料)混凝土小型空心砌块、蒸压加气混凝土砌块等，因其有许多共性的地方，现仅以砖砌体和混凝土小型空心砌块为例加以说明。

砖包括：烧结普通砖、烧结多孔砖、蒸压灰砂砖、粉煤灰砖等。

砌块包括：混凝土小型空心砌块和轻骨料混凝土小型空心砌块等。

1.9.1.3 砌体工程观感质量要求

(1) 砌筑方法正确，转角和交接处的灰缝应平顺、密实；

(2) 墙面应保持清洁，灰缝密实、深浅一致，横竖缝交接处应平整；

(3) 预埋孔洞、预埋件、预埋管道的位置应符合设计要求；

(4) 芯柱、构造柱、圈梁及过梁混凝土浇筑密实无蜂窝、不漏筋，与砌体结合平整紧密、牢固可靠。砖或砌块有抗压强度、含水率、抗渗性等的检测报告等；用于砌筑清水外墙的砖或砌块应特别注意外观质量，抽验合格后方可进场。

1.9.1.4 拌制砌筑砂浆及圈梁、构造柱混凝土用的水泥、外加剂等也应具备合格证及产品性能检测报告，进场后与砂、石等按批量送试检验合格后使用；拌制用水应为无有害物质的洁净水。

1.9.1.5 圈梁、构造柱(芯柱)、其他部位及局部拉结用钢筋同时要求具备质量证明书，进场后送试检验合格后方可使用。

1.9.1.6 砖、砌块堆放场地应夯实、平整，并做好排水。砖、砌块进场后不得任意倾卸和抛掷，不宜贴地堆放，须按规格、强度等级分别堆放，砌块应垂直堆放且上下皮还应交叉叠放，堆放高度不宜超过1.6m。水泥、外加剂、掺合料入库房(棚)，按进场批分生产厂家、品种、强度等级、数量、生产日期、试验单编号，合格、不合格等注明标识，并有防潮、防雨、防雪措施。砂石在硬底场地堆放，不同品种、规格砂、石之间不得混放，有料堆淋水、排水措施，并应挂标识牌，注明产地、规格等。

1.9.1.7 施工中异型砖、砌块应定做加工，现场切割应采用专用机械加工，注意加工质量，保证砖、砌块棱角完好方正、尺寸准确。

1.9.1.8 用于填充墙的混凝土砌块必须满足龄期28天。同时在砌筑时，必须保证砌块的含水率符合规范要求：空心砖宜为10%～15%；轻骨料混凝土小砌块宜为5%～8%；气温过高、干燥时，普通混凝土小型砌块砌筑时表面应浇水湿润。

1.9.1.9 砌筑砂浆要求

(1) 现场搅拌设备应安装在防风雨的搅拌棚内，工艺设备合格，计量系统经检定合格后方可使用。各组分材料应采用重量计量。砂浆根据设计要求强度等级及砌块种类对稠度的要求，由有相应资质试验室确定配合比。当砌筑砂浆的组成材料有变更时，其配合比应重新确定。现场搅拌棚内应设置配合比标牌，每次搅拌前根据实际情况详细填写标牌内容。当砂的含水率发生变化时，及时调整施工配合比，外加剂计量可根据每次搅拌量采用袋装的方法，以保证计量准确。

(2) 砌筑砂浆要具有高粘附性、良好的和易性、保水性和强度，应根据砂浆强度等级选择普通或矿渣硅酸盐水泥，砂宜采用中砂。砂浆稠度宜为70～90mm(一般控制在80mm)，砂浆保水性的衡量是砂浆的分层度，一般不宜大于20mm(应控制在10～20mm

之间)。砂浆粘附性试验方法是将砂浆抹在砌块端肋上，要求砂浆不得掉落。

(3) 应采用机械搅拌，自投料完算起，搅拌时间应符合下列规定：

1) 水泥砂浆和水泥混合砂浆不得少于 2min；

2) 水泥粉煤灰砂浆和掺用外加剂的砂浆不得少于 3min；

3) 掺用有机塑化剂的砂浆，应为 3～5min。

(4) 砂浆应随拌随用，水泥砂浆和水泥混合砂浆应分别在 3h 和 4h 内使用完毕；当施工期间最高气温超过 30℃时，应分别在拌成后 2h 和 3h 内使用完毕。砂浆在砌筑前如出现泌水现象应重新搅拌，超过上述规定时间的砂浆不得使用，并不应再次拌合使用。

1.9.2 施工准备

1.9.2.1 根据工程量、施工工期要求合理安排工作人员，尽量做到流水作业连续施工；同时准备好充足的原材料和施工机具。

1.9.2.2 根据设计开间尺寸绘制砖、砌块排列图，提前确定异型砖、砌块尺寸及数量，在现场时切割下料或让厂家定型生产，确保不影响施工进度。

1.9.2.3 测量放线：清理作业面，按标高找平结构面，依据砌筑图弹好轴线、砌体边线、组合柱（芯柱）位置线、门窗洞口位置线，预检验线合格。

1.9.2.4 技术交底：施工前将已编制好的施工组织设计、方案，全面地向施工技术人员、工长。质检员、材料员等有关人员讲解清楚，将材料的特性、施工技术要求、质量标准、检验方法等全面进行交底培训。

1.9.2.5 根据砖、砌块排列图排砖撂底，浇水湿润基层，立皮数杆（依据楼层高度、砌块尺寸、组砌方法等提前作好），皮数杆间距不宜太大，一般不超过 12m。

1.9.2.6 搭设好操作和卸料架子，砂浆按配比搅拌，并留置好试块。

1.9.3 质量管理点

1.9.3.1 施工图纸会审、设计交底完毕后，结合砖、砌块砌体的特点、设计图纸要求及现场具体条件，编制施工方案及技术交底，做好施工平面布置，分好施工段，安排好施工流水、工序交叉衔接施工。

1.9.3.2 对基层不平的现象可采取剔凿或补抹砂浆的措施，待基层清理干净后要及时进行抄平放线工作。

1.9.3.3 在排砖撂底时，当发现门窗位置线与砌块模数不符时可采取定做、加工异型砌体或移动少量（不得超过 2cm）位置线的方法。

1.9.3.4 砌筑时应严格控制墙体平整度和垂直度，根据墙体厚度可采取单面或双面挂线的砌筑方法；拴线时注意两头皮数杆标高要一致，较长的墙体中间应加支撑点，以防由于线长出现塌腰的现象。

1.9.3.5 砌体转角处和纵横墙交接处应同时砌筑。严禁无可靠措施的内外墙分砌施工。对不能同时砌筑而又必须留置的临时间断处应砌成斜槎，斜槎水平投影长度不应小于高度的 2/3。

1.9.3.6 砌块（特别是盲底砌块）应底面朝上反砌于墙上。

1.9.3.7 墙体砌筑采用三一砌筑方法，即一铲灰、一块砖、一揉压，再增加一灌缝的动作，确保灰缝饱满度。

1.9.3.8 墙体拉结筋或拉结网片应注意加工、摆放、搭接长度满足施工验收要求，特别注意墙体甩槎部分。

1.9.3.9 芯柱和圈梁混凝土浇筑应注意模板固定牢固，分层浇筑振捣密实。

1.9.3.10 基础应采取实心黏土砖或其他材料，不得使用多孔砖。

1.9.4 砌筑施工

1.9.4.1 施工顺序

基层清理→抄平放线→排砖撂底→立皮数杆→墙体分步砌筑→分步清理芯柱内突出砂浆→安装芯柱筋→清理芯柱根部→浇筑构造柱混凝土→支圈梁板模→钢筋绑扎→浇筑混凝土或安装预制板。

1.9.4.2 施工控制要点

(1) 用于砌筑清水墙、柱的砖、砌块应边角整齐、色泽均匀；承重墙体严禁使用断裂和壁肋中有竖向裂纹的砌块砌筑，龄期小于28d和含水率超标的混凝土小型砌块也不得使用；混凝土砌块应底面朝上反砌于墙上，混凝土砌块效果见图1-142。多孔砖的孔洞应垂直于受压面，砌筑前试摆，多孔砖效果见图1-143。

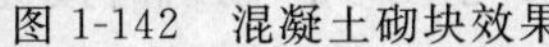

图1-142 混凝土砌块效果

图1-143 多孔砖效果

(2) 常温时，砖应提前1～2d浇水润湿，砌筑时的含水率宜控制在10%～15%，但表面不得有浮水；当天气特别炎热干燥时，砌块可提前洒水湿润；阴雨季节应采取防雨措施。

(3) 砌体的灰缝应横平竖直。

(4) 砖砌体应内外搭砌，上下错缝，多孔砖宜采用一顺一丁或梅花丁砌筑。模数多孔砖宜顺砌，个别边角及构造柱部位可扭转90°。砌体砌筑高度应根据气温、风压、墙体部位及混凝土砌块材质等不同情况分别控制，常温条件下每日砌筑高度控制在1.8m以内

(小型空心砌块 1.4m 以内)。雨天砖砌体砌筑高度不应超过 1.2m，混凝土砌块砌体应停止施工，收工时应覆盖砌体表面。

(5) 混凝土砌块中圈梁、构造柱施工可采取以下控制措施：

1) 圈梁施工控制措施：多孔砖、混凝土砌块墙体上部与圈梁接触处，为避免浇筑圈梁时混凝土灌入孔内，应在墙体与圈梁接触处搁置与墙体同宽的 Φ4 钢丝网进行封堵。

2) 模板支设：在圈梁底一皮砖下间隔 1m 预埋矩形穿墙 Φ6 钢筋套用于紧固模板下部，模板上部可采用穿墙螺栓或斜支撑加固的方法。

3) 构造柱控制措施：

① 构造柱模板支设可采用预埋矩形钢筋套（在构造柱外侧混凝土砌块立缝处）加斜支撑配合的方法；

② 为确保构造柱混凝土浇灌密实，在构造柱底部设清扫口，沿墙高间隔 500mm 构造柱处砌块侧壁开设直径 10mm 的观察孔，施工时用透明胶带粘严，通过观察流浆情况确保构造柱的密实；

③ 构造柱混凝土宜分层（一般在 500mm）浇筑振捣，选用合适振捣棒（当混凝土流动性较大时可采取微振的方法或使用免振捣混凝土），浇筑时底层铺 20～30mm 同配比去石水泥砂浆。

(6) 在墙上留置临时施工洞口，其侧边离交接处墙面不应小于 500mm，洞口净宽度不应超过 1m，洞口顶部宜设置钢筋混凝土过梁。

(7) 砖或砌块的表面清理干净，洒水湿润并填实砂浆，保持灰缝平直。

(8) 普通小砌块砌筑时应对孔错缝搭砌，特殊情况出现个别无法搭砌时，其搭接长度不应小于 90mm，宜同时在灰缝中加拉结筋或网片处理。

(9) 填充墙与柱、梁交接部位、施工洞口补砌部位裂缝的防治：

① 在柱内间隔 500mm 预埋扁钢，待后期砌筑填充墙时，根据砌块砌筑的具体高度焊接 U 形 Φ6 钢筋做拉结；施工洞口两侧间隔 500mm 预埋拉结筋、钢丝网片。

图 1-144 施工洞口凹凸槎

② 填充墙、补砌洞口所用砂浆在拌制时应掺加微膨胀剂。填充墙、补砌洞口在砌至梁、板底时，应留一定空隙，待填充墙砌筑完并应至少间隔 7d 后，再将其补砌挤紧。

③ 施工洞口应留凹凸槎，预埋 2Φ6 拉结筋不少于两步。砌筑时接槎处表面必须清理干净，洒水湿润并填实微膨胀砂浆。接槎处灰缝应边砌边压，缝深 6～8mm，待灰缝表面基本干燥后二次填压接槎缝，见图 1-144。

④ 及时采取喷水养护措施。

(10) 墙面勾缝应随砌随勾，横平竖直、深浅一致、搭接平顺；混凝土砌块压缝深度不大于 3mm，多孔砖凹缝深度宜为 4～5mm。特别注意清水外墙灰缝应平顺圆滑，十字缝部位交接回顺，可根据缝隙大小制作专用工具。

(11) 楼板支撑处如无圈梁时，板下宜用 C20 混凝土填实一皮砌块。现浇混凝土圈梁下的一皮混凝土砌块需用上口封闭砌块或采取措施进行封闭。

(12) 浇灌构造柱混凝土时，应将孔洞内的杂物清除干净，浇水润湿各接触面，同时墙体砌筑砂浆强度需达到 1MPa，在浇灌混凝土前应先注入 10～20mm 与构造柱混凝土相同的去石水泥砂浆，再浇灌混凝土。

(13) 在厕浴间、厨房有防水做法的房间，应提前浇筑不少于 12cm 的混凝土导墙。

(14) 施工时设备的固定和管线的敷设：

1) 设计规定的洞口、沟槽孔预埋件等应在砌筑时预留或预埋，严禁在砌好的墙体上剔凿，必要时可用高速旋转钻钻孔。

2) 电气管线可采用在砌块竖向构造孔内敷设塑料波纹管，按图纸要求位置布置混凝土块作为安装电气接线盒用，电气导线的水平敷设可走楼板构造孔或挂镜线槽、踢脚板线槽、楼板板缝内，不应在圈梁和过梁内沿其纵向敷设电气管线。对多孔砖砌体竖向暗管宜采用开槽机，槽口尺寸不大于 60mm×60mm，密集处可砌成马牙槎并设拉结筋，后补浇细石混凝土。

3) 需后期安装的预埋件

① 门窗框的固定可在砌体水平缝内预留埋件或钻孔塞木楔。

② 靠墙管线或轻型设备的固定可在所需位置钻孔设紧固螺栓。

③ 厨厕间设备及较重设施的固定可根据图纸上的位置，砌墙时在相应的砌块孔内灌实混凝土，设备安装时钻孔，埋螺栓或膨胀螺栓。

1.9.5 冬期施工

冬施期间，砌体工程施工应采取冬施措施。冬季施工期限以前，当日最低气温低于 0℃时也应按冬施执行。

1.9.5.1 原材料

(1) 冬期施工不得使用水浸后受冻的砖和砌块，砌筑前应清除冰雪等冻结物，不得采用冻结法施工。

(2) 多孔砖、空心砖和普通砖在气温高于 0℃条件下砌筑时，应浇水湿润，在气温小于 0℃时可不浇水但应增加砂浆稠度。抗震设防烈度为 9 度的建筑物，采用上述砖而无法浇水时，无特殊措施不得砌筑。

(3) 拌合砂浆宜用普通硅酸盐水泥拌制，砂内不得含有冰块和直径大于 10mm 的冻块，石灰膏等应防止受冻，如受冻应融化后方可使用。

1.9.5.2 砂浆

(1) 拌合砂浆宜用分步投料法，即砂→水→水泥→外加剂。水的温度不得超过 80℃，砂的温度不得超过 40℃，拌合抗冻砂浆使用外加剂，其掺量需经试验室确定，不得随意变更掺量。

(2) 砂浆使用温度：采用掺外加剂法、氯盐砂浆法或暖棚法时均应不低于 5℃。

1.9.5.3 砌筑

(1) 冬施期间每日砌筑高度控制在 1m，砌筑后应使用保温材料覆盖新砌部分。气温低于－15℃时，不得进行砌筑。解冻后应对砌体进行观察，当发现裂缝、不均匀沉降情况应分析原因采取措施。

(2) 当采用掺氯盐沙浆法施工时，宜将砂浆强度等级按常温施工提高一级。

(3) 浇筑圈梁、构造柱、顶板混凝土时应有可靠的保温措施。

1.9.6 砌体允许偏差和检验方法

砌体允许偏差和检验方法见表 1-29。

砌体允许偏差及检验方法　　表 1-29

项次	项目			允许偏差(mm)		检验方法
				国家规范标准	优质工程标准	
1	轴线位移			10	10	经纬仪和尺量
2	标高	基础项目		±15	±10	水准仪或拉线尺量
		楼面		±15	±15	
3	垂直度	每层		5	5	2m 托线板
		全高	≤10m	10	8	吊线尺量
			>10m	20	15	
4	表面平度	清水墙、柱		5	5	2m 靠尺和楔形塞尺
		混水墙、柱		8	5	
5	门窗洞口	高、宽度		±5	±5	经纬仪吊线尺量检查
		上下口偏移		20	10	
6	水平灰缝平直度	清水墙		7	5	拉 10m 线和尺量检查
		混水墙		10	7	
7	清水墙游丁走缝			20	10	吊线和尺量检查每层第一批为准
8	水平灰缝厚度	多孔砖(10 皮累计)		±8	±5	与皮数杆比较、尺量
		小砌块(5 皮累计)		±10	±7	
9	竖向灰缝宽度	多孔砖(水平方向 10 块累计)		±10	±7	尺量
		小砌块(水平方向 5 块累计)		±15	±10	

2 建筑装饰装修

2.1 地面工程

2.1.1 涉及的强制性条文

2.1.1.1 建筑地面工程采用的材料应按设计要求和规范的规定选用，并应符合国家标准的规定；进场材料应有中文质量合格证明文件、规格、型号及性能检测报告，对重要材料应有复验报告。

2.1.1.2 厕浴间和有防滑要求的建筑地面的板块材料应符合设计要求。

2.1.1.3 厕浴间、厨房和有排水（或其他液体）要求的建筑地面面层与相连接各类面层的标高差应符合设计要求。

2.1.1.4 有防水要求的建筑地面工程，铺设前必须对立管、套管和地漏与楼板节点之间进行密封处理；排水坡度应符合设计要求。

2.1.1.5 厕浴间和有防水要求的建筑地面必须设置防水隔离层。楼层结构必须采用现浇混凝土或整块预制混凝土板，混凝土强度等级不应小于C20；楼板四周除门洞外，应做混凝土翻边，其高度不应小于120mm。施工时结构层标高和预留孔洞位置应准确，严禁乱凿洞。

2.1.1.6 防水隔离层严禁渗漏，坡向应正确、排水通畅。

2.1.1.7 民用建筑工程所使用的石材、无机瓷质砖胶粘剂其放射性指标应符合要求。民用建筑工程室内用人造木板及饰面人造木板，必须测定游离甲醛含量或游离甲醛释放量。

2.1.2 基本规定

2.1.2.1 楼地面工程采用的材料应按设计要求和《建筑地面工程施工质量验收规范》(GB 50209—2002) 选用，并应符合国家标准的规定，进场材料应有中文质量合格证明文件、规格、型号及性能检测报告，对重要材料应有复验报告。

2.1.2.2 厕浴间和有防滑要求的建筑地面的板块材料应符合设计要求；厕浴间、厨房和有排水（或其他液体）要求的建筑地面面层与相连接各类面层的标高差应符合设计要求。

2.1.2.3 室内外不同材料地面分界位置应在门框裁口外侧留置；地面留口平直、位置准确，为另一侧地面施工时做好基础工作；门内外不同颜色地面表面平整，缝宽均匀、清晰，无污染。

2.1.3 水泥混凝土地面

2.1.3.1 材料准备

(1) 水泥采用 P.O32.5 普通硅酸盐水泥。水泥必须采用同品种、同强度等级的水泥。

(2) 石子：采用的石子不应大于 15mm，石子应洁净，不能含有树叶、草根等杂物，含泥量不得超过 2%。

(3) 砂：易采用中粗砂，含泥量不能超过 3%。

2.1.3.2 技术准备

施工前对大面积细石混凝土地面施工进行策划，绘制分隔缝布置图，并编制详细的水泥混凝土地面施工技术交底，组织对施工操作人员进行面对面的交底。

2.1.3.3 基层处理

(1) 先将灰尘清扫干净，然后用 350 型强力混凝土清渣机，对粘在基层表面的灰浆进行清理，见图 2-1，局部采用剁斧及錾子等将墙柱根部的灰浆剔掉，见图 2-2。用碱水将油污刷掉，最后用清水将基层冲洗干净。

图 2-1 用 350 型强力混凝土清渣机清理　　图 2-2 用剁斧及錾子等将墙柱根部的灰浆剔掉

(2) 在抹面层前一天对基层表面进行洒水湿润。基层表面线管应提前用细石混凝土稳实，并钉一道钢板网，防止此位置出现裂缝。

(3) 检查门框安装及标高线是否正确。

(4) 根据已弹出的面层水平标高线，横竖拉线，用与细石混凝土相同配合比的拌合料抹灰饼，灰饼上标高就是面层标高。灰饼不宜过大，3cm 见方，间距控制在 1.5m 左右，见图 2-3。

2.1.3.4 水泥混凝土地面施工

(1) 复查灰饼标高后进行扫浆，水泥浆不宜过厚，一定要均匀，基层表面不能有存水或干浆，必须随扫浆随冲筋随铺混凝土。扫浆与铺混凝土间隔时间不宜过长，一般不超过 30min，见图 2-4。

(2) 随扫浆随冲筋随铺混凝土。

(3) 铺完一个房间的混凝土后，用 2m 靠尺根据灰饼及冲筋刮平，随即用铁抹子轻轻走一遍水光，然后将拌好的 1∶1 水泥砂均匀洒在面层上。待干灰湿透后，就可用靠尺满刮第二遍，这次一定要刮平，浮浆要刮掉。重点部位如门口、墙根要仔细，否则会造成墙

图 2-3　做灰饼

图 2-4　水泥混凝土地面施工

面不平直、地面平整度超过允许偏差。

(4) 待脚踩上去有脚印但不下陷时，即可压第三遍，由里往外先用木抹子搓一遍，将砂粒揉平，跟着用铁抹子压光，抹纹不要太大，脚窝用抹子划开并拍平，随退随压到门口处。

图 2-5　水泥混凝土地面养护

(5) 派有经验的人员专门巡视各房间，待面层用手按下稍有手印时，即可进行最后一遍收光。铁抹子压光时角度要小，抹纹尽力平直，局部干燥应用铁抹子拍揉，出浆后，抹子走直，不得洒水、带浆，那样会造成地面色差，表面强度降低而起砂。

(6) 养护：

1) 地面收完光后，将门用木板封闭，严禁各种人员进入，派专人看守，视天气情况一般 24h 后洒水养护，不得过早或过晚，过早会造成表面强度降低而起砂，过晚会使混凝土硬化过程失水而空裂。

2) 采用地面蓄水养护，养护时间不得少于 7d，见图 2-5。

2.1.4　砖面层地面

2.1.4.1　地面砖铺贴前应根据实测尺寸，利用计算机进行预排砖，绘制切实可行的排砖图，根据排砖图在现场进行弹线放样。

2.1.4.2　地面砖排砖原则：同一房间内非整砖左右、前后均匀对称；非整砖尺寸不小于整砖 1/2；墙地砖对缝，见图 2-6；地漏居于单块砖的中心位置，见图 2-7；其他坐于地面的器具尽量居中布置，见图 2-8；有坡度要求的房间，周边地砖应处于同一标高线。

2.1.4.3　平面形状复杂的地面排砖，最好设置中轴线，以便形成对称格局，确保美观，见图 2-9。

2.1.4.4　地面砖铺贴前，应认真选砖，以利于减小缝格平直度偏差。

2.1.4.5　地面砖十字相交平直、缝格通顺，勾缝深浅、宽度一致，表面光滑，无污染；

图 2-6 墙地砖对缝

图 2-7 地漏居中

图 2-8 洁具居中

图 2-9 地砖与踢脚对称铺贴

室内外分界位置及接槎平整、美观；表面平整度允许偏差 2mm；两砖高低差 0.5mm，无空鼓。

2.1.5 石材面层地面

2.1.5.1 质量要求

(1) 面层所用石材板块的品种、规格和颜色等必须符合设计要求。

(2) 基层和面层必须无空鼓现象。

(3) 石材完成面洁净，图案洁净，色泽一致。

(4) 石材板块地面的允许偏差要满足 GB 50209—2002 的要求。

2.1.5.2 材料要求

(1) 32.5 级及以上普通硅酸盐水泥或矿渣硅酸盐水泥。

(2) 颜料和白水泥要求：颜色与饰面板相协调。

(3) 砂要求：粒径在 0.25～0.50mm 之间，含泥量在 3%以内。

(4) 石材板块应按设计要求选择规格、品种、颜色、花样完全满足工程需要，且须经过权威检测部门认可。

2.1.5.3 施工准备

(1) 准备好施工用的切割机、磨光机、砂浆搅拌机等机械。

(2) 检查和验收好前道工序必须符合和满足验收标准。

(3) 在墙身弹好+50cm的水平线和各房间十字线等。

(4) 每块板材应编号、分类堆放，绘制铺贴大样图。

2.1.5.4 质量控制要点

(1) 基层、地面必须清理干净，无浮浆、油斑、杂屑等。

(2) 地面铺贴严格按照规定。

(3) 踢脚板铺贴要平顺、垂直。

(4) 石材板块擦缝和成品保护要细心。

2.1.5.5 工艺流程

电脑排板→材料准备→基层处理→弹线→铺标准行→刷胶粘剂→随铺砂浆→石材铺贴→擦缝→成品保护。

2.1.5.6 基层处理

地面基层必须保证坚实、清洁，无油污、浮浆、残灰，再刷素水泥浆（水灰比为0.5左右)，水泥浆应随刷随铺砂浆，不能有风干现象。铺贴大理石砂浆为干硬水泥砂浆（一般配合比为1∶3，以湿润松散、手握成团不泌水为准，砂浆虚铺厚度以25～30mm为宜，放上石板时高出预定完成面约3～4mm)。

2.1.5.7 面层铺贴

(1) 首先刷二个板块背面，并使石板背面保持湿润。

(2) 在基层地面刷一道水灰比为0.5左右的素水泥浆结合层。

(3) 根据水平线，十字线按预排编号铺好每一开间及走廊左右两侧的标准行后（按设计和大样图铺好标准行列)，再进行拉线满贴。

2.1.5.8 踢脚板铺贴

(1) 踢脚板铺贴前石板材的背面除要作清洁处理，并刷水湿润外，阳角接口板要割成45°角，基层不可空鼓，边刷素水泥浆边贴。

(2) 在墙两端先各贴一块，其上口高度应在同一水平线上，突出墙面厚度应一致，然后沿两块踢脚板上楞拉通线，用1∶2水泥砂浆逐块依顺序镶贴踢脚板，应注意检查所贴踢脚板的平顺和垂直，板间缝隙应与地面缝贯通。

2.1.5.9 擦缝和保护

大理石地面铺贴完成24h后（冬期施工时间要长一点)，经检查所贴石板块表面无断裂、空鼓后，用稀水泥（颜色与石板块调和）刷缝填饱满，并随即用干布擦净至无残灰、污染为止，刚铺好的石板块禁止行人通行和堆放物品。切实做好成品保护措施。

2.1.6 木地板面层

2.1.6.1 质量要求

木地板面层地面施工除必须符合《建筑地面工程施工质量验收规范》(GB 50209—2002)、《住宅装饰装修工程施工规范》(GB 50327—2001)、《民用建筑工程室内环境污染控制规范》(GB 50325—2001）外，还应特别注意以下几点：

(1) 木地板面层地面所用的材质和铺设时的木材含水率必须符合设计要求，木搁栅、垫木和毛地板等必须做防腐处理，面层铺设牢固，无空鼓。

(2) 木地板面层地面应刨平、磨光、无毛刺，图案清晰、颜色均匀一致，踢脚线表面光滑、接缝严密、高度一致。

2.1.6.2 质量控制要点

(1) 基层必须清理干净，无杂屑。

(2) 所用木材必须干燥、无翘曲。

(3) 宜将纹理、颜色相接近的木地板集中使用于一个房间。

(4) 龙骨与地面的固定在地板铺装前应认真检查。

(5) 钉子间距 200～300mm，钉孔必要时进行钻孔。

(6) 预制混凝土楼板圆孔内无积水，龙骨上留通风口。

(7) 铺装毛地板时留 2～3mm 缝隙。

2.1.6.3 过程控制

(1) 工艺流程

基层处理→弹线→铺毛地板→铺实木地板→铺钉踢脚线→打磨清理（面漆地板无）→油漆（面漆地板无）→保护。

(2) 地龙骨的铺设

1) 从门开始往里铺木龙骨，截面尺寸≥45mm×25mm，单层如有毛地板时龙骨间距为 300～400mm，双层时下层 800mm，上层 300～400mm，如无毛地板时，间距按面层板，必须控制在模数内。

2) 钉“八”字钉，可采用木剪刀撑，间距 800mm。

3) 龙骨与墙间留 300mm 缝隙，架在“凸”形预埋件上，用双股 8～12 号镀锌钢丝绑牢。

4) 龙骨采用平头对接，两侧用 600mm×25mm 夹板钉牢，注意接夹位置要互相错开。

5) 按标高要求找平，不平处加经防腐处理的方形垫木，宽度≥40mm，长度≥龙骨宽度的 15 倍，垫木两端钉牢。

6) 沿龙骨长度方向 1m 处表面刻 20mm×10mm 通皮槽，位于同一直线。

7) 所有木材满涂防腐剂。

8) 可在龙骨之间的空层内填充干炉渣、矿棉、珍珠岩、加气混凝土块等。

(3) 毛地板的铺设

1) 毛地板可选用不易腐烂、变形、开裂且干燥的纯棱料，宽度不大于 120mm。

2) 与木搁栅成 30°或 45°斜方向钉牢，钉长为毛地板厚度 2.5 倍。

3) 板间缝＜3mm，与墙留 10～20mm 空隙。

(4) 普通条形木地板的铺设

1) 板端接缝间隔错开，长度＞300mm，在同一直线上。

2) 缝隙宽度＜0.5mm，地板与墙之间留 10mm，用踢脚板盖住。

3) 钉的长度为板厚度的 2.5 倍，侧向从凹榫边 30°角倾斜钉入，钉帽应砸扁，钉孔可采用钻孔。

4) 长 1000mm 地板不少于 3 只钉，1500mm 地板不少于 4 只钉。

5) 地板磨光时，先刨后磨，磨削应顺木纹方向，厚度控制在 0.3～0.8mm 内。

6) 满刮腻子，上色，刷底漆，局部拼色和修色，砂纸打磨，两遍中层漆，做饰面清漆 7～8 遍。

2.1.7 楼梯踏步的处理

2.1.7.1 水泥砂浆楼梯踏步：无空鼓、颜色均匀；楼梯踏步阳角设钢筋保护条；楼梯踏步相邻两步高低差 10mm，见图 2-10。

图 2-10 水泥砂浆楼梯踏步

2.1.7.2 通体砖踢脚板：踢脚板上口平直，宽度均匀，保持本色勿刷涂料；踢脚板阴角转角处宜 45°连接；门口两边的半砖大小应对称；使用非整砖注意尺寸的控制；砖缝宽度，勾缝颜色均匀无污染，见图 2-11。

2.1.7.3 上下跑楼梯转角部位：转角方正，槽内平整光滑达到观感质量，见图 2-12。

图 2-11 通体砖踢脚板

图 2-12 楼梯转角

图 2-13 楼梯踏步底板滴水槽

图 2-14 楼梯一角

2.1.7.4　楼梯踏步底板滴水槽：楼梯踏步底板滴水槽，槽内方正、线条平直、清晰无污染；楼梯踏步板侧面装饰做到方正、无污染、有线条感，见图 2-13。

2.1.7.5　楼梯踏步板侧面观感：楼梯踏步板侧面光滑平整，楞角方正；滴水线宽度厚度适当（宽 30～50mm，厚 5～10mm）；固定楼梯扶手的螺丝拧紧、卧平提高观感质量，见图 2-14。

2.2　抹灰工程

2.2.1　抹灰工程涉及的强制性条文

外墙和顶棚的抹灰层与基层之间及各抹灰层之间必须粘贴牢固。

2.2.2　基本规定

2.2.2.1　抹灰工程应对水泥的凝结时间和安定性进行复验。

2.2.2.2　室内墙面、柱面和门窗洞口的阳角做法应符合设计要求，设计无要求时，应采用 1∶2 水泥砂浆做暗护角，其高度不应低于 2m，每侧宽度不应小于 50mm。

2.2.2.3　各种砂浆抹灰层，在凝结前应防止快干、水冲、撞击、振动和受冻，在凝结后应采取措施防止沾污和损坏。水泥砂浆抹灰层应在湿润条件下养护。

2.2.3　抹灰质量要求

2.2.3.1　一般抹灰应光滑、洁净、接槎平整，分格缝与灰线应顺直、清晰。

2.2.3.2　一般抹灰的允许偏差和检验方法见表 2-1。

一般抹灰的允许偏差和检验方法　　表 2-1

项次	项　目	允许偏差(mm)		检 查 方 法
		普通抹灰	高级抹灰	
1	立面垂直度	4	3	用 2m 垂直检查尺检查
2	表面平整度	4	3	用 2m 靠尺和塞尺检查
3	阴阳角方正	4	3	用直角检测尺检查
4	分格条(缝)直线度	4	3	拉 5m 线，不足 5m 拉通线，用钢直尺检查
5	墙裙、勒角上口直线度	4	3	拉 5m 线，不足 5m 拉通线，用钢直尺检查

2.2.4　轻质砌块墙抹灰工程主要施工要求

2.2.4.1　工艺流程

清理墙面→湿润墙面→找规矩→贴灰饼、冲筋→再湿润墙面→掺界面剂的 1∶2 水泥砂浆刮毛 2～3mm 厚→养护→1∶0.35∶4 中层混合砂浆刮平扫毛，厚度宜为 6～7mm→1∶0.3∶3 混合砂浆罩面压光，厚度宜为 4～5mm→养护。

2.2.4.2　抹灰厚度控制

抹灰厚度越厚，抹灰出现空裂的几率就越大，为了控制抹灰厚度，使抹灰层总厚度控制在 15mm 之内，要求严格控制砌块外观尺寸质量和砌筑质量，墙体的垂直度和平整度控制在 2mm 之内。

2.2.4.3　墙体基层处理

（1）检查墙体，对松动、灰浆不饱满的拼缝，用水泥砂浆补平。

（2）将漏出墙面的舌头灰刮净，墙面凸出部位剔凿平整，墙面坑凹不平处，砌块缺棱掉角的、已剔凿的设备管线槽、洞等，应用胶灰修整密实、平顺。

（3）用托线板检查墙体的垂直偏差及平整度，将抹灰基层处理完好。

（4）由于墙体表面孔隙率大，但该材料毛细管为封闭和半封闭性，阻碍了水分渗透速度，吸水速度先快后慢，吸水量慢而延续时间长，故应增加浇水次数使抹灰有良好的凝结硬化条件，不致在砂浆的硬化过程中水分被加气块混凝土吸走。因此，应提前 2～3d 进行浇水，每天两遍以上，使渗水深度达到 15～25mm。此外，基层墙面浇水程度，还与施工季节、气候和室外操作环境有关，应根据实际情况酌情掌握。

2.2.4.4　不同基层交接处措施

（1）构造柱、圈过梁、门窗洞口等混凝土面凿毛，凿毛的麻点距离不得大于 5cm。

（2）构造柱、圈过梁、门窗洞口混凝土与加气块两种材质交接处，采用铺设钢板网，交接处两侧分别搭接 10～15cm。

（3）钢板网在抹灰前必须进行验收，表面平整，高低差应不超过 8mm。

（4）施工操作人员必须认真操作，保证质量。

2.2.4.5　特殊措施

（1）在墙面完全浇透且无明水后，用 1∶2 水泥砂浆刮毛（内掺 20%的界面剂，界面剂掺量根据界面剂使用说明），刮毛厚度 3mm 左右，然后进行后续工序。刮毛的作用：一是阻止和缓和砂浆中水分被墙体很快吸走，以保证抹灰层具有良好的水化条件，使其不致在水化过程中失水；二是增强抹灰层与墙体的粘结力。

（2）砂浆配合比的确定：

1）底层灰配比：1∶2 水泥砂浆刮毛（内掺 20%的界面剂，界面剂掺量根据界面剂使用说明），厚度 2～3mm；

2）中层灰配比：1∶0.35∶4 的混合砂浆，厚度宜为 6～7mm；

3）面层灰配比：1∶0.3∶3 的混合砂浆，厚度宜为 4～5mm。

（3）总的抹灰厚度不宜超过 15mm。

2.2.4.6　施工要点

（1）内墙抹灰基层处理墙面必须清理干净，不许有砂浆块，洞口要用混凝土填满。浇水湿润，必须把砌块完全浇透水，才可以进行下步工序，两种材质交接处必须挂两层钢板网，所有线管、线槽外也要加一层钢板网。这样做才能做到减少底层空鼓量。

（2）底层灰的厚度不宜过厚，防止底层空裂，底层灰在养护时必须要保证墙面湿润但是又不能有太多的水，要求必须分层抹，每一层必须严格控制抹灰厚度，中层灰养护也不许太多水但墙面也不能太干，底层抹完后必须养护 1～2d 再抹中层灰的混合砂浆，中层灰也要养护 1d。

（3）面层灰的压光时间一定要掌握好，时间晚了抹灰面的抹纹过大，时间早了面层易起泡，所以要求要掌握好压光时间。面层在压光时必须有人在现场检查，要达到没有抹纹，没有起泡现象。

2.3 门窗工程

2.3.1 门窗工程涉及的强制性条文

2.3.1.1 在砌体上安装门窗严禁用射钉固定。

2.3.1.2 窗台距楼面、地面的净高低于0.90m时，应有防护设施。

2.3.2 基本规定

2.3.2.1 木门窗工程应对所用人造木板材的甲醛含量进行复试。木门窗油漆有害物质含量应进行复试。

2.3.2.2 建筑外墙金属窗、塑钢窗的抗风压性能、空气渗透性能及雨水渗透性能指标进行复验。

2.3.2.3 应对预埋件、锚固件和隐蔽部位的防腐、填嵌处理等隐蔽工程进行验收。

2.3.2.4 门窗安装前应对门窗洞口尺寸进行检验；金属门窗和塑料门窗安装应采用预留洞口的方法施工，不得采用边安装边砌口或先安装后砌口的方法施工；木门窗与砖石砌体、混凝土或抹灰层接触处应进行防腐处理并应设置防潮层，埋入砌体或混凝土中的木砖应进行防腐处理；建筑外门窗的安装必须牢固。

2.3.2.5 门窗工程中如使用大于1.5m^{2}的大块玻璃应使用安全玻璃，并有安全玻璃检测报告。

2.3.3 质量要求

2.3.3.1 应符合《建筑装饰装修工程质量验收规范》(GB 50210—2001)中门窗工程的相关内容。

2.3.3.2 门窗工程创优应特别重视观感质量和功能要求，做到：门窗表面平整洁净，色泽一致，无划痕、碰伤，门缝一致，启闭灵活；配件与框扇表面结合平整，无污染及擦痕，同一楼层同类门窗标高一致，同一楼层锁与拉手的标高一致，螺钉拧紧卧平，螺丝帽一字、十字方向基本一致。

2.3.3.3 填缝及压条严密平直，密封条转角处45°连接；窗框与墙体间缝隙填塞材料符合设计要求，填嵌饱满、密实；密封胶表面光滑、顺直、无裂缝。

2.3.3.4 建筑外门窗的空气渗透性能、雨水渗漏性能、抗风压性能（简称"三性"）应符合规范要求。

2.3.3.5 材料及成品有足够的刚度、固定牢固。

2.3.4 木门安装

2.3.4.1 木门框安装

(1) 门框外边口距墙的缝宽超过30mm时应用细石混凝土堵缝；门框外边口距墙的缝宽不足30mm时应用较干硬性水泥砂浆堵缝；门框外边与墙的缝宽超过30mm时缝内

加木砖不少于两根钉子，上下错开；固定门框的钉子钉进木砖 50mm，（钉帽砸扁）并钉正，木框靠墙一侧做防腐。两框间加支撑防止木门框受潮走型。

（2）安装时，框的正、侧面都要认真进行垂吊，并用靠尺与立框靠严。如为与墙体方向不严实，可调整垫木的厚度；如为垂直于墙体方向不严，先将立框上下固定好，再把立框不直的地方用力使顺直后加钉固定。垂吊好后要卡方，两个对角线的长度相等时再加钉固定。

（3）门框或硬木窗框，用固定片与洞口墙体结合固定。固定片的位置应距窗角、中竖框、中横框 150～200mm。用木螺钉将固定片与门框之间固定，用膨胀螺钉将固定片固定在预埋混凝土块上。

（4）木窗框安装也可用钉子固定，先用木楔临时固定，用锤线和水平尺与洞口墙面标出的位置进行校正，并根据图纸尺寸调整门窗的前后位置。待位置校正后，用钉子将窗框固定在木砖上，每块木砖应钉两只钉子，钉子钉入木砖深度不应小于 50mm，钉冒应砸扁冲入框内 2mm 而且上下要错开，不要钉在一个水平线上。

（5）当门窗框一面需装贴脸板时，门窗框应凸出墙面，凸出厚度为抹灰层厚度；寒冷地区门窗框与外墙体间的空隙应填塞保温材料时，应填塞饱满均匀。

（6）门框安装完，及时用托线板、水平尺检查门窗安装的垂直度和水平度。把立框的下角清刷干净，用水泥砂浆将其筑牢，以加强门框的稳定性。但应控制砂浆的厚度，上面留出抹面的余量。

2.3.4.2 门扇的安装

（1）门扇对口缝宽度 1.5～2.0mm；框与扇上缝留缝宽度限值 1.0～1.5mm；无下框时门扇与地面间留缝宽度限值，外门为 5～6mm；内门为 6～7mm；卫生间门为 8～10mm；门拉手距地面 0.95～1.0m，（门锁安装地到锁中为 0.95m～1.0m）门锁安装开孔位置正确、尺寸适宜，孔边整齐。

（2）合页应使用质量较好的不锈钢或喷塑合页，合页安装应做到合页与槽接缝严密，合页外边与槽平齐，合页轴一侧卧进槽内，固定螺丝的螺口应朝向一致。合页安装距门扇上下端各为扇高的 1/10，并避开上下冒头；上下合页安装应垂直（防止门走扇）。

（3）选用五金应配套、安装五金用木螺钉固定，螺钉安装要垂直。螺钉不得用锤子打入全部深度，用螺钉旋具拧入。当为硬木制品时，先钻 2/3 深度的孔，孔径为木螺钉直径的 0.9 倍，再将木螺钉拧入，以免螺丝周围木料开裂或把螺丝拧断、拧歪。

（4）门扇在修刨时，要刨出偏口，一般控制在 2°～3°左右，并保持一致，使得扇在关闭时，缝隙均匀合适；修刨比较重的门扇时，在不装合页的一边少修刨，控制在 1mm 以内，让扇稍有挑头，留有安装后门扇下坠的余量。双扇门铲口时，应注意顺手缝，一般右手为盖口，左手为等口。铲口深度不超过 12mm。扇修刨完毕，要顺手用细刨将棱倒一下，避免扇的棱角太锋利。

（5）合页安装应“三拖二”，即三个轴片的合页安在门框上，两个轴片的合页安装在门扇上；合页的高低位置线要画得准确一致，保证合页的进出、深浅一致，使上、下合页轴保持在一个垂直线上。根据缝隙的大小和合页的厚度下铲剔槽，扁铲的刃口要锋利，操作时沿铅笔线的里侧下铲，首先把周围的木丝断开，注意入铲深度不宜过大，特别是上下两铲要有意识地把铲斜置，使合页槽外口深于里口，剔出的面要平直。这样把合页放在槽上，用锤子轻轻一敲，即可严丝合缝地嵌在槽里。合页安装后要采取保护措施防止污染。

(6) 空心门扇上下帽头各开孔不少于2个（孔径一般为8mm，也可根据实际情况）；上下帽头要光滑平整，油漆到位。

2.3.5 铝合金门窗安装

2.3.5.1 铝合金窗框两对角线长度差（≤2000mm）2mm，（＞2000mm）3mm；铝合金窗扇开启力限值，扇面积≤1.5m^{2}时，限值≤40N；扇面积＞1.5m^{2}时，限值≤60N。

2.3.5.2 铝合金窗表面无划痕，无污染，接缝严密、平整；铝合金橡胶压条安装牢固，表面平整，线条平直，严密。转角处应45°角连接，缝隙紧密、美观。

2.3.5.3 根据标出的位置安装铝合金门窗框，并用木楔临时固定，木楔间距控制在500mm左右，防止门窗框变形。

2.3.5.4 门窗框安装就位后，必须对前后位置、垂直度、水平度进行总体调整，对框的每根立梃的正、侧面都要认真进行垂吊，垂吊好后要卡方，确保垂直及两个对角线的长度相等，门窗框位置调整完毕符合要求后方能固定，用膨胀螺栓将固定片与预埋件连接固定。

2.3.5.5 当为组合门窗时，可采用套插、搭接等方式，搭接宽度不宜小于10mm，并用密封胶密封。禁止采用平面同平面的组合形式，以免影响其气密性、水密性和隔声的性能要求。

2.3.5.6 铝合金门窗框与墙体间应采用弹性连接。门窗框固定后，应对门窗缝隙进行清理，将杂物和松动的砂浆、浮灰清除干净，空隙用弹性材料填嵌密实、饱满，确保无缝隙，填塞材料与方法应符合设计要求。如打发泡剂必须饱满，在未干前刮齐，不得干后切割。

2.3.5.7 门窗框与墙面交接部位的内外侧、门窗下槛两端与框交接部位和下槛平面上螺钉尾（铆钉）部位等均应用密封胶密封，密封胶应具有一定的弹性和足够的粘结强度，以免出现裂缝造成渗水。应有规则打设密封胶，形成光滑直线无气孔。

2.3.5.8 推拉窗窗扇左右两侧上顶角要设防止脱轨跳槽的装置，窗扇四角的节点连接必须坚固，平面稳定不晃动，两滑轮之间的位置调整在一直线上，避免发生推拉不灵活。

2.3.5.9 在安装五金配件前，应逐项检查、重新校正，务使门窗安装牢固、扇配合处关闭严密，启闭灵活，无回弹、阻滞现象；执手、撑档、四连杆等零件安装应平服牢固，定位准确，使用可靠灵活。

2.3.5.10 镶嵌玻璃的密封橡胶条要根据周长再适当放长20mm，使其呈自由状态，切不可拉紧，压条严密平直，转角处应45°角连接，缝隙紧密、美观；毛刷条长度要到位，不应有短头、缺角。

2.3.5.11 砂浆粉刷不得与铝合金框边接触，留好空隙。溅上的水泥砂浆应及时擦干净，以免水泥砂浆中的碱性物质对铝合金门窗的腐蚀。清除时不得损坏门窗和相邻表面。

2.3.5.12 铝合金窗应按设计要求制作排水孔防止雨水流进室内；并保证排水孔排水畅通。

2.3.5.13 门窗框两侧的防腐应按设计要求处理；铝合金窗框表面不得与水泥砂浆直

接接触，防止发生化学反应，腐蚀铝合金表面；铝合金门窗安装时，固定铁件应做防腐处理；外门窗框与墙体缝隙，应采用弹性保温材料填塞；外表留 5～8mm 深槽口，填嵌密封胶。

2.3.5.14 推拉窗扇、纱扇必须有限位装置。

2.3.6 涂色镀锌钢板门窗安装工程

2.3.6.1 涂色镀锌钢板门窗搬到相应洞口后，应根据设计图纸对门窗的规格、品种和零附件进行检查核对，按照标出的位置安装门窗，并用木楔临时固定，木楔间距控制在 500mm 左右，防止门窗框变形。

2.3.6.2 门窗框（副框）安装就位后，必须对前后位置、垂直度、水平度进行总体调整，对框的正、侧面都要认真进行垂吊，垂吊好后要卡方，确保垂直及两个对角线的长度相等，门窗框位置调整完毕，符合设计要求和允许偏差范围之内后，用射钉将固定片与预埋件连接固定。

2.3.6.3 对有副框的门窗应将副框拆下，用自攻螺钉将连接件固定在副框外侧。连接件应距框边角 180mm 处设一点，其余间距不大于 500mm。

2.3.6.4 将副框放入洞口，根据标出的标志调整好位置后，用木楔将副框临时固定，木楔间距应控制在 500mm 左右，以防副框变形。然后将连接件与预埋件焊接牢固，或用膨胀螺栓、射钉等将连接件固定在预埋的混凝土块上。

2.3.6.5 推拉门窗应将门窗框与副框固定后再装推拉门窗扇，调整好滑块、装上限位装置。

2.3.6.6 对无副框的门窗框安装应与副框安装方法相同。

2.3.6.7 洞口与副框（门窗框），副框与门窗框之间的缝隙应用建筑密封胶密封。安装完毕后应剥去保护膜，及时擦掉污染杂物。

2.3.7 钢门窗安装工程

2.3.7.1 门窗就位后对框的正、侧面要认真进行垂吊，垂吊好后要卡方，确保垂直及两个对角线的长度相等，暂时用木楔固定。组合钢门窗安装前，在拼合处预先满嵌油灰，然后用螺钉将门窗框与竖框、横档拧紧，再行安装，拼缝应密实平直。

2.3.7.2 调整好位置后，铁脚、横档、竖框与预埋件焊接牢固或用水泥砂浆、细石混凝土振捣密实。在砂浆或混凝土未完全凝固前，不得碰撞，不可将木楔撤除，以防松动，影响安装质量和日后安全使用。用 1∶3 水泥砂浆将门窗框四周与砌体间的缝隙嵌填密实，避免渗漏。同时应防止填塞得过量过严，造成门窗框向内弯曲。

2.3.7.3 在安装五金配件前，逐樘检查、重新校正，使门窗安装牢固、框扇配合处关闭严密，启闭灵活，无回弹、阻滞现象；五金安装前，用丝锥将螺丝孔重钻一下，把油漆顶出后再安装；执手轴心装配时，要设一个钢丝弹簧垫圈，避免执手柄自由跌落，不能任意定位。

2.3.8 塑料门窗

2.3.8.1 塑料门窗槽口对角线长度差（≤2000mm）2mm，（>2000mm）3mm；平

开门窗扇平铰链的开关应力不大于80N；滑撑铰链的开关应力不大于80N，并不小于30N；推拉门窗扇的开关应力不大于80N。

2.3.8.2 塑料门窗框、副框和扇的安装必须牢固。固定片或膨胀螺栓的数量与位置正确，连接方式应符合设计要求。固定点应距窗角、中横框、中竖框150～200mm，固定点间距不大于600mm。

2.3.8.3 塑料门窗应开关灵活、关闭严密。推拉门窗扇必须有防脱落措施。

2.3.8.4 塑料门窗框与墙体缝隙应采用闭孔弹性材料填嵌饱满，表面应采用密封胶密封。密封胶应粘结牢固，表面应光洁、顺直、无裂纹。

2.3.8.5 将已装好固定片的窗框送入洞口，然后将固定片的长孔部位调整在预埋混凝土块位置。在窗框的上下框、中横框及四角的对称位置用木楔作临时固定，再调整木楔，使窗框上标出的水平与垂直中心线与墙体上标出的洞口水平与垂直中心线对准，然后确定窗框在洞口墙体厚度方向的安装位置，最后将木楔塞紧。

2.3.8.6 窗框与墙体固定时，先固定上框，然后固定边框，采用膨胀螺栓将固定片固定在预埋混凝土块上。

2.3.8.7 安装组合窗和连门窗时，将两窗框与拼模料卡紧，卡紧后用紧固件双向拧紧，其间距不大于600mm；紧固件端头及拼模料与窗框间的缝隙采用嵌缝膏进行密封处理。

2.3.8.8 门窗框安装固定后，框与墙体间缝隙均匀。当设计无具体要求时，侧边缝隙应采用聚氨酯发泡剂等弹性材料分层填塞，填塞饱满密实但不宜过紧，洞口内外侧与窗框之间应采用水泥砂浆填实抹平，洞口外侧留设5～8mm槽口，待水泥砂浆硬化后，采用防水嵌缝膏进行密封处理。保温隔声等级要求较高的工程，洞口内侧也采用嵌缝膏密封。

2.3.8.9 平开门窗的安装：门窗扇与框的连接部位装配应牢固。门窗扇不许有倒翘和下吊，同楼门窗相邻扇上角高低差不大于2mm，上悬窗关闭时应平整。

2.3.9 特种门（自动门、旋转门、玻璃门、卷帘门、防火门、防盗门等）

2.3.9.1 特种门的开启方向、安装位置须符合设计及相关专业规范的要求。

2.3.9.2 防火门、防盗门门框安装应根据设计要求在门框内填充细石混凝土。

2.3.9.3 防火门的开启方向应朝向利于人群疏散的方向。

2.3.10 门窗工程成品保护

2.3.10.1 木门窗框与砖石砌体、混凝土或抹灰层接触部位以及固定用木砖等均应进行防腐处理。

2.3.10.2 木门窗框在抹水泥砂浆等易污染作业时，应事先在门窗框表面贴纸或薄膜遮盖保护。门框及有人、物进出的窗框安装后，在立框离地500～800mm处及窗框处要钉镶护口，一般采用钉木板条保护，待刷油时再起掉。

2.3.10.3 铝合金门等金属门窗和塑料门窗在安装过程中，应检查外表面的保护膜，对保护膜脱落的应予贴补，防止砂浆、涂料等污染门窗框、扇的表面，待安装完成后并在竣工预检前方可清除保护膜。

2.3.10.4　涂色镀锌钢板门窗的门窗框与副框接触应严密，且不擦伤涂层，在安装门窗框前，应在副框的内侧面和两侧面贴上密封条，密封条粘贴平整，无皱折、残缺，然后用螺钉将门窗框与副框固定牢固，盖好螺钉盖。

2.3.10.5　避免框扇因车撞、物碰而位移、变形、损坏，特别是搭、拆、运脚手架、板时，不得在门窗框、扇上拖拽和搁置，不得在门窗扇上吊挂物料，单砖墙（120mm 墙）上的框，严禁碰撞。施工中，利用门窗洞口作料具、人员进出口时，应将门窗边框、门窗下槛用木板或其他材料保护、搁空，以防碰伤框边。

2.3.10.6　清除门窗和玻璃表面污染物时，不得使用金属利器或硬物擦。用清洗剂时，应采用对门窗无腐蚀性的清洗剂。

2.4 吊顶工程

2.4.1　涉及的强制性条文

重型灯具、电扇及其他重型设备严禁安装在吊顶工程的龙骨上。

2.4.2　基本规定

2.4.2.1　吊顶工程应对人造木板的甲醛含量进行复验。

2.4.2.2　应对吊顶内管道设备的安装及水管试压、木龙骨防火防腐处理、预埋件、拉结筋、吊杆安装、龙骨安装、填充材料设置等隐蔽工程项目进行验收。

2.4.2.3　安装龙骨前，应按设计要求对房间净高、洞口标高和吊顶内管道、设备及支架的标高进行交接检验。

2.4.2.4　吊顶工程的木吊杆、木龙骨和木饰面板必须进行防火处理，并应符合有关设计防火规范的规定。

2.4.2.5　预埋件、钢筋吊杆和型钢吊杆应进行防锈处理。

2.4.2.6　饰面板安装前应完成吊顶内管道和设备的调试及验收。

2.4.2.7　吊杆距主龙骨端部距离不得大于 300mm，当大于 300mm 时，应增加吊杆；吊杆长度大于 1.5m 时，应设置反支撑；当吊杆与设备相遇时，应调整并增设吊杆；重型灯具、电扇及其他重型设备严禁安装在吊顶工程的龙骨上。

2.4.2.8　吊顶内的填充墙及轻质隔墙应完成抹灰或普通装修效果，钢筋混凝土表面不得留有露筋、孔洞、蜂窝等缺陷。

2.4.2.9　吊顶内穿墙管洞必须按要求封堵密实。

2.4.2.10　吊顶内吊杆、吊件等应竖向垂直、水平方向行列顺直。

2.4.2.11　吊顶标高、尺寸、起拱和造型应符合设计要求。

2.4.2.12　石膏板的接缝应按其施工工艺标准进行板缝防裂处理。安装双层石膏板时，面层板与基层板的接缝应错开，并不得在同一根龙骨上接缝。

2.4.2.13　饰面板上的灯具等设备的位置应合理、美观，与饰面板的交接应吻合、严密。

2.4.2.14　金属吊杆、龙骨的接缝应均匀一致，角缝应吻合，表面应平整，无翘曲。

木质吊杆、龙骨应顺直，无劈裂、变形。

2.4.2.15 吊顶内填充吸声材料的品种和铺设厚度应符合设计要求，并应有防散落措施。

2.4.3 施工控制要点

2.4.3.1 饰面材料表面应洁净、平整、色泽一致，不得有翘曲、裂缝及缺损。对有分割（块、条）要求的吊顶，分割必须合理，必须遵循对称性原则，边缘不出现小于1/3整块（条）的板块（条），边缘块（条）宽窄一致。压条应平直、宽窄一致，见图 2-15。

图 2-15 压条平直

2.4.3.2 吊点位置的确定：平顶吊顶的吊点，按每平方米 1 个布置，在顶棚上均匀分布。有叠级造型的顶棚吊顶，应在迭级交界处布吊点，吊点间距 0.8～1.2m。较大灯具安排吊点来吊挂。有上人要求的顶棚，吊点个数增加，吊点加固。

2.4.3.3 龙骨安装

(1) 主龙骨安装：用吊挂件将主龙骨连接在吊杆上，紧固卡牢，以一个房间为单位，将大龙骨调整平直。

(2) 中龙骨安装：中龙骨垂直于主龙骨，在交叉点用中龙骨吊挂件将其固定在主龙骨上，吊挂件上端搭在主龙骨上，挂件 U 形腿用钳子卧入主龙骨内。中龙骨的间距因饰面板是密缝还是离缝安装而异。中龙骨中距应计算准确并要翻样而定。

(3) 横撑龙骨安装，横撑龙骨应用中龙骨截取，安装时应将截取的中龙骨的端头插入挂插件，扣在纵向龙骨上，并用钳子将挂搭弯入纵向龙骨内，组装好后，纵向龙骨和横撑龙骨底面应平直。横撑龙骨间距应看实际使用饰面板规格尺寸而定。

(4) 从稳定方面考虑，龙骨与墙面之间的距离应小于 100mm。

2.4.3.4 灯具处理：一般轻型灯具可固定在中龙骨或横撑龙骨上，较重的需吊在大龙骨上，重型的需按设计要求处理，不得与轻钢龙骨连接。

2.4.3.5 纸面石膏板安装

(1) 为增加纸面石膏板在平面内的抗拉强度，应使纸面石膏板的接缝尽可能错开，接缝应留在次龙骨下面，以便用螺钉固定。若采用双层纸面石膏板，应使上下层面的接缝相互错开，板缝应留 3mm 左右 V 字形的缝，能使嵌缝密实。安装纸面石膏板的螺钉宜用镀锌自攻螺钉，以免螺钉锈蚀产生板面爆点现象。板缝用具有弹性的腻子填密实，并在板缝表面贴上专用接缝带。

(2) 自攻螺钉与板边或板端的距离不得小于 10mm，也不宜大于 16mm，因为受到龙骨断面所限制。板中间螺钉的间距不得大于 200mm。固定时要求钉头嵌入石膏板约 0.5～1mm，钉眼用腻子找平，并且用与石膏板颜色相同的色浆腻子刷色一遍，固定螺钉可用十字槽沉头自攻螺钉。

2.4.4 纸面石膏板吊顶

2.4.4.1 室内石膏板吊顶、灯具表面平整无凹凸状；四边与墙连接部位的标高、平整度符合要求；吊顶中心起拱高度为室内短向 1/200。

2.4.4.2 吊顶板与灯具周边结合的平整严密、美观。

2.4.4.3 石膏板吊顶的细部处理应做到：石膏板造型吊顶上下阳角对齐整体目测美观；纵向阳角平直、方正；纵向阴角方正、通顺；小立面平整无高低弯曲现象。

2.4.4.4 石膏角线接缝严密、平整美观；线角与墙面（石材或不同颜色墙体）无污染。

2.4.5 金属板块（条）罩面板吊顶

2.4.5.1 在住宅工程中，板块（条）罩面吊顶用于厨房和卫生间的平顶装饰，材料以金属为主，如铝合金等。在选用这类材料时，应根据板块的大小确定板的厚度，以免因板太薄而产生过大的挠度。为了使吊顶排板合理，应根据吊顶的平面尺寸，绘制吊顶排板图。

2.4.5.2 龙骨安装：金属板吊顶所用的龙骨多为卡口式龙骨，龙骨的安装应根据板的布置确定龙骨位置，龙骨一般为单向布置，龙骨间距应均匀相等。吊点应垂直向下，吊点的间距控制在 1000mm 左右。龙骨安装完成后，应对龙骨的平整度进行调整，使龙骨在同一水平面。

2.4.5.3 金属板（条）安装：按照预先绘制的排板图进行金属板安装，在安装过程中，应控制接缝处相邻板面的平整度和接缝顺直。在控制相邻板面的平整度时，应确保卡口不松动，才能保证相邻板面的平整度；为保证接缝的顺直，可在安装时，拉通长线来控制。

2.5 饰面板（砖）工程

2.5.1 涉及的强制性条文

饰面板安装工程的预埋件（或后置埋件）、连接件的数量、规格、位置、连接方法和防腐处理必须符合设计要求。后置埋件的现场拉拔强度必须符合设计要求。饰面板安装必须牢固。

2.5.2 基本规定

2.5.2.1 饰面板（砖）工程应在墙面及抹灰工程、吊顶工程已完成并验收后进行。当墙体有防水要求时，应对防水工程进行验收。

2.5.2.2 饰面板（砖）工程应对下列材料及其性能指标进行复验：

(1) 室内用花岗石的放射性；

(2) 粘贴用水泥的凝结时间、安定性和抗压强度；

(3) 外墙陶瓷面砖的吸水率；

(4) 寒冷地区外墙陶瓷面砖的抗冻性。

2.5.2.3 饰面板（砖）工程的抗震缝、伸缩缝、沉降缝等部位的处理应保证缝的使用功能和饰面的完整性。

2.5.2.4 墙面面层应有足够的强度，其表面质量应符合国家现行标准的有关规定。

2.5.3 墙面面砖的铺贴

2.5.3.1 墙面砖铺贴前应进行挑选，并应浸水 2h 以上，晾干表面水分。

2.5.3.2 铺贴前应进行放线定位和排砖、非整砖应排放在次要部位和阴角处。每面墙不宜有两列非整砖、非整砖宽度不宜小于整砖的 1/3。

2.5.3.3 铺贴前应确定水平及竖向标志，垫好底尺，挂线铺贴。墙面砖表面应平整、接缝应平直、缝宽应均匀一致。阴角砖应压向正确，阳角线宜做成 45°对接。在墙面突出物处，应整砖套割吻合，不得用非整砖拼凑铺贴。

2.5.3.4 结合砂浆宜采用 1：2 水泥砂浆，砂浆厚度宜为 6～10mm。水泥砂浆应满铺在墙砖背面，一面墙不宜一次铺贴到顶，以防塌落。

2.5.4 墙面石材铺装

2.5.4.1 墙面石材铺贴前应进行挑选，并应按设计要求进行预拼。

2.5.4.2 强度较低或较薄的石材应在背面粘贴玻璃纤维网布。

2.5.4.3 当采用湿作业施工时，固定石材的钢筋网应与预埋件连接牢固。每块石材与钢筋网拉结点不得少于 4 个。拉接用金属丝应具有防锈性能。灌注砂浆前应将石材背面及基层湿润，并应用填缝材料临时封闭石材板缝，避免露浆。灌注砂浆宜用 1：2.5 水泥砂浆，灌注时应分层进行，每层灌注高度宜为 150～200mm，且不超过板高的 1/3，插捣应密实。待其初凝后方可灌注上层水泥砂浆。

2.5.4.4 当采用粘贴法施工时，基层处理应平整但不应压光。胶粘剂的配合比应符合产品说明书的要求。胶液应均匀、饱满的刷抹在基层和石材背面，石材就位时应准确，并应立即挤紧、找平、找正，进行顶、卡固定。溢出胶液应随时清除。

2.6 涂饰工程

2.6.1 基本规定

2.6.1.1 涂饰工程应在抹灰、吊顶、细部、地面及电气工程等已完成并验收合格后进行。

2.6.1.2 涂饰工程应优先采用绿色环保产品。

2.6.1.3 混凝土或抹灰基层涂刷溶剂型涂料时，含水率不得大于 8%；涂刷水性涂料时，含水率不得大于 10%；木质基层含水率不得大于 12%。

2.6.1.4 涂料在使用前应搅拌均匀，并应在规定的时间内用完。

2.6.1.5 厨房、卫生间墙面必须使用耐水腻子。

2.6.2 涂料施工

2.6.2.1 施工流程

基层清理→填补缝隙、局部刮腻子→磨平→第一遍满刮腻子→磨平→第二遍满刮腻子→磨平→第一遍涂料→复补腻子→磨平（光）→第二遍涂料。

2.6.2.2 修补与找平

（1）基层修补与找平：

1）小裂缝修补：用水泥聚合物腻子嵌平，然后用砂纸将其打磨平整。对于混凝土板材出现的较深小裂缝，应用低黏度的水泥浆进行压力灌浆，使裂缝被浆体充满。

2）大裂缝处理：先用手持砂轮或錾子将裂缝打磨成或凿成V形口子，并清洗干净，在V形口子内涂刷一层底层涂料，这种底层涂料应为与密封材料配套使用的材料。然后，用嵌缝枪将密封耐水材料嵌填于缝隙内，并用平板等工具将其压平，在密封材料的外表用水泥聚合物腻子抹平，最后打磨平整。

（2）孔洞修补：一般情况下，$\phi 3mm$以下的孔洞可用水泥聚合物腻子填平，$\phi 3mm$以上的孔洞应用聚合物砂浆填充，待固结硬化后，用砂轮机打磨平整。

（3）表面凹凸不平的处理：凸出部分可用錾子凿平或用砂轮机打磨平，凹入部分用聚合物砂浆填平。待硬化后，整体打磨一次，使之平整。

（4）接缝错位处的处理：先用砂轮磨光机打磨或錾子凿平，再根据具体情况用水泥聚合物腻子或聚合物砂浆进行修补平整。

（5）露筋处理：外露钢筋与基层齐平时，可将钢筋直接涂刷防锈漆。外露钢筋高出基层，在混凝土凹坑内，或将混凝土进行少量剔凿形成凹坑，可将混凝土内露出的钢筋剔除，然后用水泥腻子把基层填补齐平。

（6）常见的基层粘附物处理方法见表2-2。

常见的基层粘附物处理方法　　表2-2

项次	常见的粘附物	清理方法
1	灰尘及其他粉末状粘附物	可用扫把、毛刷进行清扫或用吸尘器进行除尘处理
2	砂浆喷溅物、水泥砂浆流痕、杂物	用铲刀，錾子铲剔凿或用砂轮打磨，也可用刮刀、钢丝刷等工具进行清除
3	油脂、密封材料等粘附物	要先用10%浓度的火碱水清洗，再用水清洗
4	酥松、起皮、起砂等硬化不良或分离脱壳部分	用铲刀、錾子将脱离部分全部铲除，并用钢丝刷去浮尘，再用水清洗干净
5	油漆、字痕	可用10%浓度的碱水清洗，或用刮刀刮去

2.6.2.3 修补腻子

一般室内温度不宜低于+10℃，相对湿度为60%，用耐水腻子将墙面、门窗口角等磕碰破损处、麻面、风裂、接槎缝隙等分别找补好，干燥后用水砂纸将凸出处磨平。

2.6.2.4 满刮腻子

（1）一般干燥环境内墙、顶棚的混凝土及抹灰表面刮耐水腻子；潮湿环境如厨房、厕所、浴室等墙面、顶棚应采用耐水腻子。

(2) 第一遍满刮腻子一般用胶板刮，中粗水砂纸磨平，第二遍满刮腻子一般用钢片刮板刮，细水砂纸磨平、磨光。

(3) 第一遍刮腻子要横刮竖起，第二遍与前遍腻子刮抹方向垂直。

(4) 满刮大面要刮平、刮光，不留野腻子，阳角挺拔，阴角顺直。待腻子干透后，用砂纸先抹线角，后磨平面，将腻子残渣、斑迹等磨平、磨光，然后用潮布将磨下的粉末擦净。

2.6.2.5　弹分色线

如墙面有分色线，把铅笔削尖划出分色线，先涂刷浅色涂料，后涂刷深色涂料。

2.6.2.6　面层涂料材料选择

乳液型薄涂料：基层的 pH 值应在 10 以下，基层含水率应在 10%以下，环境温度不低于 5℃。

一般采用刷涂、滚涂、喷涂均可。后一遍涂料必须在前一遍涂料表干后进行。

2.6.2.7　施工条件

(1) 涂料使用前用手提电动搅拌枪将涂料搅拌均匀，若涂料稠度大，可加清水稀释，但稠度应控制，不得稀释不匀。

(2) 第一遍涂乳胶结束 4h 表干后，用细砂纸磨光，若天气潮湿，4h 后未干，应延长时间间隔，待干透后再磨。

2.6.2.8　基本施涂方法

(1) 滚涂是利用长毛绒辊、泡沫塑料辊、橡胶辊等辊子蘸匀适量涂料，在待涂物体表面施加轻微压力上下垂直来回滚动，使涂料均匀展开，最后用辊筒按一定方向满滚一遍，完成涂料罩面的施工方法。

(2) 滚涂的顺序是先顶棚后墙面，先上后下，先边后面。

(3) 将涂料倒入托盘，用辊子蘸涂料进行滚涂，辊子先作横向滚涂，再作纵向滚压，将涂料赶开，涂平，涂匀。

(4) 为防止涂料局部过多而发生流坠，对阴阳角及上下口要用毛刷、排刷补刷。

(5) 要随时剔除墙面上的辊子毛。一面墙面要一气呵成，避免出现接槎刷迹重叠，沾污到其他部位的涂料要及时清洗干净。

2.6.3　油漆工程

2.6.3.1　施工流程

基层处理→润油粉→刮腻子→砂纸打磨→涂刷清漆→点漆片修色→饰面清漆→成品保护→饰面清理→分项验收。

2.6.3.2　施工措施

(1) 基层处理：对木制品基层进行处理、清扫，然后用一号木砂纸和零号细木砂纸包木块顺纹反复打磨至木面非常平整光滑，边缘棱角磨去锐角，打磨完毕用毛刷扫除浮灰，再用湿擦布擦拭一遍。

(2) 刷第一道油漆：打磨处理后，先刷一道油漆，以封闭木面不受潮。

(3) 刮油腻子：油漆刷完并干燥后，再用油粉带色腻子将缺陷刮平。油腻子一般刮 3～4 遍，每刮一遍腻子后干燥 1h，用一号砂纸或 120 号砂布顺木纹磨光、擦净。最后一遍腻子要顺木纹仔细修平，干燥后细心磨光仔细擦净。

(4) 擦油粉：油粉配好后，过120目筛网，而后用毛刷先满刷于木制品表面再用棉纱顺木纹往返多次，将木棕眼擦满并擦至颜色均匀一致，木纹清晰，表面光洁为止。

(5) 刷油色：油色配好后，过180目细筛网，后用排笔顺木纹连续涂刷2～3遍，至颜色均匀。

(6) 磨光：油色涂刷均匀后，干燥1～2h，用180号细砂布轻轻顺木纹打磨光滑，而后用软布进行二次抹净。

(7) 刷亚光手扫漆：将亚光手扫漆调配好，并过180目细筛网，而后用羊毛刷或排笔顺木纹连续刷6～8道，前道刷完后干燥8～10分钟再刷下一遍。

(8) 磨光：末道刷完后8～12h，用280～320号水砂纸蘸温水顺木纹反复磨至平滑度无手感时，用清水冲洗净污物而后用干净软布擦去水分并彻底晾干。

(9) 刷亚光手扫漆：将亚光手扫漆混合调稀，过180目细筛网，刷漆前先用白布将涂物面进行二次抹净后，然后连续刷3～4道亚光手扫漆，前道刷后干燥6～8min，末道刷完后干燥24h，使漆膜中的溶液充分发挥出来。

(10) 磨光：当漆膜充分干燥后，用400～500号水砂纸，蘸温水肥皂水，反复将漆膜水磨至非常平整光滑（无砂痕，无挡手感）为止。

(11) 有打蜡、出光要求时，应当将砂蜡打匀，擦油蜡时要薄要匀，赶光一致。

2.7 细部工程

2.7.1 涉及的强制性条文

2.7.1.1 护栏、扶手应采用坚固、耐久材料，并能承受规范允许的水平荷载。

2.7.1.2 栏杆高度不应小于1.05m，高层建筑的栏杆高度应再适当提高，但不宜超过1.20m。

2.7.2 基本规定

2.7.2.1 细部工程应在隐蔽工程已完成并经验收后进行。

2.7.2.2 细木饰面板安装后，应立即刷一遍底漆。

2.7.3 橱柜制作与安装

2.7.3.1 质量要求

(1) 橱柜安装预埋件或后置埋件的数量、规格、位置应符合设计要求。

(2) 橱柜的造型、尺寸、安装位置，制作和固定方法应符合设计要求。橱柜安装必须牢固。

(3) 橱柜配件的品种、规格应符合设计要求。配件应齐全，安装应牢固。

(4) 橱柜的抽屉和柜门应开关灵活、回位正确。

(5) 橱柜表面应平整、洁净、色泽一致，不得有裂缝、翘曲及损坏。

(6) 橱柜裁口应顺直、拼缝应严密。

2.7.3.2 材料要求

橱柜制作与安装所用材料的材质和规格、木材的含水率、花岗石的放射性及人造木板的甲醛含量应符合设计要求及国家现行标准的有关规定。

2.7.3.3 控制要点

在建筑装饰中，以往通常橱柜制作与安装在施工现场完成，随着施工技术的发展和质量要求的提高，橱柜制作逐步向工厂化发展，橱柜制作一般在工厂加工成半成品或成品，到现场进行安装，这就要求技术人员根据现场实际尺寸绘制加工图及与墙面、地面的固定方式，同时应考虑与墙面、地面的接缝处理。向工厂提供加工图时，应提出加工的质量要求，包括饰面的纹理、色泽及加工精度等。

2.7.3.4 过程控制

(1) 在工厂批量加工橱柜前，应按提出加工的质量要求进行实样制作，检查实样是否符合质量要求，经检查达到质量要求后，再进行批量加工。

(2) 根据设计要求及地面与顶棚标高，确定橱柜的平面位置和标高。

(3) 制作木框架时，整体立面应垂直、平面应水平，并应涂刷木工乳胶。

(4) 侧板、底板、面板应用肩头钉与框架固定牢固，钉帽应做防腐处理。

(5) 抽屉应采用燕尾连接，安装时应配置抽屉滑轨。

(6) 在安装时，应严格按设计的连接方式进行安装，同时，要注意对橱柜的产品保护。

(7) 五金件可先安装就位，油漆之前将其拆除，五金件安装应整齐、牢固。

2.7.4 窗帘盒、窗台板和暖气罩制作与安装

2.7.4.1 质量要求

(1) 窗帘盒、窗台板和散热器罩的造型、规格、尺寸、安装位置和固定方法必须符合设计要求。窗帘盒、窗台板和散热器罩的安装必须牢固。

(2) 窗帘盒、窗台板和散热器罩表面应平整、洁净、线条顺直、接缝严密、色泽一致，不得有裂缝、翘曲及损坏。

(3) 窗帘盒、窗台板和散热器罩与墙面、窗框的衔接应严密，密封胶缝应顺直、光滑。

(4) 窗帘盒深度一致，高度适中，出窗侧面长度一致，窗帘盒下边平直，安装牢固。窗帘盒配件的品种、规格应符合设计要求，安装应牢固。

(5) 窗台板表面平整，窗台板厚薄一致，出窗侧面长度一致，出墙面宽度一致，与窗框接缝紧密。

(6) 暖气罩百页平直，百页之间的间距一致，边框与墙面无间隙。

2.7.4.2 材料要求

窗帘盒、窗台板和散热器罩制作与安装所使用材料的材质和规格、木材的含水率、花岗石的放射性及人造木板的甲醛含量应符合设计要求及国家现行标准的有关规定。

2.7.4.3 控制要点

(1) 按照设计要求，编制施工方案，提出选用材料的标准，明确制作加工要求、安装方法及验收标准。

(2) 根据设计图纸及施工现场实际情况，绘制制作加工图及节点详图。在安装以前，对制作加工的半成品按照所制定的验收标准进行检验。经检验合格的产品，才能进行安装。在安装窗帘盒、窗台板和暖气罩时，特别要注意与接触面接缝的严密。

(3) 窗帘盒宽度应符合设计要求。当设计无要求时，窗帘盒直伸出窗口两侧 200～300mm，窗帘盒中线应对准窗口中线，并使两端伸出窗口长度相同。窗帘盒下沿与窗口上沿应平齐或略低。

(4) 当采用木龙骨双包夹板工艺制作窗帘盒时，遮挡板外立面不得有明露钉帽，底边应做封边处理。

(5) 窗帘盒底板可采用后置埋木楔或膨胀螺栓固定，遮挡板与顶棚交接处宜用角线收口。窗帘盒靠墙部分应与墙面紧贴。

(6) 窗帘轨道安装应平直。窗帘轨固定点必须在底板的龙骨上，连接必须用木螺钉，严禁用圆钉固定。采用电动窗帘轨时，应按产品说明书进行安装调试。

2.7.5 门窗套制作与安装工程

2.7.5.1 质量要求

门窗套方正，裁口顺直且在同一平面，门窗套压线顺直，拼缝严密，相邻门窗套高度一致，与墙面连接牢固可靠。

2.7.5.2 材料要求

门窗套制作与安装所使用材料的材质、规格、花纹和颜色、木材的含水率、花岗石的放射性及人造木板的甲醛含量应符合设计要求及国家现行标准的有关规定。

2.7.5.3 控制要点

(1) 根据设计图纸及施工现场实际情况，精心编制施工方案，明确预留门窗洞口尺寸大小，固定门窗套所用木砖的位置、数量及规格，门窗套的用材要求，安装方法等。

(2) 对预留门窗洞口尺寸大小、高低，固定门窗套所用木砖的位置、数量及规格进行复核，凡不符合要求的门窗洞口应进行调整。

(3) 为防止门窗套变形，门窗套侧面板一般用细木工板作为基层，在基层上安装门窗套。

(4) 安装门窗套压线前，应检查压线的质量，压线应平直、光滑。

(5) 根据洞口尺寸、门窗中心线和位置线，用方木制成搁栅骨架并应做防腐处理，横撑位置必须与预埋件位置重合。

(6) 搁栅骨架应平整牢固，表面刨平。安装搁栅骨架应方正，除预留出板面厚度外，搁栅骨架与木砖间的间隙应垫以木垫，连接牢固。安装洞口搁栅骨架时，一般先上端后两侧，洞口上部骨架应与紧固件连接牢固。

(7) 与墙体对应的基层板板面应进行防腐处理，基层板安装应牢固。

(8) 饰面板颜色、花纹应谐调。板面应略大于搁栅骨架，大面应净光，小面应刮直。木纹根部应向下，长度方向需要对接时，花纹应通顺，其接头位置应避开视线平视范围，宜在室内地面 2m 以上或 1.2m 以下，接头应留在横撑上。

(9) 贴脸、线条的品种、颜色、花纹应与饰面板谐调。贴脸接头应成 45°角，贴脸与门窗套板面结合应紧密、平整，贴脸或线条盖住抹灰墙面应不小于 10mm。

2.7.5.4 施工过程控制

(1) 技术准备

根据图纸设计在现场进行测量，验证位置、尺寸是否不符，无不符合则可进行技术交底。

(2) 材料准备

1) 木材：门窗套制作所使用的木材应采用干燥的木材，含水率不应大于12%。腐朽、虫蛀的木材不能使用。

2) 胶合板：胶合板应选择不潮湿并无脱胶、开裂、空鼓的板材。

3) 饰面板材：应选择木纹美观、色泽一致、无疤痕、不潮湿、无脱胶、无空鼓的板材。

(3) 机具准备

手提刨、电锯、机刨、手工锯、手电钻、冲击钻、长刨、短刨。

(4) 作业条件

1) 验收主体结构是否符合设计要求。

2) 检查门窗洞口垂直度和水平度是否符合设计要求。

3) 检查预埋木砖或铁件是否齐全、位置是否正确（中距一般为500mm）。如有偏差则应及时校正或重新预埋。

2.7.5.5 施工工艺及要点

(1) 工艺流程

门窗洞口及预埋件检查→制作及安装木龙骨→安装面板。

(2) 操作程序

1) 门窗洞口及预埋件检查

检查门窗洞口尺寸、强度和水平、垂直、平整度是否符合设计及规范要求，检查预埋件位置是否正确，是否牢固可靠，预埋件是否进行防腐或防锈处理等。

2) 木龙骨制作

① 根据门窗洞口实际尺寸，先用木方制作木龙骨架。一般骨架分三片，两侧各一片。每片两根立杆，当筒子板宽度大于500mm需要拼缝时，中间适当增加立杆。

② 横撑间距由筒子板厚度决定。当面板厚度为10mm时，横撑间距不大于400mm；板厚为5mm时，横撑不大于300mm。横撑间距必须与预埋件间距位置对应。

③ 木龙骨架直接用圆钉钉成，并将朝外的一面刨光。其他三面涂刷防火剂与防腐剂。

3) 木龙骨安装

首先在墙面做防潮层，可干铺油毡一层，也可涂沥青。然后安装上端龙骨，找出水平。不平时采用木模垫实打牢。再安装两侧龙骨架。找出垂直并垫实打牢。

4) 安装面板

① 同一洞口、同一房间的面板应挑选木纹和颜色相近的使用。

② 裁板时要稍大于木龙骨架实际尺寸，大面净光，小面刮直，木纹根部朝下。

③ 长度方向需要对接时，木纹应通顺，其接头位置应避开视线范围。

④ 一般窗筒子板拼缝应在室内地坪2m以上；门洞筒子板拼缝离地面1.2m以下。同时接头位置必须留在横撑上。

⑤ 当采用厚木板时，板背面应做卸力槽。以免板面弯曲。卸力槽一般间距为100mm，槽宽10mm，深度5～8mm。

⑥ 板面与木龙骨间要涂胶。固定板面所用钉子的长度为面板厚度的3倍。间距一般为100mm，钉帽砸扁后冲进木材面层1～2mm。

⑦ 筒子板里侧要装进门、窗框预先做好的凹槽里。外侧要与墙面齐平，割角要严密方正。

(3) 验收标准

1) 检验数量：每个检验批应至少抽查3间（处），不足3间（处）时应全部检查。

2) 主控项目：

① 门窗套制作与安装所使用材料的材质、规格、纹理和颜色、木材的阻燃性能等级和含水率、人造木板的甲醛含量应符合设计要求及国家现行标准的有关规定。

② 门窗套的造型、尺寸和固定方法应符合设计要求，安装应牢固。

3) 一般项目：

① 门窗套表面应平整、洁净、线条顺直、接缝严密、色泽一致，不得有裂缝、翘曲及损坏。

② 门窗套安装的允许偏差和检验方法应符合表2-3的规定。

门窗套安装的允许偏差和检验方法　　表2-3

项次	项　目	允许偏差(mm)	检验方法
1	正、侧面垂直度	3	用1m垂直检测尺检查
2	门窗套上口水平度	1	用1m水平检测尺和塞尺检查
3	门窗套上口直线度	3	拉5m线，不足5m拉通线，用钢直尺检查

2.7.6 护栏和扶手制作与安装

2.7.6.1 各种栏杆安装要求（见表2-4）。

栏杆安装要求　　表2-4

建筑物类别	场　所	护栏高度 h(m)	护栏间距(mm)
托儿所 幼儿园	阳台、屋顶、平台 室内楼梯	≥1.2 ≥0.60	净距≤110 净距≤110
中小学	室外楼梯 室内楼梯	≥1.10 ≥0.90	— —
居住建筑	阳台	低层、多层≥1.05 中高层、高层≥1.10	要有防止儿童攀登措施，净距≤110
	楼梯	一般情况≥0.9，当水平段长度≥0.5m时，h≥1.05	
	外廊、内天井、外屋面	低层、多层≥1.05 中高层、高层≥1.10	

2.7.6.2 质量要求

护栏和扶手的高度、立杆间距等应符合设计要求和国家现行有关规定。安装牢固，高度一致。对直线护栏和扶手应表面平直、光滑，接头平整、严密。对曲线护栏和扶手应曲线圆滑，接头平整、严密。

2.7.6.3 材料要求

(1) 木材含水率应符合国家现行标准的有关规定。

(2) 对直接接触墙面的木料进行防腐处理，以防木料受潮而引起变形。

2.7.6.4　控制要点

(1) 根据设计图纸及施工现场实际情况，精心编制施工方案，绘制加工图，提出护栏和扶手加工要求和安装方法。对较为复杂的护栏和扶手应在施工现场进行放样。

(2) 在绘制加工图前，应对施工现场进行测量，保证加工图符合现场实际情况。安装时，严格设计要求和施工方案进行安装。

(3) 木扶手与弯头的接头要在下部连接牢固。木扶手的宽度或厚度超过 70mm 时，其接头应粘接加强。

(4) 扶手与垂直杆件连接牢固，紧固件不得外露。

(5) 整体弯头制作前应做足尺样板，按样板划线。弯头粘结时，温度不得低于 5℃。弯头下部应与栏杆扁钢结合紧密、牢固。

(6) 木扶手弯头加工成形应刨光，弯曲应自然，表面应磨光。

(7) 金属扶手、护栏垂直杆件与预埋件连接应牢固、垂直，如焊接，则表面应打磨抛光。

(8) 玻璃栏板应使用夹层玻璃或安全玻璃。

2.7.6.5　不锈钢栏杆及扶手的施工过程控制

(1) 施工准备及条件

① 技术准备

要求熟悉图纸，测量复核现场与图纸设计尺寸是否符合设计要求。

② 材料准备

(A) 根据设计要求合理选择材料的品种、规格、型号、颜色、壁厚，如果设计中没有规定材料的壁厚，则选用厚度应大于 1.2mm。

(B) 常用的材料有不锈钢圆管、方管、不锈钢角材、槽材等材料，以及相应配套配件。

③ 机具准备

氩弧焊机、角磨机、弯管机、切割机、抛光机、磨口机、拉丝机、其他工具：电锤、电钻等。

④ 作业条件

(A) 楼梯墙面及楼梯踏步板等抹灰全部完成。

(B) 金属栏杆或靠墙扶手的固定埋件安装完毕。

(2) 施工工艺及要点

1) 工艺流程

找位与划线→检查埋件→连接安装→打磨抛光→整修。

2) 操作程序

① 找位与划线

安装扶手的固定件：位置、标高、坡度、找位校正后弹出扶手纵向中心线；现场实测放线。根据现场放线实测的数据与设计的要求，绘制施工放样详图。对楼梯栏杆扶手的拐点位置和弧形栏杆的立柱定位尺寸尤其要注意，经过现场放线核实后的放样详图，才能作为栏杆和扶手配件的加工图。

② 检查埋件

检查预埋件是否齐全、牢固。如原土建结构上未设置合适的预埋件，则应按照设计需要补做，钢板的尺寸和厚度以及选用的锚栓要经过计算。装饰面层下的水泥砂浆结合层应饱满并有足够的强度。

③ 连接安装

现场焊结和安装，一般先竖立直线段两端立柱，检查就位正确和校正垂直度，然后用拉通线方法逐个安装中间立柱，顺序焊接其他杆件。施工时管材间的焊接要用满焊，不能仅点焊几点，以免磨平后会露出管材间的缝隙。对设有玻璃栏板的栏杆，固定玻璃栏板的夹板或嵌条应对齐在同一平面上，否则，安装玻璃时会发生嵌缝不均匀、不平直，致使安装困难。

④ 打磨抛光

对镜面不锈钢焊缝处的打磨和抛光，必须严格按照有关操作工艺由粗砂轮片到超细砂轮片逐步地打磨，最后用抛光轮抛光。

(3) 验收标准

1) 检验数量：每个检验批的护栏和扶手应全部检查。

2) 主控项目

① 护栏和扶手制作与安装所使用的材料的材质、规格、数量和不锈材的规格、壁厚等应符合设计及规范要求。检验方法：观察；检查产品合格证书、进场验收记录和性能检测报告。

② 护栏和扶手的造型、尺寸及安装位置应符合设计要求。检验方法：观察；尺量检查；检查进场验收记录。

③ 护栏和扶手安装预埋件的数量、规格、位置以及护栏与预埋件的连接节点应符合设计要求。检验方法：检查隐蔽工程验收记录和施工记录。

④ 护栏高度、栏杆间距、安装位置必须符合设计要求。护栏安装必须牢固。检验方法：观察；尺量检查；手扳检查。

3) 一般项目

① 护栏和扶手转角弧度应符合设计要求，接缝应严密，表面应光滑，色泽一致，不得有裂缝、翘曲及损坏。检验方法：观察；手摸检查。

② 护栏和扶手的允许偏差和检验方法见表 2-5。

护栏和扶手安装的允许偏差和检验方法 **表 2-5**

项 次	项 目	允许偏差(mm)	检 验 方 法
1	护栏垂直度	2	用 1m 垂直检测尺检查
2	栏杆间距	2	用钢尺检查
3	扶手直线度	3	拉通线，用钢直尺检查
4	扶手高度	2	用钢尺检查

2.7.7 花饰制作与安装

2.7.7.1 质量要求

花饰制作的规格、尺寸、图案必须符合设计要求，花饰线条优美流畅，图案清晰美观，表面光滑，颜色一致，花饰安装吻合。

2.7.7.2 材料要求

(1) 木材含水率应符合国家现行标准的有关规定。

(2) 对直接接触墙面的木料进行防腐处理，以防木料受潮而引起变形。

2.7.7.3 控制要点

(1) 根据设计要求，编制施工方案，绘制加工图，提出加工的材质要求、加工精度、验收标准和安装方法。

(2) 在安装花饰前，应对加工的半成品按施工方案规定要求进行验收，凡不符合要求的半成品应进行整修。安装时严格按施工方案进行施工。

(3) 装饰线安装的基层必须平整、坚实，装饰线不得随基层起伏。应根据不同基层，采用相应的连接方式。

(4) 木（竹）质装饰线、件的接口应拼对花纹，拐弯接口应齐整无缝，同一种房间的颜色应一致，封口压边条与装饰线、件应连接紧密牢固。

(5) 石膏装饰线、件安装的基层应干燥，石膏线与基层连接的水平线和定位线的位置、距离应一致，接缝应45°角拼接。当使用螺钉固定花件时，应用电钻打孔，螺钉钉头应沉入孔内，螺钉应做防锈处理；当使用胶粘剂固定花件时，应选用短时间固化的胶粘材料。

(6) 金属类装饰线、件安装前应做防腐处理。基层应干燥、坚实。铆接、焊接或紧固件连接时，紧固件位置应整齐，焊接点应在隐蔽处、焊接表面应无毛刺。刷漆前应去除氧化层。

(7) 安装完成后，应采取适当的产品保护措施。

2.8 厨房、厕浴间防水

2.8.1 厨房、厕浴间标高设计

2.8.1.1 厨房、厕浴间若为初装修地面，则防水保护层完成后应留有足够的装修层厚度。

2.8.1.2 地漏标高应低于设计建筑面层5mm，即高于初装地面。

2.8.1.3 地面向地漏处排水坡度应为2%。地漏处排水坡度，从地漏边缘向外50mm内排水坡度为5%。

2.8.2 防水节点设计

2.8.2.1 防水层四周应高于建筑地面250mm。有淋浴设施的厕浴间墙面，防水层高度不应小于1.8m，并与楼地面防水层交圈。

2.8.2.2 防水基层：用配合比1∶2.5或1∶3水泥砂浆找平，厚度20mm，抹平压光。

2.8.2.3 管根防水

(1) 管根孔洞在立管定位后，楼板四周缝隙用1∶3水泥砂浆堵严。缝大于20mm时，可用细石防水混凝土堵严，并做底模。

（2）在管根与混凝土之间应留凹槽，槽深 10mm 宽 20mm。凹槽内嵌填密封膏。

（3）管根平面与管根周围立面转角处应做涂膜防水附加层。

（4）预设套管措施：

① 必要时在立管外设置套管，一般套管高出铺装层地面 20mm，套管内径要比立管外径大 2～5mm，空隙嵌填密封膏。

② 套管安装时，在套管周围预留 10mm×10mm 凹槽，凹槽内嵌填密封膏。

2.8.3 单组分聚氨酯防水涂料施工工艺

2.8.3.1 施工工艺流程

清扫基层→细部附加层施工→第一层涂膜防水层→第二层涂膜防水层→第三层涂膜防水层和粘石渣→第一次蓄水试验→保护层、饰面层施工→第二次蓄水试验。

2.8.3.2 操作要点

（1）清理基层：用铲刀将粘在楼面上的灰皮除掉，用扫帚将尘土清扫干净，尤其是管根、地漏和排水口等部位要仔细清理，如有油污时，应用钢丝刷和砂纸刷掉。表面必须平整。确保基层干净、干燥。

（2）细部附加层施工：厕浴间的地漏、管根、阴阳角等处应用单组分聚氨酯涂刮一遍作附加层处理。

（3）第一遍涂膜施工：以单组分聚氨酯涂料用橡胶刮板在基层表面，均匀涂刮，厚度要一致，涂刮量以 0.6～0.8kg/m^2 为宜。

（4）第二遍涂膜施工：在第一遍涂膜固化后，再进行第二遍聚氨酯涂刮。对平面的涂刮方向应与第一遍刮涂方向相垂直，刮涂量与第一遍相同。

（5）第三遍涂膜和粘砂粒施工：第二遍涂膜固化后，进行第三遍聚氨酯涂刮。达到设计厚度。在最后一遍涂膜施工完毕尚未固化时，在其表面应均匀地撒上少量干净的粗砂，以增加与即将覆盖的水泥砂浆保护层之间的粘结。

（6）厨房、厕浴间防水层经多遍涂刷，单组分聚氨酯涂膜总厚度应大于等于 1.5mm。

（7）当涂膜固化完全并经蓄水试验验收合格才可进行保护层、饰面层施工。

2.8.4 聚合物水泥防水涂料施工

2.8.4.1 施工工艺流程

清理基层→底面防水层→细部附加层→涂刷中间防水层→涂刷表面防水层→第一次蓄水试验→保护层、饰面施工→第二次蓄水试验。

2.8.4.2 防水涂料配合比（见表 2-6）

防水涂料配合比　　表 2-6

防水涂料类别		按重量配合比
Ⅰ型	底层涂料	液料：粉料：水＝10：7～10：14
	中、面层涂料	液料：粉料：水＝10：7～10：0.2
Ⅱ型	底层涂料	液料：粉料：水＝10：10～20：14
	中、面层涂料	液料：粉料：水＝10：10～20：0.2

2.8.4.3　操作要点

（1）清理基层：表面必须彻底清扫干净，不得有浮尘、杂物、明水等。

（2）涂刷底面防水层：

1）底层用料：由专人负责材料配制，先按上表的配合比分别称出配料所用的液料、粉料、水，在桶内用手提电动搅拌器搅拌均匀，使粉料充分分散。

2）用滚刷或油漆刷均匀地涂刷成底面防水层，不得露底，一般用量为 0.3～0.4kg/m²。待涂层干固后，才能进行下一道工序。

（3）细部附加层：

1）对地漏、管根、阴阳角等易发生漏水的部位，应进行密封或加强处理。

2）嵌填密封膏：按设计要求在管根等部位的凹槽内嵌填密封膏，密封材料应压嵌严密，防止裹入空气，并与缝壁粘结牢固，不得有开裂、鼓泡和下塌现象。

3）细部附加层：在地漏、管根、阴阳角和出入口等易发生漏水的薄弱部位，可加一层增强胎体材料，材料宽度不小于 300mm，搭接宽度应不小于 100mm。施工时先涂一层 JS 防水涂料，再铺胎体增强材料，最后，涂一层 JS 防水涂料。

（4）涂刷中、面防水层：按设计要求和上表提供的防水涂料配合比，将配制好Ⅰ型或Ⅱ型 JS 防水涂料，均匀涂刷在底面防水层上。每遍涂刷量以 0.8～1.0kg/m² 为宜（涂料用量均为液料和粉料原材料用量，不含稀释加水量）。多遍涂刷（一般 3 遍以上），直到达到设计规定的涂膜厚度要求。

（5）大面积涂刷涂料时，不得加铺胎体，如设计要求增加胎体时，须使用耐碱网格布或 40g/m² 的聚酯无纺布。

（6）第一次蓄水试验：在最后一遍防水层干固 48h 后蓄水 24h，以无渗漏为合格。

2.9　外檐及幕墙装饰工程

2.9.1　外墙阴阳角

阴阳角及门窗洞口边线条顺直，块材无缺楞掉角，外檐大角顺直，垂直度允许偏差满足规范要求，外墙面平整光滑，达到观感质量优良，见图 2-16、2-17、2-18。

图 2-16　外墙阳角

2.9.2　滴水槽、窗台泛水及石材踏步

2.9.2.1　外墙面砖滴水槽：滴水槽两边砖角平直整齐；滴水槽勾缝宽窄、深浅一致，勾缝光滑平整，达到整体观感质量的效果，见图 2-19。

2.9.2.2　涂料墙面外檐滴水槽：外檐滴水槽线条顺直，距两侧卷边及阳角宽窄一致（一般在 3～3.5cm 左右）；滴水槽深浅及宽窄一致（一般内口宽 8mm，外口宽

图 2-17 阳台阳角线条

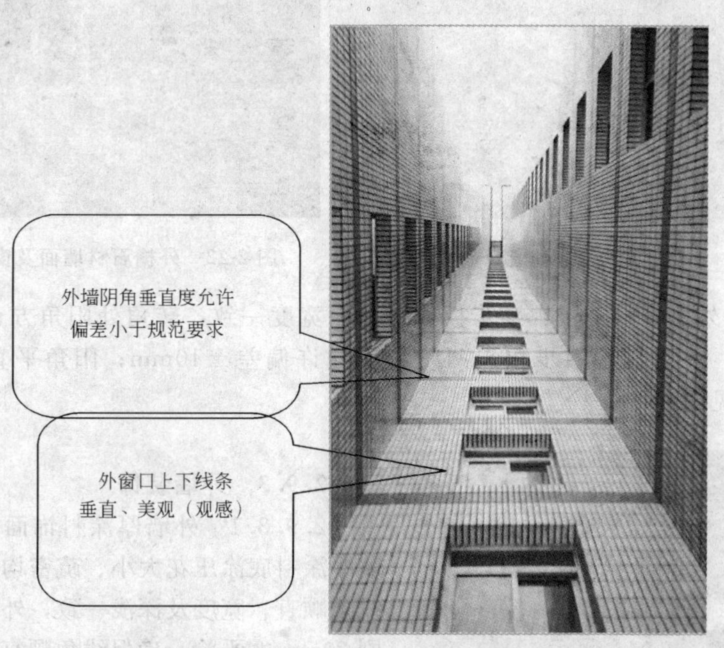

图 2-18　外墙阴角

10mm，深 10mm），滴水槽距墙面 20mm 收头平齐，使用塑料滴水槽效果更佳；滴水槽内光滑平整，内外线角平直，滴水槽两边分色清晰，无污染，见图 2-20。

2.9.2.3　外檐窗台：窗台标高一致、阴阳角线角平直；外檐窗台里口应低于室内窗台；外沿窗台从内至外按 5%左右找坡；距窗框留缝宽窄一致，胶缝宽窄一致、顺直。外口平面压立面，里口上皮比窗框底口低 5mm 左右，见图 2-21、2-22。

图 2-19 外墙面砖滴水槽

图 2-20 外檐滴水槽

图 2-21 外檐窗台

图 2-22 外檐石材墙面及窗台

2.9.2.4 外檐石材踏步：踏步板出立面板宽度一致，转角处阳角方正通顺，上下对齐形成一条线；外檐石材踏步相邻两阶高低允许偏差±10mm；阳角平直无损伤，无空鼓、无污染，见图 2-23。

图 2-23 石材踏步

2.9.3 外墙装饰

2.9.3.1 外墙厚涂料饰面：基层平整，外墙厚涂料底涂压花大小、疏密均匀，平涂分格缝线条顺直，宽度及深浅一致，外墙厚涂料阴阳角刷 20mm 宽平涂，确保线角顺直；冬期施工温度不得低于－5℃，且需用油性溶剂搅拌底涂骨料，面涂分色清晰无污染，见图 2-24、2-25。

2.9.3.2 外墙仿石涂料：基层平整，骨料搅拌均匀，粘结牢固，喷点大小一致、颜色均匀；分格线宽度均匀，纵横向线条顺直；整体美观，见图 2-26。

图 2-24　外墙涂料

图 2-25　外墙涂料分格

图 2-26　外墙仿石涂料分格

图 2-27　外墙涂料饰面

图 2-28　外墙石材

2.9.3.3　外墙薄涂料饰面：基层平整，阴阳角方正、顺直，分色清晰无污染，见图 2-27。

2.9.3.4　外墙干挂石材：骨架焊接牢固，石材安装锚固孔位置准确深度达标；石材提前选料排砖，色彩及纹路过度平顺，无明显色差，达到颜色均匀一致；石材缝隙宽度均匀、纵横缝格平直；石材胶缝宽窄及深度一致、线条平直，平整光滑，十字角胶缝过渡平顺，见图 2-28、2-29。

图 2-29　外墙干挂石材

2.9.3.5　外墙粘贴石材：施工前认真选材，分类存放；花纹横竖通顺、色泽深浅均匀；缝隙平直，勾缝饱满色泽吻合；阳角对接符合创优标准；倒角部位角度准确，90°直角边宽窄一致，拼缝严密、顺畅；灌灰饱满，相邻石材面无明显错台，无空鼓无污染，见

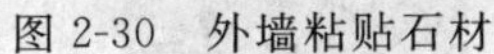

图 2-30　外墙粘贴石材

图 2-31　外墙石材阳角

图 2-30、2-31。

2.9.3.6　外墙面砖：施工前进行选材，分类存放；认真排砖放线，合理使用半砖，半砖边缘平直、整齐无锯齿；纵横缝格宽度、深度均匀，横平竖直；勾缝饱满、平整光滑，勾缝无明显色差，砖面无污染，见图 2-32。

2.9.3.7　外墙干挂（砌筑）石材：砌筑砂浆必须饱满，叠砌面粘灰≥80%；干挂石材要保证上下石材打眼的深度一致，保证插销受力均匀；干挂石材缝密封胶封堵均匀，表面平整、边口整齐，见图 2-33。

2.9.4　幕墙的密封（打胶）处理

2.9.4.1　玻璃幕墙打胶：密封胶平整光滑；边口平直宽度均匀，交接点平顺美观；橡胶密封条安装牢固平整，转角对接美观到位，（采用 45°对接要美观，角度要准确）；玻璃幕墙表面洁净无污染；与其他装饰衔接处做到整洁、干净整体美观，见图 2-34。

2.9.4.2　铝板安装、打胶：板材阴阳角方正，搭接尺寸正确，不得有透缝现象；接缝封口胶应填嵌密实、线条平直、宽窄均匀、胶缝表面平整光滑无气眼；铝板安装牢固铆钉间距 100～150mm；接缝直线度允许偏差 2mm，接缝高低差允许偏差 1mm，接缝宽度允许偏差 1mm。

2.9.5　公共设施台阶必须设置残疾人坡道和栏杆

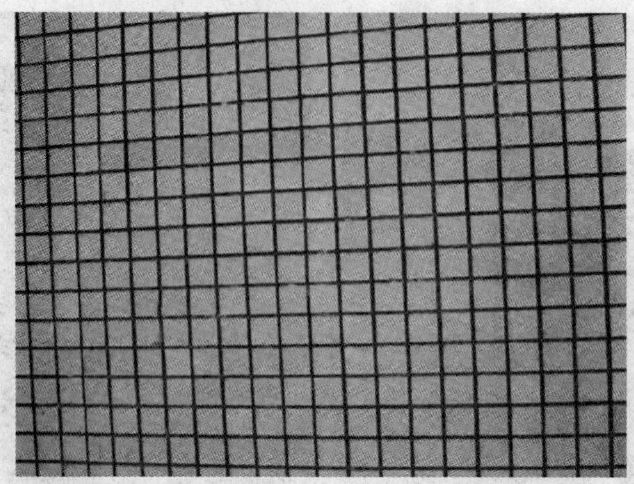

图 2-32　外墙面砖

图 2-33　外墙干挂（砌筑）石材

图 2-34　幕墙的打胶

3 建筑屋面

3.1 设计基本要求

3.1.1 屋面防水等级和设防要求

屋面工程应根据建筑物的性质、重要程度、使用功能要求以及防水层合理使用年限，按不同等级进行设防，并应符合表3-1的要求。

屋面防水等级和设防要求　　表3-1

项　目	屋面防水等级			
	Ⅰ	Ⅱ	Ⅲ	Ⅳ
建筑物类别	特别重要或对防水有特殊要求的建筑	重要的建筑和高层建筑	一般的建筑	非永久性的建筑
防水层合理使用年限	25年	15年	10年	5年
防水层选用材料	宜选用合成高分子防水卷材、高聚物改性沥青防水卷材、金属板材、合成高分子防水涂料、细石防水混凝土等材料	宜选用高聚物改性沥青防水卷材、合成高分子防水卷材、金属板材、合成高分子防水涂料、高聚物改性沥青防水涂料、细石防水混凝土、平瓦、油毡瓦等材料	宜选用三毡四油沥青防水卷材、高聚物改性沥青防水卷材、合成高分子防水卷材、金属板材、高聚物改性沥青防水涂料、合成高分子防水涂料、细石防水混凝土、平瓦、油毡瓦等材料	可选用二毡三油沥青防水卷材、高聚物改性沥青防水涂料等材料
设防要求	三道或三道以上防水设防	二道防水设防	一道防水设防	一道防水设防

3.1.2 屋面防水材料

(1) 合成高分子防水卷材；

(2) 高聚物改性沥青防水卷材；

(3) 自粘橡胶沥青防水卷材；

(4) 合成高分子防水涂料；

(5) 聚合物水泥防水涂料；

(6) 沥青瓦。

3.1.3 屋面防水材料复合使用

屋面防水多道设防时，可将卷材、涂膜、细石混凝土等材料复合使用，也可使用卷材叠层。采用多层材料复合时应注意以下几点要求：

(1) 合成高分子防水卷材或涂膜防水层上部，不得采用热熔法施工防水材料；

(2) 涂膜与卷材复合使用时，涂膜宜放在下部；

(3) 耐穿刺、耐老化的防水卷材宜放在上部；

(4) 两种或两种以上柔性材料复合使用时，应具有相容性。

3.1.4 常用屋面构造

(1) 正置式屋面——保温层设在防水层下面；

(2) 倒置式屋面——保温层设在防水层上面；

(3) 种植屋面——在防水层上铺以种植介质，并种植花草、树木；

(4) 坡屋面——坡度大于15%的坡屋面。

3.2 施工基本要求

(1) 屋面工程的防水层应由经资质审查合格的防水专业队伍进行施工。作业人员应持有当地建设行政主管部门颁发的上岗证。

(2) 施工前应对图纸进行会审，掌握施工图中的防水细部构造及技术要求。防水专业施工队应按设计要求及工程具体情况编制防水施工方案，经施工总承包方及监理（建设）单位审批后方可实施，实施前应对操作人员进行安全、技术交底。

(3) 屋面工程所采用的防水、保温隔热材料应有产品合格证书（卷材应有生产许可证）和性能检测报告，材料的品种、规格、性能等应符合现行国家产品标准和设计要求。

(4) 进入现场的防水材料应按国家有关规定进行见证取样现场抽样复验，并国家指定的法定检测单位进行检测，提出试验报告。复验合格后方能使用。严禁在工程中使用不合格的防水材料。

(5) 当下道工序或相邻工序施工时，应对屋面已完成的部分采取保护措施；伸出屋面的管道、设备或预埋件等，应在防水层施工前安设完毕。

(6) 屋面防水层完工后，不得在其上凿孔打洞或重物冲击，应对细部构造、接缝、保护层等进行外观检验，还应检验屋面有无渗漏和积水，排水系统是否通畅，可在雨后或持续淋水2h后进行，有可能做蓄水检验的屋面应做蓄水检验，其蓄水时间不应小于24h。确认屋面无渗漏后再做保护层。

(7) 做好成品保护。防水层施工过程中及完工后都必须采取有效措施，保护好防水层，使其不受破坏。

(8) 作好文明施工。进行屋面防水施工时不得影响其他工序，做到活完场清，不得污染已完工的外墙饰面层等。

(9) 注意安全施工。进行屋面防水施工时，注意高空作业的安全，必要时系好安全带，避免发生高空坠落事故。应特别注意防毒、放火的安全施工。现场进行热作业防水施工时必须备好灭火器，严防火灾。

(10) 屋面各子分部工程和分项工程的划分见表3-2。

屋面子分部工程和分项工程的划分　　表 3-2

分部工程	子分部工程	分项工程
屋面工程	卷材防水屋面	保温层，找平层，卷材防水层，细部构造，隔离层
	涂膜防水屋面	保温层，找平层，涂膜防水层，细部构造
	刚性防水屋面	细石混凝土防水层，密封材料嵌缝，细部构造
	瓦屋面	平瓦屋面，油毡瓦屋面，金属板材屋面，细部构造
	隔热屋面	架空屋面，蓄水屋面，种植屋面

(11) 屋面工程各分项工程的施工质量检验批量应符合下列规定：

1) 卷材防水屋面、涂膜防水屋面、刚性防水屋面、瓦屋面和隔热屋面工程，应按屋面面积每 $100m^2$ 抽查一处，每处 $10m^2$，且不得少于 3 处；

2) 接缝密封防水，每 50m 应抽查一处，每处 5m，且不得少于 3 处；

3) 细部构造根据分项工程的内容，应全部进行检查。

3.3 屋面找平层

3.3.1 基本规定

3.3.1.1 屋面找平层分水泥砂浆、细石混凝土或沥青砂浆的整体找平层。

3.3.1.2 找平层应干燥、干净。干燥程度的简易检验方法是：将 $1m^2$ 卷材平坦地铺在找平层上，静置 3～4h，然后掀起检查，找平层覆盖部位与卷材上未见水印视为合格。

3.3.2 找平层厚度和技术要求

找平层厚度和技术要求见表 3-3。

找平层厚度和技术要求　　表 3-3

类别	基层种类	厚度(mm)	技术要求
水泥砂浆找平层	整体混凝土	15～20	1：2.5～1：3(水泥：砂)体积比，水泥强度等级不低于 32.5 级
	整体或板状材料保温层	20～25	
	装配式混凝土板，松散材料保温层	20～30	
细石混凝土找平层	松散材料保温层	30～35	混凝土强度等级不低于 C20
沥青砂浆找平层	整体混凝土	15～20	1：8(沥青：砂)质量比
	装配式混凝土板，整体或板状材料保温层	20～25	

3.3.3 找平层的构造规定

3.3.3.1 找平层的基层采用装配式钢筋混凝土板时，应符合下列规定：

(1) 板端、侧缝应用细石混凝土灌缝，其强度等级不应低于 C20；

(2) 板缝宽度大于 40mm 或上窄下宽时，板缝内应设置构造钢筋；

(3) 板端缝应进行密封处理。

3.3.3.2 找平层的排水坡度应符合设计要求。平屋面采用结构找坡不应小于 3%，采用材料找坡宜为 2%；天沟、檐沟纵向找坡不应小于 1%，沟底水落差不得超过 200mm。

3.3.3.3 基层与突出屋面结构（女儿墙、山墙、天窗壁、变形缝、烟囱等）的交接处和基层的转角处，找平层均应做成圆弧形，圆弧半径应符合表 3-4 的要求。内部排水的水落口周围，找平层应做成略低的凹坑。

转角处圆弧半径 表 3-4

卷材种类	圆弧半径(mm)	卷材种类	圆弧半径(mm)
沥青防水卷材	100～150	合成高分子防水卷材	20
高聚物改性沥青防水卷材	50		

3.3.3.4 找平层宜设分格缝，并嵌填密封材料。分格缝应留设在板端缝处，其纵横缝的缝宽 20mm，纵横缝的最大间距：水泥砂浆或细石混凝土找平层，不宜大于 6m；沥青砂浆找平层，不宜大于 4m。

3.3.3.5 屋面（含天沟、檐沟）找平层的排水坡度，必须符合设计要求。

3.4 屋面保温层

3.4.1 保温层的构造规定

屋面保温可采用松散、板状材料或整体现浇（喷）保温层。保温层的构造规定有：

3.4.1.1 保温层设置在防水层上部时，保温层的上面应做保护层。

3.4.1.2 保温层设置在防水层下部时，保温层的上面应做找平层。

3.4.1.3 屋面坡度较大时，保温层应采取防滑措施。

3.4.1.4 吸湿性保温材料不宜用于封闭式保温层。当保温层干燥有困难时，宜采用排汽屋面。排汽屋面的设计应符合下列规定：

(1) 找平层设置的分格缝可兼作排汽道。铺贴卷材时宜采用空铺法、点粘法、条粘法；

(2) 排汽道应纵横贯通，并同与大气连通的排汽管相通，排汽管可设在檐口下或屋面排汽道交叉处；

(3) 排汽道宜纵横设置，间距宜为 6m。屋面面积每 $36m^2$ 宜设置一个排汽孔，排汽孔应做防水处理；

(4) 在保温层下可铺设带支点的塑料板，通过空腔层排水、排汽。

3.4.1.5 保温隔热屋面的排汽出口应埋设排汽管，排汽管宜设置在结构层上，穿过保温层及排汽道的管壁四周应打排汽孔，排汽管应做防水处理，如图 3-1 和图 3-2。

3.4.2 保温层的材料要求

3.4.2.1 进场的保温材料进行抽样检验和复试，同一批材料（是指同一生产单位、同一规格、同一时期生产的材料）至少应抽样一次。

3.4.2.2 保温材料的堆积密度或表观密度、导热系数以及板材的强度、吸水率，必须符合设计要求。其中板状保温材料物理性能检验项目有表观密度、压缩强度、抗压强度。

3.4.2.3 现喷硬质聚氨酯泡沫塑料应先在试验室试配，达到要求后再进行现场施工。

3.4.2.4 保温层应干燥，封闭式保温层的含水率应相当于该材料在当地自然风干状

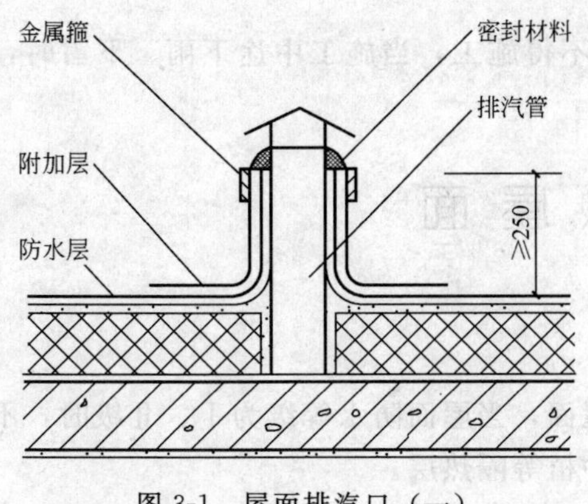

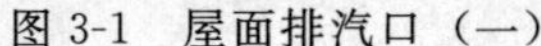
图 3-1 屋面排汽口（一）

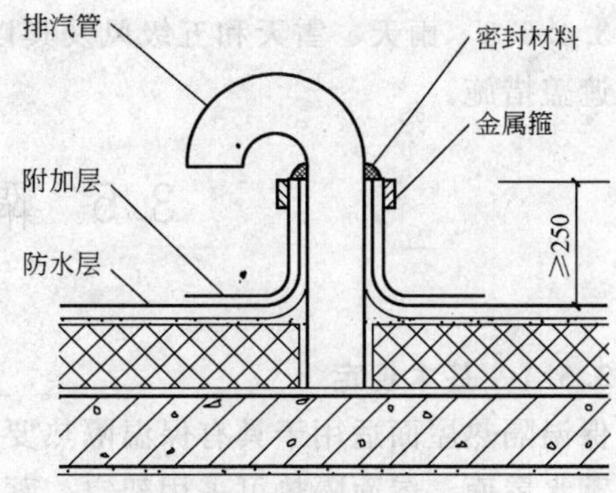

图 3-2 屋面排汽口（二）

态下的平衡含水率。

3.4.2.5 倒置式屋面应采用吸水率小、长期浸水不腐烂的保温材料。保温层上应用混凝土等块材、水泥砂浆或卵石做保护层；卵石保护层与保温层之间，应干铺一层无纺聚酯纤维布做隔离层。

3.4.3 松散材料保温层的施工

3.4.3.1 铺设松散材料保温层的基层应平整、干燥和干净。

3.4.3.2 保温层含水率应符合设计要求。

3.4.3.3 松散保温材料应分层铺设并压实，压实的程度与厚度应经试验确定。

3.4.3.4 保温层施工完成后，应及时进行找平层和防水层的施工；雨期施工时，保温层应采取遮盖措施。

3.4.4 板状材料保温层的施工

3.4.4.1 基层应平整、干燥和干净。

3.4.4.2 干铺的板状保温材料，应紧靠在需保温的基层表面上，并应铺平垫稳。

3.4.4.3 分层铺设的板块上下接缝应相互错开，板间缝隙应采用同类材料嵌填密实。

3.4.4.4 粘贴的板状保温材料应贴严、粘牢。

3.4.4.5 干铺的保温层可在负温下施工，用有机胶粘剂粘贴的板状保温层，在气温低于－10℃时不宜施工；用水泥砂浆粘贴的板状材料保温层，在气温低于5℃时不宜施工。

3.4.5 整体现浇（喷）保温层的施工

3.4.5.1 基层应平整、干燥和干净。

3.4.5.2 伸出屋面的管道应在施工前安装牢固；发泡厚度均匀一致。

3.4.5.3 施工环境气温宜为15～30℃，风力不宜大于三级，相对湿度宜小于85％。

3.4.6 施工注意事项

3.4.6.1 保温材料应采取防雨、防潮的措施，并应分类堆放，防止混杂。

3.4.6.2 板状保温材料在搬运时应轻放，防止损伤断裂、缺棱掉角，保证板的外形完整。

3.4.6.3　雨天、雪天和五级风及其以上时不得施工，当施工中途下雨、下雪时，应采取遮盖措施。

3.5　隔热屋面

3.5.1　基本规定

保温隔热屋面适用于具有保温隔热要求的屋面，当屋面防水等级为Ⅰ、Ⅱ级时，不宜采用蓄水屋面。屋面隔热可采用架空、蓄水、种植等隔热层。

3.5.2　架空屋面施工

3.5.2.1　架空屋面的设计应符合下列规定：架空屋面的坡度不宜大于5%；架空隔热层的高度，应按屋面宽度或坡度大小的变化确定；当屋面宽度大于10m时，架空屋面应设置通风屋脊；架空隔热层的进风口，宜设置在当地炎热季节最大频率风向的正压区，出风口宜设置在负压区。

3.5.2.2　架空隔热层施工时，应将屋面清扫干净，并根据架空板的尺寸弹出支座中线。

3.5.2.3　在支座底面的卷材、涂膜防水层上，应采取加强措施。

3.5.2.4　铺设架空板时应将灰浆刮平，随时扫净屋面防水层上的落灰、杂物等，保证架空隔热层气流畅通。操作时不得损伤已完工的防水层。

3.5.2.5　架空板的铺设应平整、稳固；缝隙宜采用水泥砂浆或混合砂浆嵌填，并应按设计要求留变形缝。

3.5.2.6　架空屋面的架空隔热层高度宜为180～300mm，架空板与女儿墙的距离不宜小于250mm，见图3-3。

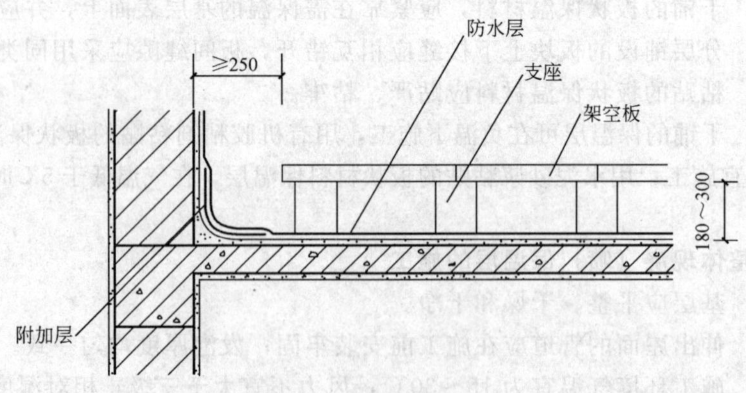

图3-3　架空屋面

3.5.3　蓄水屋面施工

3.5.3.1　蓄水屋面的设计应符合下列规定：蓄水屋面的坡度不宜大于0.5%；蓄水

屋面应划分为若干蓄水区，每区的边长不宜大于10m，在变形缝的两侧应分成两个互不连通的蓄水区；长度超过 40m 的蓄水屋面应设分仓缝，分仓隔墙可采用混凝土或砖砌体；蓄水屋面应设排水管、溢水口和给水管，排水管应与水落口或其他排水出口连通；蓄水屋面的蓄水深度宜为 150～200mm；蓄水屋面泛水的防水层高度，应高出溢水口 100mm；蓄水屋面应设置人行通道。

3.5.3.2　蓄水屋面的所有孔洞应预留，不得后凿。所设置的给水管、排水管和溢水管等，应在防水层施工前安装完毕。

3.5.3.3　蓄水屋面的溢水口应距分仓墙顶面 100m，见图 3-4。

3.5.3.4　过水孔应设在仓墙底部，排水管应与水落管连通，见图 3-5。

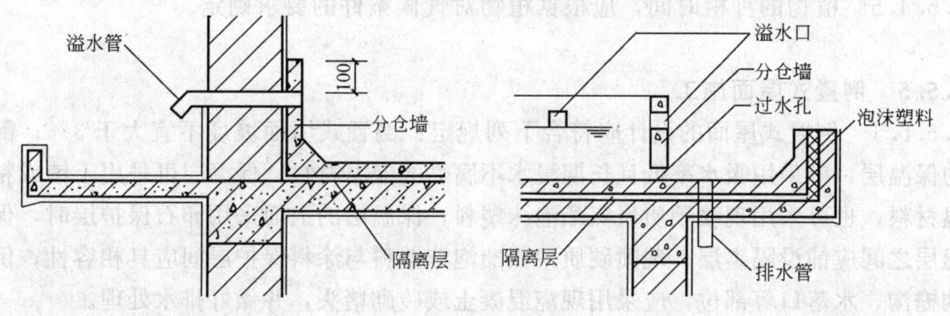

图 3-4　蓄水屋面溢水口　　图 3-5　蓄水屋面排水管、过水孔

3.5.3.5　分仓缝内应嵌填泡沫塑料，上部用卷材封盖，然后加扣混凝土盖板，见图 3-6。

3.5.3.6　每个蓄水区的防水混凝土应一次浇筑完毕，不得留施工缝；立面与平面的防水层应同时做好。

3.5.3.7　蓄水屋面的刚性防水层完工后，应及时养护，养护时间不得少于 14d，蓄水后不得断水。

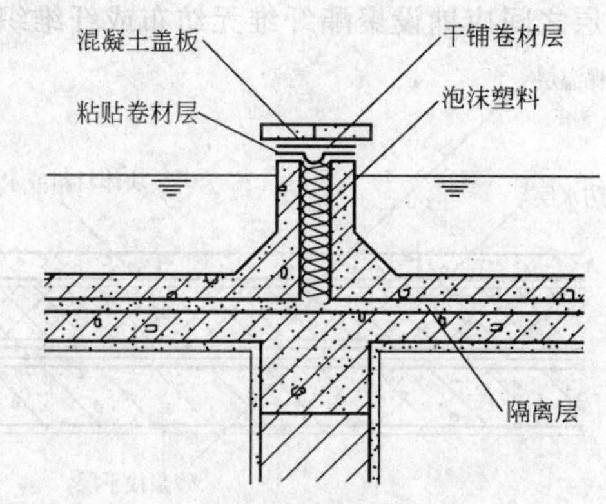

图 3-6　蓄水屋面分仓缝

3.5.4　种植屋面施工

3.5.4.1　种植屋面的设计应符合下列规定：在寒冷地区应根据种植屋面的类型，确定是否设置保温层。保温层的厚度，应根据屋面的热工性能要求，经计算确定。种植屋面所用材料及植物等应符合环境保护要求。种植屋面根据植物及环境布局的需要，可分区布置，也可整体布置。分区布置应设挡墙（板），其形式应根据需要确定。排水层材料应根据屋面功能、建筑环境、经济条件等进行选择。介质层材料应根据种植植物的要求，选择综合性能良好的材料。介质层厚度应根据不同介质和植物种类等确定。种植屋面可用于平屋面或坡屋面。屋面坡度较大时，其排水层、种植介质应采取防滑措施。

3.5.4.2　种植屋面挡墙（板）施工时，留设的泄水孔位置应准确，并不得堵塞。种植介质四周应设挡墙，挡墙下部应设泄水孔，见图 3-7。

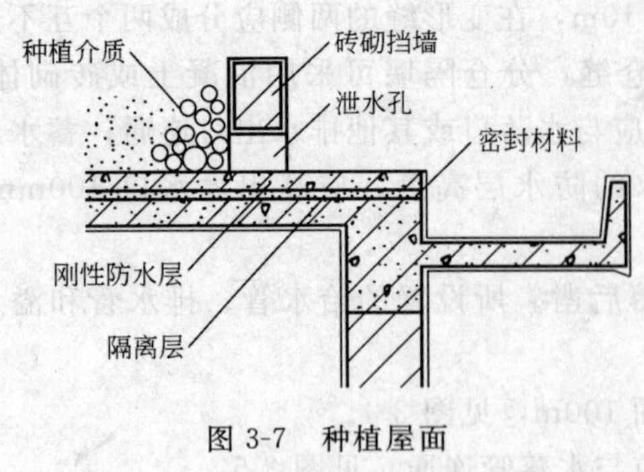

图 3-7　种植屋面

3.5.4.3　施工完的防水层，应按相关材料特性进行养护，并进行蓄水或淋水试验。平屋面宜进行蓄水试验，其蓄水时间不应少于24h；坡屋面宜进行淋水试验。

3.5.4.4　经蓄水或淋水试验合格后，应尽快进行介质铺设及种植工作。介质层材料和种植植物的质（重）量应符合设计要求，介质材料、植物等应均匀堆放，并不得损坏防水层。

3.5.4.5　植物的种植时间，应根据植物对气候条件的要求确定。

3.5.5　倒置式屋面施工

3.5.5.1　倒置式屋面的设计应符合下列规定：倒置式屋面坡度不宜大于3%；倒置式屋面的保温层，应采用吸水率低且长期浸水不腐烂的保温材料；保温层可采用干铺或粘贴板状保温材料，也可采用现喷硬质聚氨酯泡沫塑料；保温层的上面采用卵石保护层时，保护层与保温层之间应铺设隔离层；现喷硬质聚氨酯泡沫塑料与涂料保护层间应具相容性；倒置式屋面的檐沟、水落口等部位，应采用现浇混凝土或砖砌堵头，并做好排水处理。

3.5.5.2　施工完的防水层，应进行蓄水或淋水试验，合格后方可进行保温层的铺设。

3.5.5.3　板状保温材料的铺设应平稳，拼缝应严密。

3.5.5.4　保温层上面，可采用块体材料、水泥砂浆或卵石做保护层；卵石保护层与保温层之间应铺设聚酯纤维无纺布或纤维织物进行隔离保护，见图 3-8、图 3-9。

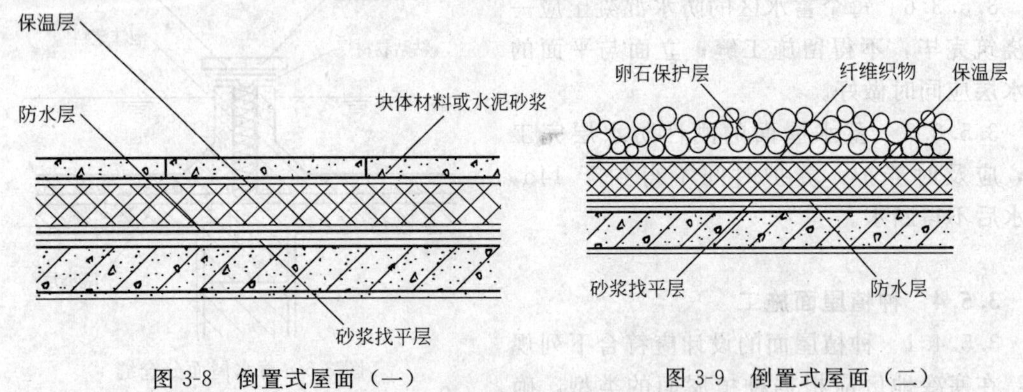

图 3-8　倒置式屋面（一）　　图 3-9　倒置式屋面（二）

3.5.5.5　当保护层采用卵石铺压时，卵石的质（重）量应符合设计规定。

3.6　卷材防水层

3.6.1　基本规定

卷材防水屋面适用于防水等级为Ⅰ～Ⅳ级的屋面防水。卷材防水层应采用高聚物改性沥青防水卷材、合成高分子防水卷材或沥青防水卷材。所选用的基层处理剂、接缝胶粘剂、密封材料等配套材料应与铺贴的卷材材性相容。

3.6.2 防水卷材厚度的选用

防水卷材厚度的选用见表 3-5。

防水卷材厚度的选用（mm） 表 3-5

屋面防水等级	Ⅰ级	Ⅱ级	Ⅲ级
设防道数	三道及三道以上设防	二道设防	一道设防
合成高分子防水卷材	不应小于 1.5	不应小于 1.2	不应小于 1.2
高聚物改性沥青防水卷材	不应小于 3.0	不应小于 3.0	不应小于 4.0
自粘聚酯胎改性沥青防水卷材	不应小于 2.0	不应小于 2.0	不应小于 3.0
自粘橡胶沥青防水卷材	不应小于 1.5	不应小于 1.5	不应小于 2.0

其中合成高分子防水卷材：单层使用——厚度不应小于 1.5mm；
双层使用——总厚度不应小于 2.4mm。

高聚物改性沥青防水卷材：热熔施工——厚度不应小于 3mm；
单层使用——厚度不应小于 4mm；
双层使用——总厚度不应小于 6mm。

3.6.3 卷材搭接宽度

铺贴卷材采用搭接法时，上下层及相邻两幅卷材的搭接缝应错开，卷材搭接宽度见表 3-6。

卷材搭接宽度（mm） 表 3-6

卷材种类 \ 铺贴方法		短边搭接		长边搭接	
		满粘法	空铺、点粘、条粘法	满粘法	空铺、点粘、条粘法
沥青防水卷材		100	150	70	100
高聚物改性沥青防水卷材		80	100	80	100
自粘聚合物改性沥青防水卷材		60	—	60	—
合成高分子防水卷材	胶粘剂	80	100	80	100
	胶粘带	50	60	50	60
	单缝焊	60，有效焊接宽度不小于 25			
	双缝焊	80，有效焊接宽度 10×2＋空腔宽			

3.6.4 细部构造

3.6.4.1 天沟、檐沟的防水构造应符合下列要求：

（1）天沟、檐沟应增铺附加层。当采用沥青防水卷材时，应增铺一层卷材；当采用高聚物改性沥青防水卷材或合成高分子防水卷材时，宜设置防水涂膜附加层。

（2）天沟、檐沟与屋面交接处的附加层宜空铺，空铺的宽度不应小于 200mm。

（3）卷材防水层应由沟底翻上至沟外檐顶部，卷材收头应用水泥钉固定，并用密封材料封严。

（4）高低跨内排水天沟与立墙交接处，应采取能适应变形的密封处理。

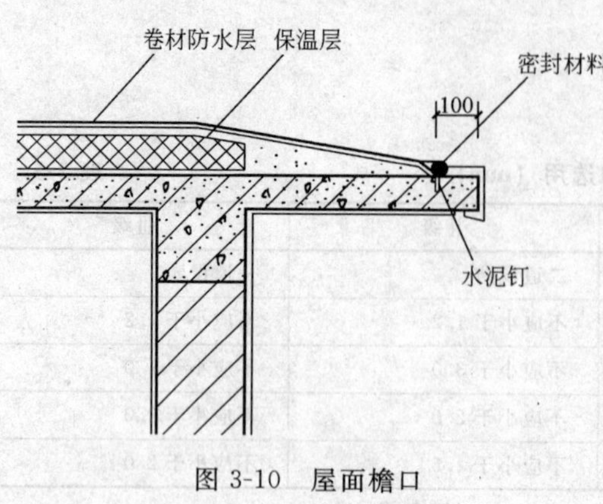

图 3-10 屋面檐口

（5）在天沟、檐沟与细石混凝土防水层的交接处，应留凹槽并用密封材料嵌填严密。

3.6.4.2 檐口的防水构造应符合下列要求：

无组织排水檐口 800mm 范围内的卷材应采用满粘法，卷材收头应压入凹槽，采用金属压条钉压，并用密封材料封口，檐口下端应抹出鹰嘴和滴水槽，见图 3-10。

3.6.4.3 泛水的防水构造应符合下列要求：

（1）铺贴泛水处的卷材应采用满粘法。泛水收头应根据泛水高度和泛水墙体材料确定其密封形式：

1）墙体为砖墙时，卷材收头可直接铺至女儿墙压顶下，用压条钉压固定并用密封材料封闭严密，压顶应做防水处理，见图 3-11。卷材收头也可压入砖墙凹槽内固定密封，凹槽距屋面找平层高度不应小于 250mm，凹槽上部的墙体应做防水处理，见图 3-12。

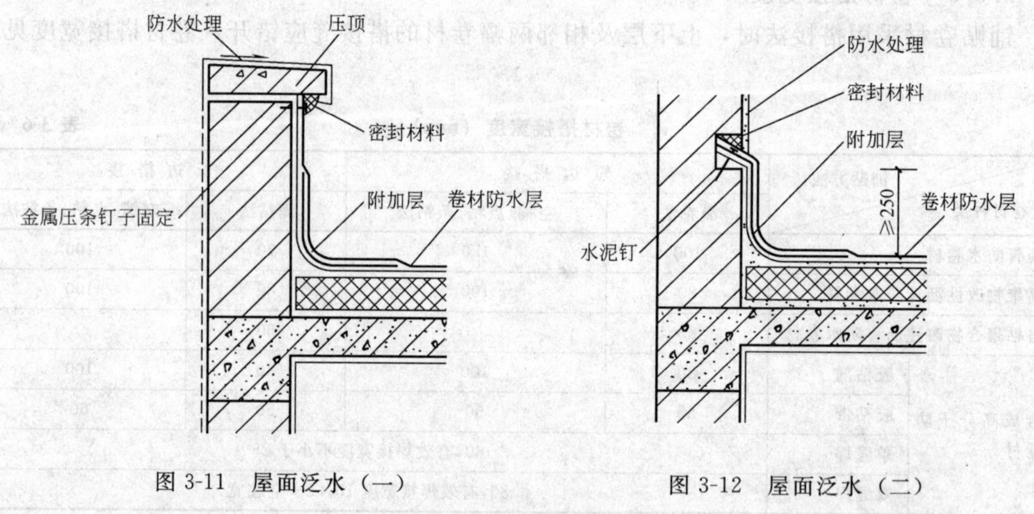

图 3-11 屋面泛水（一）

图 3-12 屋面泛水（二）

2）墙体为混凝土时，卷材收头可采用金属压条钉压，并用密封材料封固，见图 3-13。

（2）泛水宜采取隔热防晒措施，可在泛水卷材面砌砖后抹水泥砂浆或浇筑细石混凝土保护，也可采用涂刷浅色涂料或粘贴铝箔保护。

3.6.4.4 变形缝的的防水构造应符合下列要求：变形缝的泛水高度不应小于 250mm；防水层应铺贴到变形缝两侧砌体的上部；变形缝内应填充聚苯乙烯泡沫塑料，上部填放衬垫材料，并用卷材封盖；变形缝顶部应加扣混凝土或金属盖板，混凝土盖板的接缝应用密封材料嵌填，见图 3-14。

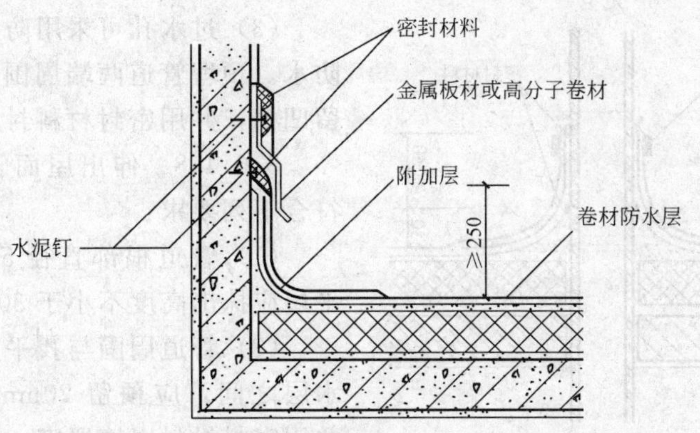

图 3-13　屋面泛水（三）

3.6.4.5　水落口的防水构造应符合下列要求：

水落口宜采用金属或塑料制品。水落口杯上口的标高应设置在沟底的最低处。防水层贴入水落口杯内不应小于 50mm。水落口周围直径 500mm 范围内的坡度不应小于 5%，并采用防水涂料或密封材料涂封，其厚度不应小于 2mm。水落口杯与基层接触处应留宽 20mm、深 20mm 凹槽，并嵌填密封材料，见图 3-15、图 3-16。

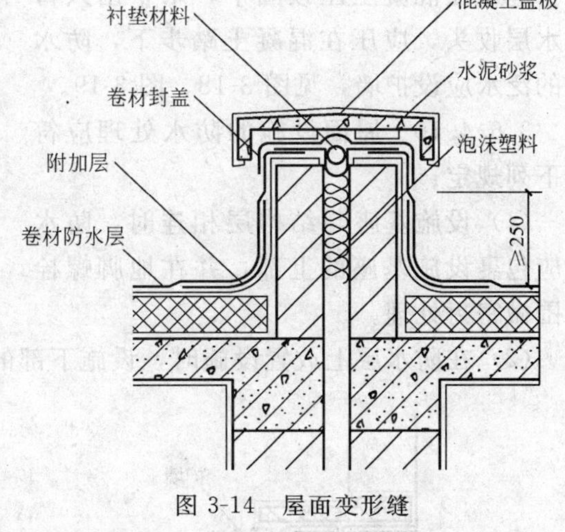

图 3-14　屋面变形缝

3.6.4.6　女儿墙、山墙可采用现浇混凝土或预制混凝土压顶，也可采用金属制品或合成高分子卷材封顶。

3.6.4.7　反梁过水孔构造应符合下列规定：

（1）根据排水坡度要求留设反梁过水孔，图纸应注明孔底标高；

（2）留置的过水孔高度不应小于 150mm，宽度不应小于 250mm，采用预埋管道时其管径不得小于 75mm；

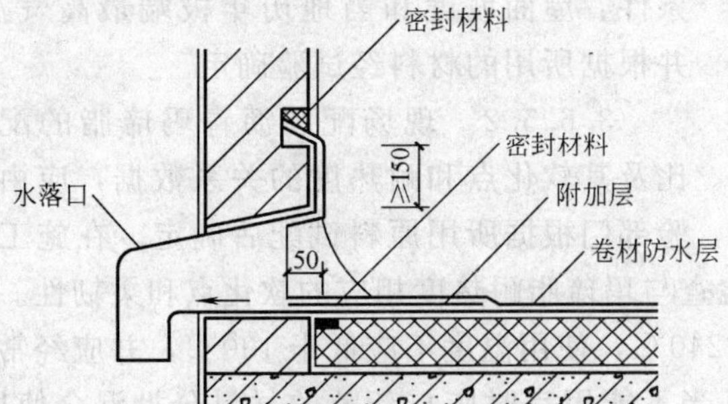

图 3-15　屋面水落口（一）

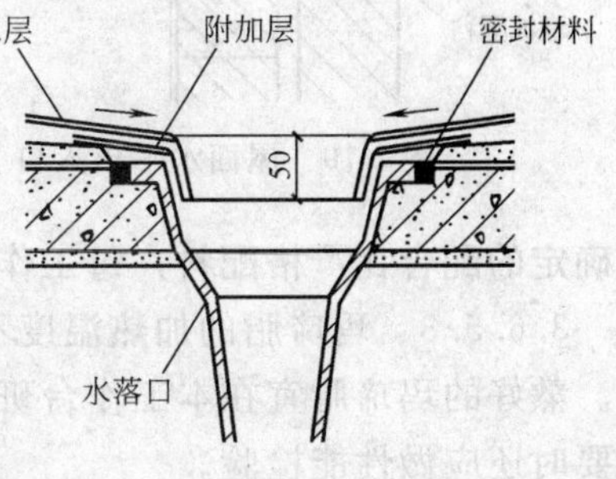

图 3-16　屋面水落口（二）

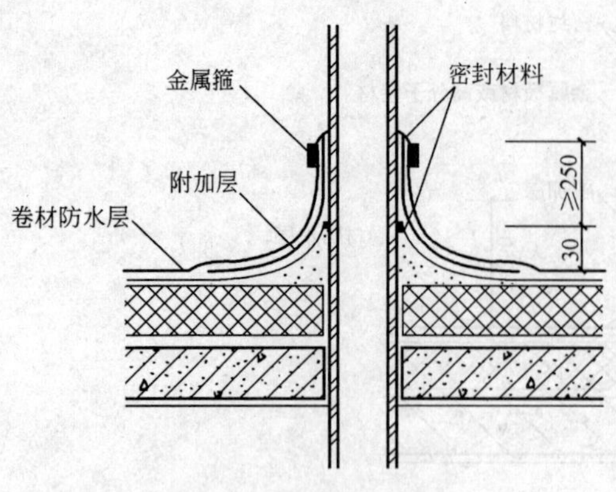

图 3-17 伸出屋面管道

(3) 过水孔可采用防水涂料、密封材料防水。预埋管道两端周围与混凝土接触处应留凹槽，并用密封材料封严。

3.6.4.8 伸出屋面管道的防水构造应符合下列要求：

(1) 管道根部直径 500mm 范围内，找平层应抹出高度不小于 30mm 的圆台。

(2) 管道周围与找平层或细石混凝土防水层之间，应预留 20mm×20mm 的凹槽，并用密封材料嵌填严密，见图 3-17。

(3) 管道根部四周应增设附加层，宽度和高度均不应小于 300mm。管道上的防水层收头处应用金属箍紧固，并用密封材料封严。

3.6.4.9 屋面垂直出入口防水层收头，应压在混凝土压顶圈下，水平出入口防水层收头，应压在混凝土踏步下，防水层的泛水应设护墙，见图 3-18、图 3-19。

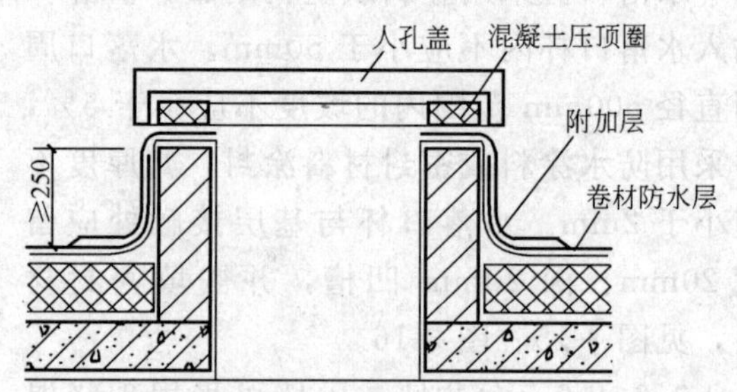

图 3-18 屋面垂直出入口

3.6.4.10 屋面设施的防水处理应符合下列规定：

(1) 设施基座与结构层相连时，防水层应包裹设施基座的上部，并在地脚螺栓周围做密封处理。

(2) 在防水层上放置设施时，设施下部的防水层应做卷材增强层，必要时应在其上浇筑细石混凝土，其厚度不应小于 50mm。

(3) 需经常维护的设施周围和屋面出入口至设施之间的人行道应铺设刚性保护层。

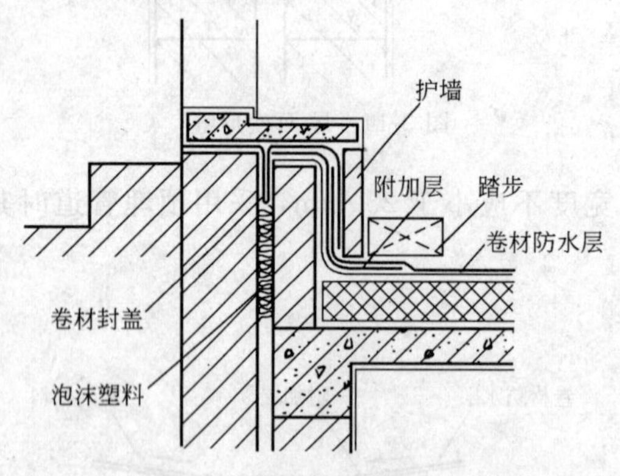

图 3-19 屋面水平出入口

3.6.5 沥青防水卷材施工

3.6.5.1 沥青玛琋脂的标号应视使用条件、屋面坡度和当地历年极端最高气温，并根据所用的材料经试验确定。

3.6.5.2 现场配制沥青玛琋脂的配合比及其软化点和耐热度的关系数据，应由试验部门根据所用原料试配后确定。在施工中按确定的配合比严格配料，每工作班均应检查与玛琋脂耐热度相应的软化点和柔韧性。

3.6.5.3 玛琋脂的加热温度不应高于 240℃，使用温度不应低于 190℃，并应经常检查。熬好的玛琋脂宜在本工作台班内用完。当不能用完时应与新熬的材料分批混合使用，必要时还应做性能检验。

3.6.5.4 冷沥青玛琋脂使用时应搅匀，稠度太大时可加少量溶剂稀释搅匀。

3.6.5.5 采用叠层铺贴沥青防水卷材的粘贴厚度：

热沥青玛琋脂厚度宜为1～1.5mm，冷沥青玛琋脂宜为0.5～1mm。面层厚度：热沥青玛琋脂宜为2～3mm，冷沥青玛琋脂宜为1～1.5mm。玛琋脂应涂刮均匀，不得过厚或堆积。

3.6.5.6 天沟、檐沟、檐口、泛水和立面卷材收头的端部应裁齐，塞入预留凹槽内，用金属压条钉压固定，最大钉距不应大于900mm，并用密封材料嵌填封严。

3.6.5.7 沥青防水卷材铺贴应符合下列规定：

(1) 卷材在铺贴前应保持干燥，其表面的撒布料应预先清扫干净，并避免损伤卷材；

(2) 在无保温层的装配式屋面上，应沿屋面板的端缝先单边点粘一层卷材，每边的宽度不应小于100mm，或采取其他能增大防水层适应变形的措施，然后再铺贴屋面卷材；

(3) 选择不同胎体和性能的卷材符合使用时，高性能的卷材应放在上面；

(4) 铺贴卷材时应随刮玛琋脂随滚铺卷材，并展平压实；

(5) 采用空铺、点粘、条粘第一层卷材或第一层为打孔卷材时，在檐口、屋脊和屋面的转角处及突出屋面的交接处，卷材应涂满玛琋脂，其宽度不得小于800mm。当采用热玛琋脂时，应涂刷冷底子油；

(6) 沥青防水卷材严禁在雨天、雪天施工，五级风及其以上时不得施工，环境气温低于5℃时不宜施工。施工途中下雨时，应做好已铺卷材周边的防护工作。

3.6.6 高聚物改性沥青防水卷材施工

3.6.6.1 高聚物改性沥青防水卷材主要包括弹性体（SBS）改性沥青防水卷材、塑性体（APP）改性沥青防水卷材和高聚物改性沥青聚乙烯胎（PEE）防水卷材。

3.6.6.2 立面或大坡面铺贴高聚物改性沥青防水卷材时，应采用满粘法，并宜减少短边搭接。

3.6.6.3 冷粘法铺贴卷材应符合下列规定：

(1) 胶粘剂涂刷应均匀，不露底，不堆积。卷材空铺、点粘、条粘时，应按规定的位置及面积涂刷胶粘剂；

(2) 根据胶粘剂的性能，应控制胶粘剂涂刷与卷材铺贴的间隔时间；

(3) 铺贴的卷材下面的空气应排尽，并辊压粘结牢固；

(4) 铺贴卷材应平整顺直，搭接尺寸准确，不得扭曲、皱折；

(5) 接缝口应用材性相容的密封材料封严，宽度不应小于10mm。

3.6.6.4 热熔法铺贴卷材应符合下列规定：

(1) 火焰加热器的喷嘴距卷材面的距离应适中，幅宽内加热卷材应均匀，以卷材表面熔融至光亮黑色为度，不得过分加热或烧穿卷材；厚度小于3mm的高聚物改性沥青防水卷材严禁采用热熔法施工；

(2) 卷材表面热熔后应立即滚铺卷材，滚铺时应排除卷材下面的空气，使之平展并粘贴牢固，不得空鼓；

(3) 搭接缝部位宜以溢出热熔的改性沥青为度，溢出的改性沥青宽度以2mm左右并均匀顺直为宜。当接缝处的卷材有铝箔或矿物粒（片）料时，应清除干净后再进行热熔和接缝处理；

(4) 铺贴的卷材应平整顺直，搭接尺寸准确，不得扭曲、皱折；

(5) 采用条粘法时，每幅卷材与基层粘结面不应少于两条，每条宽度不应小于150mm。

3.6.6.5 自粘法铺贴卷材应符合下列规定：

(1) 铺贴卷材前基层表面应均匀涂刷基层处理剂，干燥后应及时铺贴卷材；

(2) 铺贴卷材时，应将自粘胶底面的隔离纸全部撕净；

(3) 卷材下面的空气应排尽，并辊压粘结牢固；

(4) 铺贴的卷材应平整顺直，搭接尺寸准确，不得扭曲、皱折。搭接部位宜采用热风加热，随即粘贴牢固；

(5) 接缝口应采用材性相容的密封材料封严，宽度不应小于10mm；

(6) 高聚物改性沥青防水卷材严禁在雨天、雪天施工，五级风及其以上时不得施工，环境气温低于5℃时不宜施工，其中热熔法施工环境气温不宜低于－10℃。施工途中下雨时，应做好已铺卷材周边的防护工作。

3.6.7 合成高分子防水卷材施工

3.6.7.1 立面或大坡面铺贴合成高分子防水卷材时，应采用满粘法，并宜减少短边搭接。

3.6.7.2 冷粘法铺贴卷材应符合下列规定：

(1) 基层胶粘剂可涂刷在基层或涂刷在基层和卷材底面，涂刷应均匀，不露底，不堆积；卷材空铺、点粘、条粘时，应按规定的位置及面积涂刷胶粘剂；

(2) 根据胶粘剂的性能，应控制胶粘剂涂刷与卷材铺贴的间隔时间；

(3) 铺贴卷材不得皱折，也不得用力拉伸卷材，并应排除卷材下面的空气，辊压粘贴牢固；

(4) 铺贴的卷材应平整顺直，搭接尺寸准确，不得扭曲；

(5) 卷材铺好压粘后，应将搭接部位的粘合面清理干净，并采用与卷材配套的接缝专用胶粘剂，在搭接缝粘合面上涂刷均匀，不露底，不堆积；根据专用胶粘剂性能，应控制胶粘剂涂刷与粘合间隔时间，并排除缝间的空气，辊压粘贴牢固；

(6) 搭接缝口应采用材性相容的密封材料封严；

(7) 卷材搭接部位采用胶粘带粘结时，粘合面应清理干净必要时可涂刷与卷材及胶粘带材性相容的基层胶粘剂，撕去胶粘带隔离纸后应及时粘合上层卷材，并辊压粘牢；低温施工时，宜采用热风机加热，使其粘贴牢固、封闭严密。

3.6.7.3 自粘法铺贴卷材施工同高聚物改性沥青防水卷材施工。

3.6.7.4 焊接法和机械固定法铺设卷材应符合下列规定：

(1) 对热塑性卷材的搭接缝宜采用单缝焊或双缝焊，焊接应严密；

(2) 焊接前，卷材应铺放平整、顺直，搭接尺寸准确，焊接缝的结合面应清扫干净；

(3) 应先焊长边搭接缝，后焊短边搭接缝；

(4) 卷材采用机械固定时，固定件应与结构层固定牢固，固定件间距应根据当地的使用环境与条件确定，并不宜大于600mm。距周边800mm范围内的卷材应满粘。

3.6.7.5 合成高分子防水卷材，严禁在雨天、雪天施工；五级风及其以上时不得施工；环境气温低于5℃时不宜施工。施工中途下雨、下雪，应做好已铺卷材周边的防护工作。焊接法施工环境气温不宜低于－10℃。

3.6.8 防水卷材材料要求

3.6.8.1 卷材的贮运、保管应符合下列规定：

(1) 不同品种、型号和规格的卷材应分别堆放；卷材应贮存在阴凉通风的室内，避免雨淋、日晒和受潮，严禁接近火源。沥青防水卷材贮存环境温度，不得高于45℃；

(2) 沥青防水卷材宜直立堆放，其高度不宜超过两层，并不得倾斜或横压，短途运输平放不宜超过四层；卷材应避免与化学介质及有机溶剂等有害物质接触。

3.6.8.2 卷材胶粘剂、胶粘带的贮运、保管应符合下列规定：

(1) 不同品种、规格的卷材胶粘剂和胶粘带，应分别用密封桶或纸箱包装；

(2) 卷材胶粘剂和胶粘带应贮存在阴凉通风的室内，严禁接近火源和热源。

3.6.8.3 进场的卷材抽样复验应符合下列规定：

(1) 同一品种、型号和规格的卷材，抽样数量：大于1000卷抽取5卷；500～1000卷抽取4卷；100～499卷抽取3卷；小于100卷抽取2卷。

(2) 将受检的卷材进行规格尺寸和外观质量检验，全部指标达到标准规定时，即为合格。其中若有一项指标达不到要求，允许在受检产品中另取相同数量卷材进行复检，全部达到标准规定为合格。复检时仍有一项指标不合格，则判定该产品外观质量为不合格。

(3) 在外观质量检验合格的卷材中，任取一卷做物理性能检验，若物理性能有一项指标不符合标准规定，应在受检产品中加倍取样进行该项复检，复检结果如仍不合格，则判定该产品为不合格。

3.6.8.4 进场的卷材物理性能应主要检验下列项目：

(1) 沥青防水卷材：纵向拉力、耐热度、柔度和不透水性。

(2) 高聚物改性沥青防水卷材：可溶物含量、拉力、延伸率、耐热度、低温柔度、不透水性。

(3) 合成高分子防水卷材：断裂拉伸强度、扯断伸长率、低温弯折和不透水性。

(4) 改性沥青胶粘剂：剥离强度。

(5) 合成高分子胶粘剂：剥离强度和浸水168h后的保持率。

(6) 双面胶粘带：剥离强度和浸水168h后的保持率。

3.7 涂膜防水层

3.7.1 基本规定

3.7.1.1 涂膜防水屋面主要适用于防水等级为Ⅲ级、Ⅳ级的屋面防水，也可用作Ⅰ级、Ⅱ级屋面多道防水设防中的一道防水层。

3.7.1.2 涂膜厚度的选用见表3-7。

涂膜厚度的选用 表3-7

屋面防水等级	Ⅰ级	Ⅱ级	Ⅲ级	Ⅳ级
设防道数	三道及三道以上设防	二道设防	一道设防	一道设防
合成高分子防水涂料和聚合物水泥防水涂料	不应小于1.5mm	不应小于1.5mm	不应小于2.0mm	—
高聚物改性沥青防水涂料	—	不应小于3.0mm	不应小于3.0mm	不应小于2.0mm

3.7.1.3 找平层表面应压实平整，排水坡度应符合设计要求。采用水泥砂浆找平层时，水泥砂浆抹平后应二次压光和充分养护，不得有酥松、起砂、起皮现象。

3.7.1.4 涂膜防水层应沿找平层分格缝增设带有胎体增强材料的空铺附加层。其空铺宽度宜为100mm。

3.7.1.5 防水涂膜应分遍涂布，待先涂布的涂料干燥成膜后。方可涂布后一遍涂料，且前后两遍涂料的涂布方向应相互垂直。

3.7.1.6 需铺设胎体增强材料时，当屋面坡度小于15%，可平行屋脊铺设；当屋面坡度大于15%，应垂直于屋脊铺设，并由屋面最低处向上进行。胎体增强材料长边搭接宽度不得小于50mm，短边搭接宽度不得小于70mm。采用二层胎体增强材料时，上下层不得垂直铺设，搭接缝应错开，其间距不应小于幅宽的1/3。

3.7.1.7 涂膜防水层的收头，应用防水涂料多遍涂刷或用密封材料封严。

3.7.1.8 涂膜防水层在未做保护层前，不得在防水层上进行其他施工作业或直接堆放物品。

3.7.2 材料要求

3.7.2.1 涂膜防水材料主要有高聚物改性沥青防水涂料、合成高分子防水涂料和聚合物水泥防水涂料等。

3.7.2.2 进场的防水涂料和胎体增强材料抽样复验应符合下列规定：同一规格、品种的防水涂料，每10t为一批，不足10t者按一批进行抽样。胎体增强材料，每3000m^{2}为一批，不足3000m^{2}者按一批进行抽样。

3.7.2.3 进场的防水涂料和胎体增强材料物理性能应检验下列项目：

(1) 高聚物改性沥青防水涂料：固体含量，耐热性，低温柔性，不透水性，延伸性或抗裂性；

(2) 合成高分子防水涂料和聚合物水泥防水涂料：拉伸强度，断裂伸长率，低温柔性，不透水性，固体含量；

(3) 胎体增强材料：拉力和延伸率。

3.7.2.4 防水涂料和胎体增强材料的贮运、保管应符合下列规定：

(1) 防水涂料包装容器必须密封，容器表面应标明涂料名称、生产厂名、执行标准号、生产日期和产品有效期，并分类存放；

(2) 反应型和水乳型涂料贮运和保管环境温度不宜低于5℃；

(3) 溶剂型涂料贮运和保管环境温度不宜低于0℃，并不得日晒、碰撞和渗漏；保管环境应干燥、通风，并远离火源；仓库内应有消防设施；

(4) 胎体增强材料贮运、保管环境应干燥、通风，并远离火源。

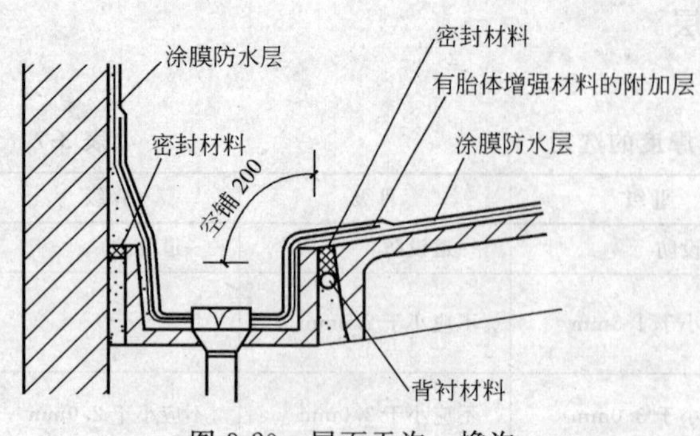

图 3-20 屋面天沟、檐沟

3.7.3 细部构造

3.7.3.1 天沟、檐沟与屋面交接

处的附加层宜空铺，空铺宽度不应小于200mm，见图3-20。

3.7.3.2 无组织排水檐口的涂膜防水层收头，应用防水涂料多遍涂刷或用密封材料封严，檐口下端应做滴水处理，见图3-21。

3.7.3.3 泛水处的涂膜防水层，宜直接涂刷至女儿墙的压顶下，收头处理应用防水涂料多遍涂刷封严，压顶应做防水处理，见图3-22。

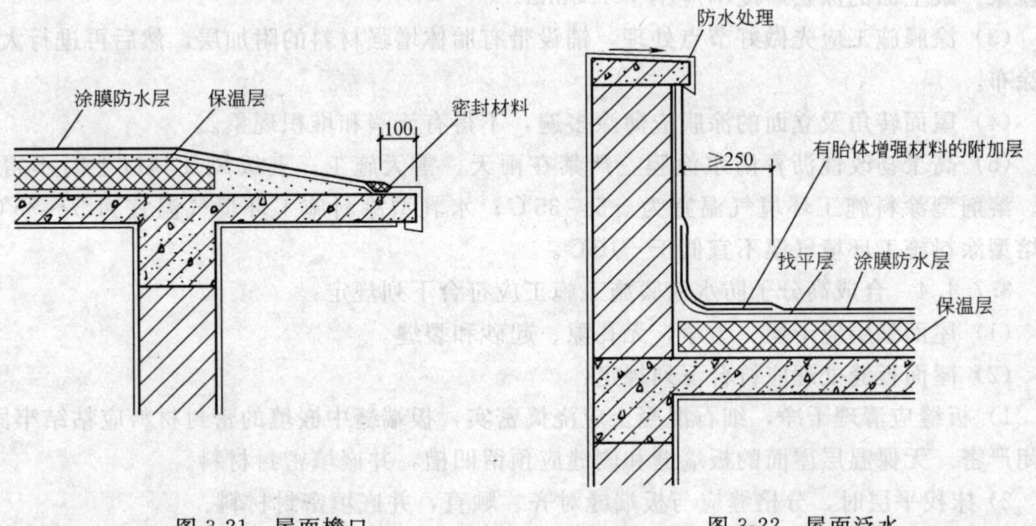

图3-21 屋面檐口　　图3-22 屋面泛水

3.7.3.4 变形缝内应填充泡沫塑料，其上放衬垫材料，并用卷材封盖；顶部应加扣混凝土盖板或金属盖板，见图3-23。

3.7.3.5 水落口、伸出屋面管道、屋面垂直和水平出入口的防水构造要求同卷材防水层施工中细部构造的相关做法。

3.7.4 高聚物改性沥青防水涂膜施工

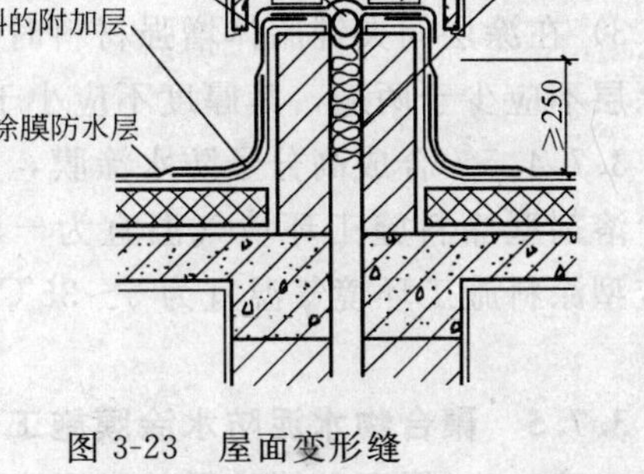

图3-23 屋面变形缝

3.7.4.1 屋面基层的干燥程度，应视所选用的涂料特性而定。当采用溶剂型、热熔型改性沥青防水涂料时，屋面基层应干燥、干净。

3.7.4.2 屋面板缝处理应符合下列规定：

(1) 板缝应清理干净，细石混凝土应浇捣密实，板端缝中嵌填的密封材料应粘结牢固、封闭严密；无保温层屋面的板端缝和侧缝应预留凹槽，并嵌填密封材料；

(2) 抹找平层时，分格缝应与板端缝对齐、顺直，并嵌填密封材料；

(3) 涂膜施工时，板端缝部位空铺附加层的宽度宜为100mm；

(4) 基层处理剂应配比准确，充分搅拌，涂刷均匀，覆盖完全，干燥后方可进行涂膜施工。

3.7.4.3　高聚物改性沥青防水涂膜施工应符合下列规定：

(1) 防水涂膜应多遍涂布，其总厚度应达到设计要求和规范规定。涂层的厚度应均匀，且表面平整。

(2) 涂层间夹铺胎体增强材料时，宜边涂布边铺胎体；胎体应铺贴干整，排除气泡，并与涂料粘结牢固。在胎体上涂布涂料时，应使涂料浸透胎体，覆盖完全，不得有胎体外露现象。最上面的涂层厚度不应小于1.0mm。

(3) 涂膜施工应先做好节点处理，铺设带有胎体增强材料的附加层，然后再进行大面积涂布。

(4) 屋面转角及立面的涂膜应薄涂多遍，不得有流淌和堆积现象。

(5) 高聚物改性沥青防水涂膜，严禁在雨天、雪天施工；五级风及其以上时不得施工。溶剂型涂料施工环境气温宜为－5～35℃；水乳型涂料施工环境气温宜为5～35℃；热熔型涂料施工环境气温不宜低于－10℃。

3.7.4.4　合成高分子防水涂膜施工施工应符合下列规定：

(1) 屋面基层应干燥、干净，无孔隙、起砂和裂缝。

(2) 屋面板缝处理应符合下列规定：

1) 板缝应清理干净，细石混凝土应浇捣密实，板端缝中嵌填的密封材料应粘结牢固、封闭严密。无保温层屋面的板端缝和侧缝应预留凹槽，并嵌填密封材料。

2) 抹找平层时，分格缝应与板端缝对齐、顺直，并嵌填密封材料。

3) 涂膜施工时，板端缝部位空铺附加层的宽度宜为100mm。

(3) 基层处理剂应配比准确，充分搅拌，涂刷均匀，覆盖完全，干燥后方可进行涂膜施工。

(4) 合成高分子防水涂膜施工应符合下列要求：

1) 可采用涂刮或喷涂施工。当采用涂刮施工时，每遍涂刮的推进方向宜与前一遍相互垂直。

2) 多组分涂料应按配合比准确计量，搅拌均匀，已配成的多组分涂料应及时使用。配料时，可加入适量的缓凝剂或促凝剂来调节固化时间，但不得混入已固化的涂料。

3) 在涂层间夹铺胎体增强材料时，位于胎体下面的涂层厚度不宜小于1mm，最上层的涂层不应少于两遍，其厚度不应小于0.5mm。

3.7.4.5　合成高分子防水涂膜，严禁在雨天、雪天施工；五级风及其以上时不得施工。溶剂型涂料施工环境气温宜为－5～35℃；乳胶型涂料施工环境气温宜为5～35℃；反应型涂料施工环境气温宜为5～35℃。

3.7.5　聚合物水泥防水涂膜施工

3.7.5.1　屋面基层应平整、干净，无孔隙、起砂和裂缝。

3.7.5.2　屋面板缝处理应符合下列规定：

(1) 板缝应清理干净，细石混凝土应浇捣密实，板端缝中嵌填的密封材料应粘结牢固、封闭严密。无保温层屋面的板端缝和侧缝应预留凹槽，并嵌填密封材料。

(2) 抹找平层时，分格缝应与板端缝对齐、顺直，并嵌填密封材料。

(3) 涂膜施工时，板端缝部位空铺附加层的宽度宜为100mm。

3.7.5.3　基层处理剂应配比准确，充分搅拌，涂刷均匀，覆盖完全，干燥后方可进行涂膜施工。

3.7.5.4 聚合物水泥防水涂膜施工除同高聚物改性沥青防水涂膜施工外，且应有专人配料、计量，搅拌均匀，不得混入已固化或结块的涂料。

3.7.5.5 聚合物水泥防水涂膜，严禁在雨天和雪天施工；五级风及其以上时不得施工；聚合物水泥防水涂膜的施工环境气温宜为5～35℃。

3.8 屋面刚性防水层

3.8.1 基本规定

3.8.1.1 刚性防水屋面主要适用于防水等级为Ⅲ级的屋面防水，也可用作Ⅰ、Ⅱ级屋面多道防水设防中的一道防水层；刚性防水层不适用于受较大振动或冲击的建筑屋面。

3.8.1.2 刚性防水屋面应采用结构找坡，坡度宜为2%～3%。

3.8.1.3 刚性防水层与山墙、女儿墙以及突出屋面结构的交接处应留缝隙，并应做柔性密封处理。

3.8.1.4 结构层为装配式钢筋混凝土板时，应用强度等级不小于C20的细石混凝土将板缝灌填密实；当板缝宽度大于10mm或上窄下宽时，应在缝中放置构造钢筋；板端缝应进行密封处理。

3.8.1.5 细石混凝土防水层的厚度不应小于40mm，并应配置双向钢筋网片，施工时应防止在混凝土中的上部。钢筋网片在分格缝处应断开，其保护层厚度不应小于10mm。

3.8.1.6 细石混凝土防水层与立墙及突出屋面结构等交接处，均应做柔性密封处理；细石混凝土防水层与基层间宜设置隔离层。

3.8.1.7 刚性防水层应设置分格缝，分格缝内应嵌填密封材料。防水层的分格缝应设置在屋面板的支撑端、屋面转折处、防水层与突出屋面结构的交接处，并与板缝对齐。

3.8.1.8 刚性防水层内严禁埋设管线。

3.8.1.9 刚性防水层施工环境气温宜为5～35℃，并应避免在负温度或烈日暴晒下施工。

3.8.2 材料要求

3.8.2.1 防水层的细石混凝土（包括普通细石混凝土和补偿收缩混凝土）宜用普通硅酸盐水泥或硅酸盐水泥，不得使用火山灰质水泥；当采用矿渣硅酸盐水泥时，应采用减少泌水性的措施。混凝土水灰比不应大于0.55；每立方米混凝土水泥用量不得少于330kg；含砂率宜为35%～40%；灰砂比宜为1∶2～1∶2.5；混凝土强度等级不应低于C20。

3.8.2.2 细石混凝土中掺加膨胀剂、减水剂、防水剂等外加剂时，应按配合比准确计量，投料顺序得当，并应用机械搅拌，机械振捣。

3.8.2.3 防水层内配置的钢筋宜采用冷拔低碳钢丝。

3.8.2.4 防水层的细石混凝土中，粗骨料的最大粒径不宜大于15mm，含泥量不应大于1%；细骨料应采用中砂或粗砂，含泥量不应大于2%。

3.8.2.5 水泥贮存时应防止受潮，存放期不得超过3个月。当超过存放期限时，应重新检验确定水泥强度等级。受潮结块的水泥不得使用。外加剂应分类保管，不得混杂，并应存放于阴凉、通风、干燥处，运输时应避免雨淋、日晒和受潮。

3.8.3 细部构造

3.8.3.1 普通细石混凝土和补偿收缩混凝土防水层，分格缝的宽度宜为 5～30mm，分格缝内应嵌填密封材料，上部应设置保护层，见图 3-24。

3.8.3.2 刚性防水层与山墙、女儿墙交接处，应留宽度为 30mm 的缝隙，并应用密封材料嵌填；泛水处应铺设卷材或涂膜附加层，见图 3-25。

3.8.3.3 刚性防水层与变形缝两侧墙体交接处应留宽度为 30mm 的缝隙，并应用密封材料嵌填；泛水处应铺设卷材或涂膜附加层；变形缝中应填充泡沫塑料，其上填放衬垫材料，并应用卷材封盖，顶部应加扣混凝土盖板或金属盖板，见图 3-26。

3.8.3.4 卷材或涂膜的收头处理、水落口的防水构造等应符合卷材防水或涂膜防水施工中细部构造的相关规定。

3.8.3.5 伸出屋面管道与刚性防水层交接处应留设缝隙，用密封材料嵌填，并应加设卷材或涂膜附加层；收头处应固定密封，见图 3-27。

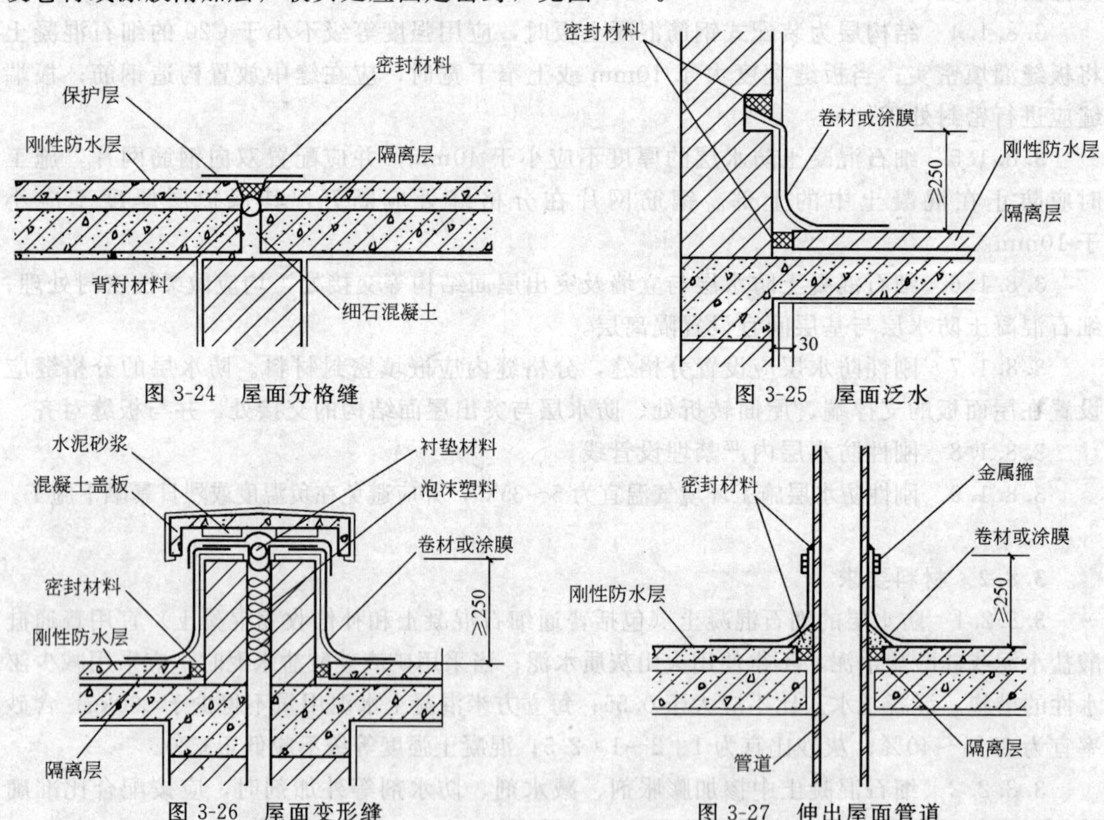

图 3-24 屋面分格缝

图 3-25 屋面泛水

图 3-26 屋面变形缝

图 3-27 伸出屋面管道

3.8.4 普通细石混凝土防水层施工

3.8.4.1 本做法不适用于设有松散材料保温层的屋面以及受较大震动或冲击的和坡度大于 15%的建筑屋面。

3.8.4.2 细石混凝土防水层中的钢筋网片，施工时应放置在混凝土中的上部。

3.8.4.3 分格条安装位置应准确，起条时不得损坏分格缝处的混凝土；当采用切割法施工时，分格缝的切割深度宜为防水层厚度的3/4。

3.8.4.4 混凝土搅拌时间不应少于2min，混凝土运输过程中应防止离析；每个分格板块的混凝土应一次浇筑完成，不得留施工缝；抹压时不得在表面洒水、加水泥浆或撒干水泥，混凝土收水后应进行二次压光。

3.8.4.5 防水层的节点施工应符合设计要求。预留孔洞和预埋件位置应准确；安装管件后，其周围应按设计要求嵌填密实。

3.8.4.6 混凝土浇筑后应及时进行养护，养护时间不宜少于14d；养护初期不得上人。

3.8.5 补偿收缩混凝土防水层施工

3.8.5.1 用膨胀剂拌制补偿收缩混凝土时，应按配合比准确计量；搅拌投料时膨胀剂应与水泥同时加入，混凝土搅拌时间不应少于3min。

3.8.5.2 每个分格板块的混凝土应一次浇筑完成，不得留施工缝；抹压时不得在表面洒水、加水泥浆或撒干水泥，混凝土收水后应进行二次压光。

3.8.5.3 分格条安装位置应准确，起条时不得损坏分格缝处的混凝土；当采用切割法施工时，分格缝的切割深度宜为防水层厚度的3/4。

3.8.5.4 防水层的节点施工应符合设计要求。预留孔洞和预埋件位置应准确；安装管件后，其周围应按设计要求嵌填密实。

3.8.5.5 混凝土浇筑后应及时进行养护，养护时间不宜少于14d；养护初期不得上人。

3.8.6 钢纤维混凝土防水层施工

3.8.6.1 钢纤维混凝土的水灰比宜为0.45～0.50；砂率宜为40%～50%；每立方米混凝土的水泥和掺合料用量宜为360～400kg；混凝土中的钢纤维体积率宜为0.8%～1.2%。

3.8.6.2 材料要求

(1) 钢纤维混凝土宜采用普通硅酸盐水泥或硅酸盐水泥。粗骨料的最大粒径宜为15mm，且不大于钢纤维长度的2/3；细骨料宜采用中粗砂。

(2) 钢纤维的长度宜为25～50mm，直径宜为0.3～0.8mm，长径比宜为40～100。钢纤维表面不得有油污或其他妨碍钢纤维与水泥浆粘结的杂质，钢纤维内的粘连团片、表面锈蚀及杂质等不应超过钢纤维质量的1%。

(3) 钢纤维混凝土的配合比应经试验确定，其称量偏差不得超过以下规定：钢纤维±2%；水泥或掺合料+2%；粗、细骨料±3%；水±2%；外加剂±2%。

3.8.6.3 钢纤维混凝土宜采用强制式搅拌机搅拌，当钢纤维体积率较高或拌合物稠度较大时，一次搅拌量不宜大于额定搅拌量的80%。搅拌时宜先将钢纤维、水泥、粗细骨料干拌1.5min，再加入水湿拌，也可采用在混合料拌合过程中加入钢纤维拌合的方法。搅拌时间应比普通混凝土延长1～2min。

3.8.6.4 钢纤维混凝土拌合物应拌合均匀，颜色一致，不得有离析、泌水、钢纤维结团现象。

3.8.6.5 钢纤维混凝土拌合物，从搅拌机卸出到浇筑完毕的时间不宜超过30min；运输过程中应避免拌合物离析，如产生离析或坍落度损失，可加入原水灰比的水泥浆进行二次搅拌，严禁直接加水搅拌。

3.8.6.6 浇筑钢纤维混凝土时，应保证钢纤维分布的均匀性和连续性，并用机械振捣密实。每个分格板块的混凝土应一次浇筑完成，不得留施工缝。

3.8.6.7 钢纤维混凝土振捣后，应先将混凝土表面抹平，待收水后再进行二次压光，混凝土表面不得有钢纤维露出。

3.8.6.8 钢纤维混凝土防水层应设分格缝，其纵横间距不宜大于10m，分格缝内应用密封材料嵌填密实。

3.8.6.9 混凝土浇筑后应及时进行养护，养护时间不宜少于14d；养护初期不得上人。

3.9 屋面接缝密封防水

3.9.1 基本规定

3.9.1.1 屋面密封防水的接缝宽度宜为5～30mm，接缝深度可取接缝宽度的0.5～0.7倍。

3.9.1.2 接缝处的密封材料底部应设置背衬材料，背衬材料宽度应比接缝宽度大20%，嵌入深度应为密封材料的设计厚度。背衬材料应选择与密封材料不粘结或粘结力弱的材料，采用热灌法施工时，应选用耐热性好的背衬材料。

3.9.1.3 密封防水连接部位的基层，应涂刷基层处理剂，基层处理剂应选用与密封材料材性相容的材料。

3.9.1.4 接缝部位外露的密封材料上应设置保护层。

3.9.2 材料要求

主要密封材料及其进场抽样复验物理性能指标：

3.9.2.1 改性石油沥青密封材料：同一规格、品种的材料应每2t为一批，不足2t者按一批进行抽样，应检验耐热度、低温柔性、拉伸粘结性和施工度。

3.9.2.2 合成高分子密封材料：同一规格、品种的材料应每1t为一批，不足1t者按一批进行抽样，应检验拉伸模量、定伸粘结性和断裂伸长率。

3.9.2.3 背衬材料的品种有聚乙烯泡沫塑料棒、橡胶泡沫棒等。

3.9.3 改性石油沥青密封材料防水施工

3.9.3.1 密封防水施工前，应检查接缝尺寸，符合设计要求后，方可进行下道工序施工。

3.9.3.2 背衬材料的嵌入可使用专用压轮，压轮的深度应为密封材料的设计厚度，嵌入时背衬材料的搭接缝及其与缝壁间不得留有空隙。

3.9.3.3 基层处理剂应配比准确，搅拌均匀。采用多组分基层处理剂时，应根据有效时间确定使用量。基层处理剂的涂刷宜在铺放背衬材料后进行，涂刷应均匀，不得漏涂。待基层处理剂表干后，应立即嵌填密封材料。

3.9.3.4 改性石油沥青密封材料防水施工应符合下列规定：

(1) 采用热灌法施工时，应由下向上进行，尽量减少接头。垂直于屋脊的板缝宜先浇灌，同时在纵横交叉处宜沿平行于屋脊的两侧板缝各延伸浇灌 150mm，并留成斜槎。密封材料熬制及浇灌温度应按不同材料要求严格控制。

(2) 采用冷嵌法施工时，应先将少量密封材料批刮在缝槽两侧，分次将密封材料嵌填在缝内，并防止裹入空气，接头应采用斜搓。

3.9.3.5 改性石油沥青密封材料，严禁在雨天、雪天施工；五级风及其以上时不得施工；施工环境气温宜为 0%～35%。

3.9.4 合成高分子防水卷材密封材料施工

3.9.4.1 接缝尺寸的检查、背衬材料的嵌入、基层处理剂的配制、涂刷和开始嵌缝时间等均同改性石油沥青密封材料防水施工。

3.9.4.2 合成高分子密封材料防水施工应符合下列规定：

(1) 单组分密封材料可直接使用。多组分密封材料应根据规定的比例准确计量，拌合均匀。每次拌合量、拌合时间和拌合温度，应按所用密封材料的要求严格控制。

(2) 密封材料可使用挤出枪或腻子刀嵌填，嵌填应饱满，不得有气泡和孔洞。

(3) 采用挤出枪嵌填时，应根据接缝的宽度选用口径合适的挤出嘴，均匀挤出密封材料嵌填，并由底部逐渐充满整个接缝。

(4) 一次嵌填或分次嵌填应根据密封材料的性能确定。

(5) 采用腻子刀嵌填时，应先将少量密封材料批刮在缝槽两侧，分次将密封材料嵌填在缝内，并防止裹入空气，接头应采用斜槎。

(6) 密封材料嵌填后，应在表干前用腻子刀进行修整。

(7) 多组分密封材料拌合后，应在规定时间内用完，未混合的多组分密封材料和未用完的单组分密封材料应密封存放。

(8) 嵌填的密封材料表干后，方可进行保护层施工。

3.9.4.3 合成高分子密封材料，严禁在雨天或雪天施工；五级风及其以上时不得施工；溶剂型密封材料施工环境气温宜为 0～35℃，乳胶型及反应固化型密封材料施工环境气温宜为 5～35℃。

3.9.5 刚性防水屋面细部构造的密封处理

3.9.5.1 刚性防水屋面的分格缝以及天沟、檐沟、泛水、变形缝等细部构造的密封处理，其密封防水部位的基层质量应符合下列要求：基层应牢固，表面应平整、密实，不得有蜂窝、麻面、起皮和起砂现象。嵌填密封材料的基层应干净、干燥。

3.9.5.2 密封防水处理连接部位的基层，应涂刷与密封材料相配套的基层处理剂。基层处理剂应配比准确，搅拌均匀。采用多组分基层处理剂时，应根据有效时间确定使用量。

3.9.5.3　接缝处的密封材料底部应填放背衬材料，外露的密封材料上应设置保护层，其宽度不应小于200mm。

3.9.5.4　密封材料嵌填完成后不得碰损及污染，固化前不得踩踏。

3.10 瓦屋面

3.10.1　基本规定

3.10.1.1 平瓦屋面适用于防水等级为Ⅰ级、Ⅲ级、Ⅳ级的屋面防水，油毡瓦屋面适用于防水等级为Ⅰ级、Ⅲ级的屋面防水，金属板材屋面适用于防水等级为Ⅰ级、Ⅱ级、Ⅲ级的屋面防水。

3.10.1.2　平瓦单独使用时，可用于防水等级为Ⅲ级、Ⅳ级的屋面防水；平瓦与防水卷材或防水涂膜复合使用时，可用于防水等级为Ⅱ级、Ⅲ级的屋面防水。油毡瓦单独使用时，可用于防水等级为Ⅲ级的屋面防水；油毡瓦与防水卷材或防水涂膜复合使用时，可用于防水等级为Ⅱ级的屋面防水。金属板材应根据屋面防水等级选择性能相适应的板材。

3.10.1.3　具有保温隔热的平瓦、油毡瓦屋面，保温层可设置在钢筋混凝土结构基层的上部；金属板材屋面的保温层可选用复合保温板材等形式。

3.10.1.4　瓦屋面的排水坡度，应根据屋架形式、屋面基层类别、防水构造形式、材料性能以及当地气候条件等因素，经技术经济比较后确定，并符合表3-8的规定。

瓦屋面的排水坡度（%）　　表3-8

材料种类	屋面排水坡度	材料种类	屋面排水坡度
平瓦	≥20	金属板材	≥10
油毡瓦	≥20		

3.10.1.5　基层与突出屋面结构的交接处以及屋面的转角处，应绘出细部构造详图。

3.10.1.6　当平瓦屋面坡度大于50%或油毡瓦屋面坡度大于50%时，应采取固定加强措施。

3.10.1.7　平瓦屋面应在基层上面先铺设一层卷材，其搭接宽度不宜小于100mm，并用顺水条将卷材压钉在基层上；顺水条的间距宜为500mm，再在顺水条上铺钉挂瓦条。

3.10.1.8　平瓦可采用在基层上设置泥背的方法铺设，泥背厚度宜为30～50mm。

3.10.1.9　油毡瓦屋面应在基层上面先铺设一层卷材，卷材铺设在木基层上时，可用油毡钉固定卷材；卷材铺设在混凝土基层上时，可用水泥钉固定卷材。

3.10.1.10　天沟、檐沟的防水层，可采用防水卷材或防水涂膜，也可采用金属板材。

3.10.1.11　平瓦、油毡瓦可铺设在钢筋混凝土或木基层上，金属板材可直接铺设在檩条上。

3.10.1.12　平瓦、油毡瓦屋面与山墙及突出屋面结构的交接处，均应做泛水处理。

3.10.1.13　在大风或地震地区，应采取措施使瓦与屋面基层固定牢固。

3.10.1.14　瓦屋面严禁在雨天或雪天施工，五级风及其以上时不得施工；油毡瓦的施工环境气温宜为5～35℃。

3.10.1.15　瓦屋面完工后，应避免屋面受物体冲击。严禁任意上人或堆放物件。

3.10.2　材料要求

3.10.2.1　平瓦及其脊瓦的质量及贮运、保管应符合下列规定：

平瓦及其脊瓦应边缘整齐，表面光洁，不得有分层、裂纹和露砂等缺陷，平瓦的瓦爪与瓦槽的尺寸应准确；平瓦运输时应轻拿轻放，不得抛扔、碰撞，进入现场后应堆垛整齐。

3.10.2.2　油毡瓦的质量及贮运、保管应符合下列规定：

油毡瓦应边缘整齐，切槽清晰，厚薄均匀，表面无孔洞、楞伤、裂纹、折皱和起泡等缺陷；油毡瓦应在环境温度不高于45℃的条件下保管，避免雨淋、日晒、受潮，并应注意通风和避免接近火源。

3.10.2.3　金属板材的质量及贮运、保管应符合下列规定：

金属板材应边缘整齐，表面光滑，色泽均匀，外形规则，不得有扭翘、脱膜和锈蚀等缺陷；金属板材堆放地点宜选择在安装现场附近，堆放场地应平坦、坚实且便于排除地面水。

3.10.2.4　各种瓦的规格和技术性能，应符合国家现行标准的要求。进场后应进行外观检验，并按有关规定进行抽样复验。

3.10.3　细部构造

3.10.3.1　平瓦屋面的瓦头挑出封檐的长度宜为50～70mm，见图3-28、图3-29。油毡瓦屋面的檐口应设金属滴水板，如图3-30、图3-31。

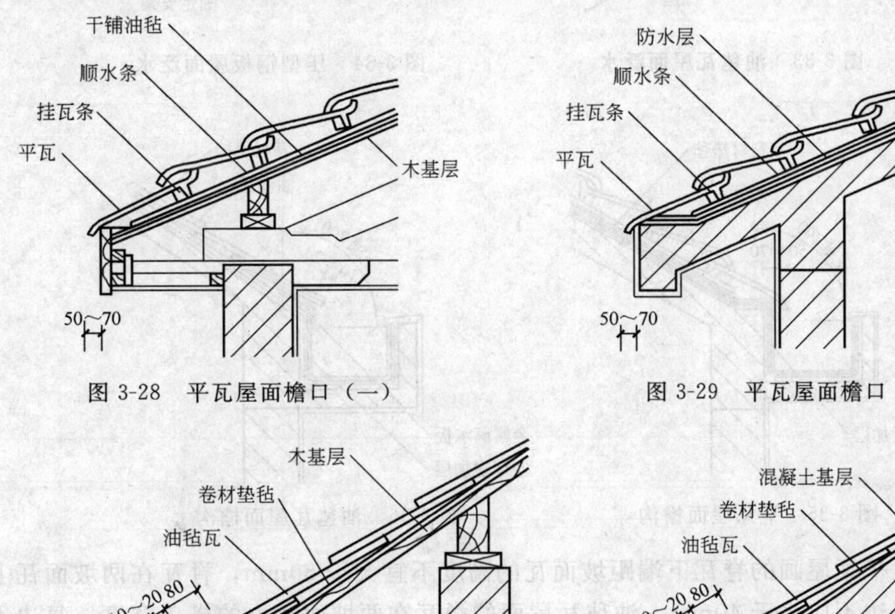

图3-28　平瓦屋面檐口（一）

图3-29　平瓦屋面檐口（二）

图3-30　油毡瓦屋面檐口（一）

图3-31　油毡瓦屋面檐口（二）

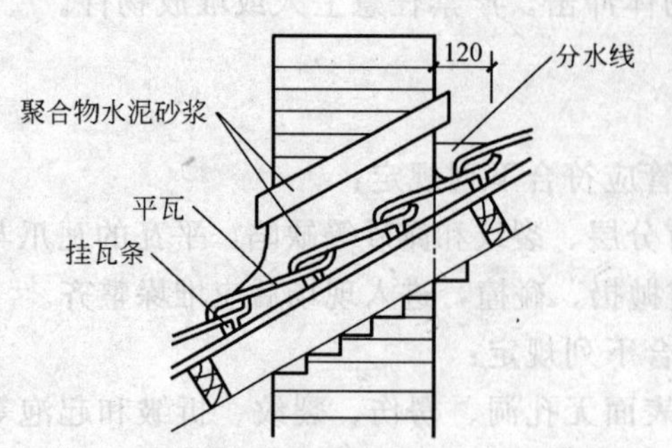

图 3-32 平瓦屋面烟囱泛水

3.10.3.2 平瓦屋面的泛水，宜采用聚合物水泥砂浆或掺有纤维的混合砂浆分次抹成；烟囱与屋面的交接处，在迎水面中部应抹出分水线，并应高出两侧各 30mm，见图 3-32。油毡瓦屋面和金属板材屋面的泛水板，与突出屋面的墙体搭接高度不应小于 250mm，见图 3-33、图 3-34。

3.10.3.3 平瓦伸入天沟、檐沟的长度宜为 50～70mm，见图 3-35。檐口油毡瓦与卷材之间，应采用满粘法铺贴，见图 3-36。

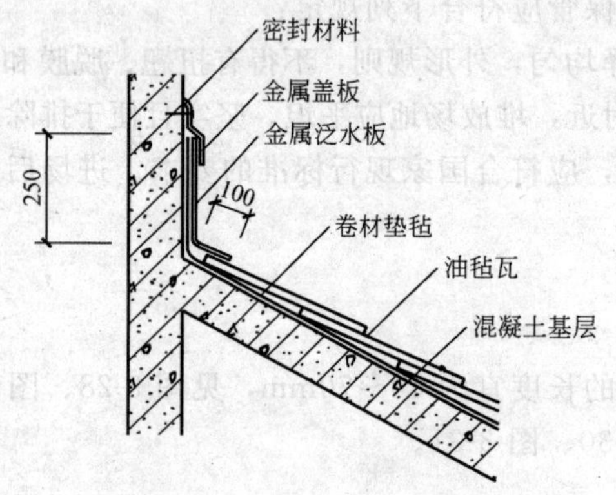

图 3-33 油毡瓦屋面泛水

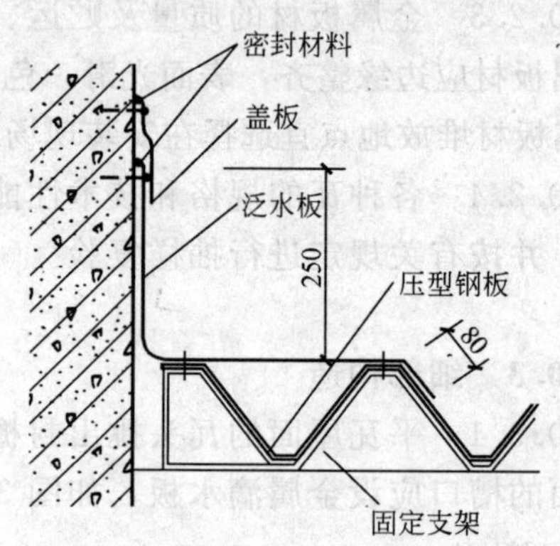

图 3-34 压型钢板屋面泛水

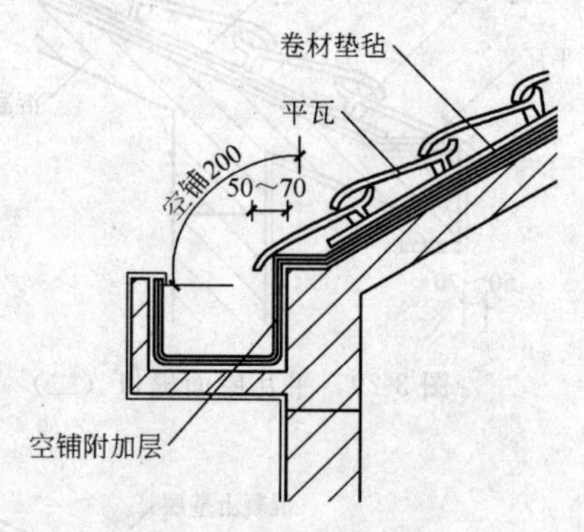

图 3-35 平瓦屋面檐沟

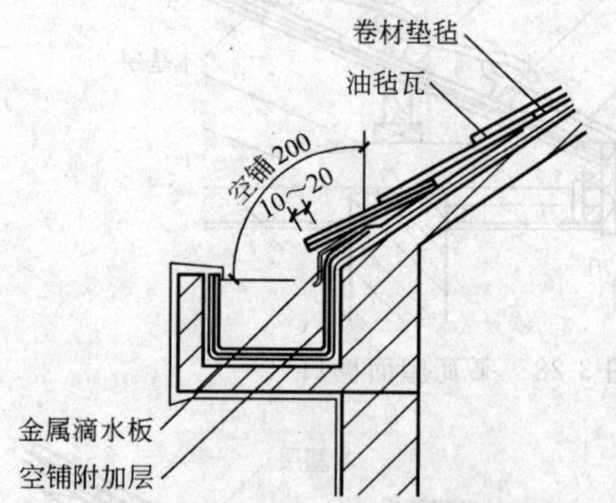

图 3-36 油毡瓦屋面檐沟

3.10.3.4 平瓦屋画的脊瓦下端距坡面瓦的高度不宜大于 80mm，脊瓦在两坡面瓦上的搭盖宽度，海边不应小于 40mm。油毡瓦屋面的脊瓦在两坡面瓦上的搭盖宽度，每边不应小于 150mm，见图 3-37。

3.10.3.5 金属板材屋面檐口挑出的长度不应小于 200mm，见图 3-38。屋面脊部应用金属屋脊盖板，并在屋面板端头设置泛水挡水板和泛水堵头板，见图 3-39。

3.10.3.6 平瓦、油毡瓦屋面与屋顶窗交接处，应采用金属排水板、窗框固定铁角、窗口防水卷材、支瓦条等连接，见图 3-40、图 3-41。

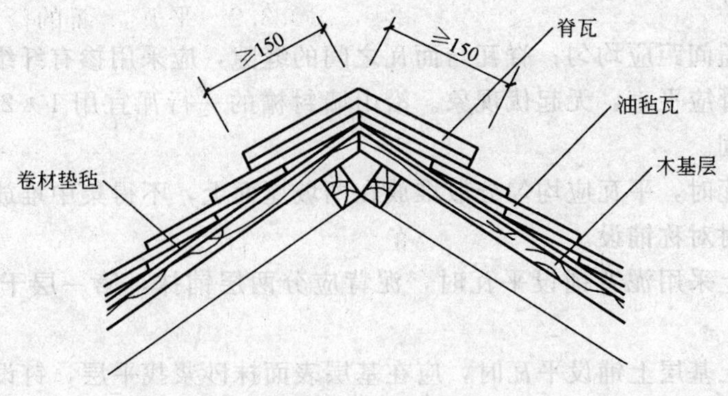

图 3-37　油毡瓦屋脊

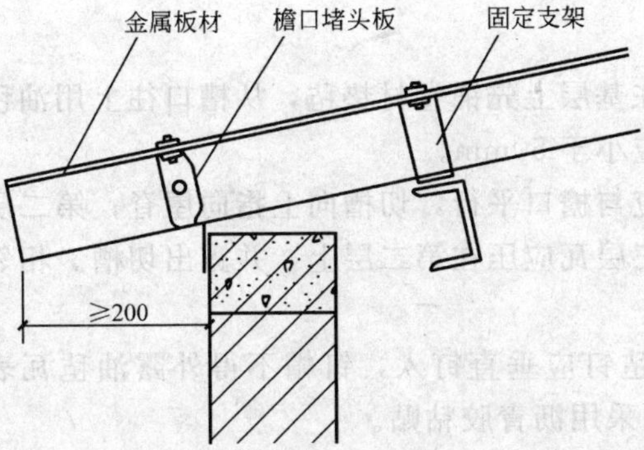

图 3-38　金属板材屋面檐口

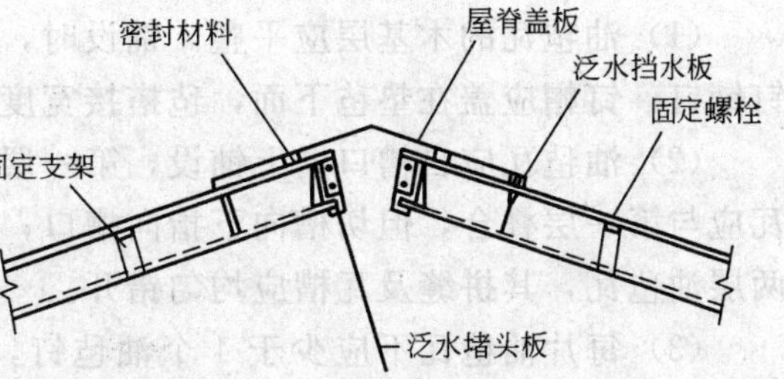

图 3-39　金属板材屋脊

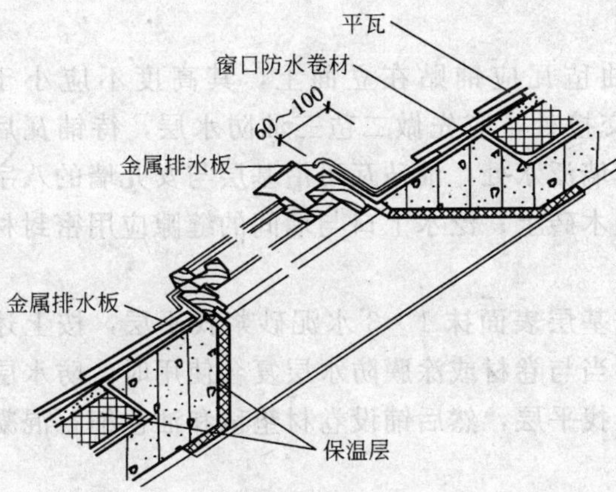

图 3-40　平瓦屋面屋顶窗

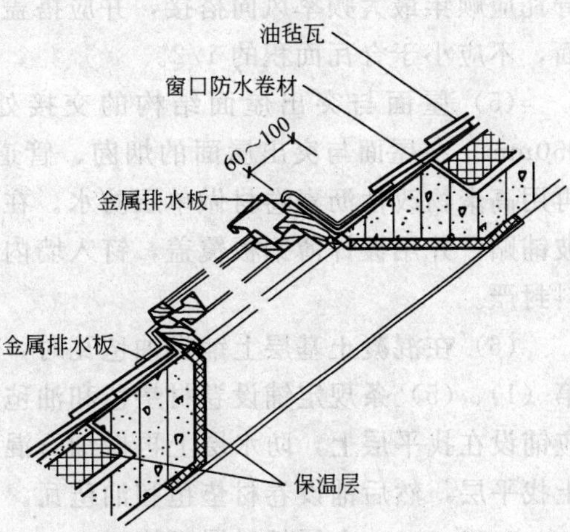

图 3-41　油毡瓦屋面屋顶窗

3.10.3.7　平瓦屋面施工

（1）在木基层上铺设卷材时，应自下而上平行屋脊铺贴，搭接顺流水方向。卷材铺设时应压实铺平，上部工序施工时不得损坏卷材。

（2）挂瓦条间距应根据瓦的规格和屋面坡长确定。挂瓦条应铺钉平整、牢固，上棱应成一直线。

（3）平瓦应铺成整齐的行列，彼此紧密榫接，并应瓦榫落槽、瓦头排齐，槽口应成一直线。

(4) 脊瓦搭盖间距应均匀；脊瓦与面瓦之间的缝隙，应采用掺有纤维的混合砂浆填实抹干；屋脊和斜脊应平直，无起伏现象。沿山墙封檐的一行瓦宜用 1∶2.5 的水泥砂浆做出坡水线将瓦封固。

(5) 铺设平瓦时，平瓦应均匀分散堆放在两坡屋面上，不得集中堆放。铺瓦时，应由两坡从下向上同时对称铺设。

(6) 在基层上采用泥背铺设平瓦时，泥背应分两层铺抹，第一层干燥后再铺抹第二层，并随铺平瓦。

(7) 在混凝土基层上铺设平瓦时，应在基层表面抹砂浆找平层，钉设挂瓦条挂瓦。当设有卷材或涂膜防水层时，防水层应铺设在找平层上；设有保温层时，保温层应铺设在防水层上。

3.10.3.8 油毡瓦屋面施工

(1) 油毡瓦的木基层应平整。铺设时，应在基层上先铺卷材垫毡，从槽口往上用油毡钉铺钉，钉帽应盖在垫毡下面，毡搭接宽度不应小于 50mm。

(2) 油毡瓦应自槽口向上铺设，第一层瓦应与檐口平行，切槽向上指向屋脊；第二层瓦应与第一层叠合，但切槽向下指向槽口；第三层瓦应压在第二层上，并露出切槽。相邻两层油毡瓦，其拼缝及瓦槽应均匀错开。

(3) 每片油毡瓦不应少于 4 个油毡钉，油毡钉应垂直钉入，钉帽不得外露油毡瓦表面。当屋面坡度大于 150%时，应增加油毡钉或采用沥青胶粘贴。

(4) 铺设脊瓦时，应将油毡瓦切槽剪开，分成四块作为脊瓦，并用两个油毡钉固定；脊瓦应顺年最大频率风向搭接，并应搭盖住两坡面油毡瓦接缝的 1/3；脊瓦与脊瓦的压盖面，不应小于脊瓦面积的 1/2。

(5) 屋面与突出屋面结构的交接处，油毡瓦应铺贴在立面上，其高度不应小于 250mm。在屋面与突出屋面的烟囱、管道等交接处，应先做二毡三油防水层，待铺瓦后再用高聚物改性沥青卷材做单层防水。在女儿墙泛水处，油毡瓦可沿基层与女儿墙的八字坡铺贴，并用镀锌薄钢板覆盖，钉入墙内预埋木砖上；泛水上口与墙间的缝隙应用密封材料封严。

(6) 在混凝土基层上铺设油毡瓦时，应在基层表面抹 1∶3 水泥砂浆找平层，按上述第 (1)、(5) 条规定铺设卷材垫毡和油毡瓦。当与卷材或涂膜防水层复合使用时，防水层应铺设在找平层上，防水层上再做细石混凝土找平层，然后铺设卷材垫毡和油毡细石混凝土找平层，然后铺设卷材垫毡和油毡瓦。

3.10.3.9 金属板材屋面施工

金属板材应用专用吊具吊装，吊装时不得损伤金属板当设有保温层时，保温层应铺设在防水层上，保温层上再做细石混凝土找平层，然后铺设卷材垫毡和油毡瓦。

3.10.3.10 金属板材里面施工

(1) 金属板材应用专用吊具吊装，吊装时不得损伤金属板材。金属板材应根据板型和设计的配板图铺设；铺设时，应先在檩条上安装固定支架，板材和支架的连接，应按所采用板材的质量要求确定。

(2) 铺设金属板材屋面时，相邻两块板应顺年最大频风向搭接；上下两排板的搭接长度，应根据板型和屋面坡长确定，并应符合板型的要求，搭接部位用密封材料封严；对接拼缝与外露钉帽应做密封处理。

(3) 天沟用金属板材制作时，应伸入屋面金属板材下不小于 100mm；当有槽沟时，屋面金属板材应伸入槽沟内，其长度不应小于 50mm；槽口应用异型金属板材的堵头封檐板；山墙应用异型金属板材的包角板和固定支架封严。

(4) 每块泛水板的长度不宜大于 2m，泛水板的安装应顺直；泛水板与金属板材的搭接宽度，应符合不同板型的要求。

3.11 屋面面层

屋面保护层分为上人屋面和非上人屋面。

上人屋面——根据设计要求选用细石混凝土或铺块体材料等做刚性保护层。

非上人屋面——选用与防水材料相容、粘结力强、耐老化的浅色涂料或砂粒、页岩片、铝箔等做保护层。

3.11.1 沥青防水卷材保护层的施工

3.11.1.1 卷材铺贴经检查合格后，应将防水层表面清扫干净。

3.11.1.2 用绿豆砂做保护层时，应将清洁的绿豆砂预热至 100℃左右，随刮涂热玛瑀脂，随铺撒热绿豆砂。绿豆砂应铺撒均匀，并滚压使其与玛瑀脂粘结牢固。未粘结的绿豆砂应清除。

3.11.1.3 用云母或蛭石做保护层时，应先筛去粉料，再随刮涂冷玛瑀脂随撒铺云母或蛭石。撒铺应均匀，不得露底，待溶剂基本挥发后，再将多余的云母或蛭石清除。

3.11.1.4 用水泥砂浆做保护层时，表面应抹平压光，并应设表面分格缝，分格面积宜为 $1m^2$。

3.11.1.5 用块体材料做保护层时，宜留设分格缝，其纵横间距不宜大于 10m，分格缝宽度不宜小于 20mm。

3.11.1.6 用细石混凝土做保护层时，混凝土应振捣密实，表面抹平压光，并应留设分格缝，其纵横缝间距不宜大于 6m。

3.11.1.7 水泥砂浆、块体材料或细石混凝土保护层与防水层之间应设置隔离层。

3.11.1.8 水泥砂浆、块体材料或细石混凝土保护层与女儿墙之间应预留宽度为 30mm 的缝隙，并用密封材料嵌填严密。

3.11.2 高聚物改性沥青防水卷材、合成高分子防水卷材保护层的施工

3.11.2.1 采用浅色涂料做保护层时，应待卷材铺贴完成，并经检验合格、清扫干净后涂刷。涂层应与卷材粘结牢固，厚薄均匀，不得漏涂。

3.11.2.2 其余施工方法同“沥青防水卷材保护层的施工”。

3.11.3 高聚物改性沥青防水涂膜保护层的施工

3.11.3.1 当采用细砂、云母或蛭石等撒布材料做保护层时，应筛去粉料。在涂布最

后一遍涂料时，应边涂布边撒布均匀，不得露底，然后进行辊压粘牢，待干燥后将多余的撒布材料清除。

3.11.3.2　其余施工方法同“沥青防水卷材保护层的施工”

3.11.4　聚合物水泥防水涂膜、合成高分子防水涂膜保护层的施工

3.11.4.1　当采用浅色涂料做保护层时，应在涂膜固化后进行。

3.11.4.2　其余施工方法同“沥青防水卷材保护层的施工”。

4 建筑给水排水及采暖工程

4.1 基本要求

（1）建筑给水排水及采暖工程是以先进的技术，科学的管理，通过施工过程控制，将工程质量控制与质量管理体系有机地结合起来，达到国内、地区、部门质量水平领先以及用户满意的安装工程。机电创优工程的内涵是以现行有效的规范、标准和工艺为依据，通过全员参与的管理方式对工序全过程进行精心操作、严格控制和周密组织，使整个安装工程最终达到优良的内在品质和精致的外观效果，并能够最大程度地满足用户需求。

（2）材料要求总则

暖卫设备、钢材、管材、管件及附属制品等必须符合国家或部颁标准，并按有关规定具有产品出厂合格证明、复试检测报告、产品质量认证或生产许可证。

（3）材料要求细则

1）镀锌钢管：外观检查镀锌层良好、无锈蚀、无毛刺，壁厚均匀符合要求，端口无飞边。管件无偏扣、乱扣、丝扣不全或角度不准等现象。

2）焊接钢管及无缝钢管：壁厚均匀、无锈蚀、无飞刺、符合要求，端口无飞边。

3）铸铁管：目测顺直，壁厚均匀符合要求，内外光滑、无浮砂、包砂、粘砂，更不允许有砂眼、裂纹、飞刺和疙瘩。

4）阀门：规格型号和适用温度、压力要求符合设计要求，铸造规矩，无毛刺、裂纹，操作灵活。

5）设备应具有出厂合格证和质量证明书，并应符合设计要求或地方有关规定。进场时应做验收和按规定复验。

（4）给水、消防、排水、采暖系统必须满足使用功能，对涉及安全、卫生和使用功能的检验和检测，如暗装或埋地排水管道灌水试验，雨水管道灌水试验，各种卫生器具盛水试验及排水、排污立管通球试验，给水、消防、采暖管道强度试验和严密性试验和管道冲（吹）洗试验，排水管道通水试验以及机电设备试运转记录等资料应填写及时，数据应正确、字体工整、各方签字手续应齐全。

（5）各种隐蔽工程验收记录签字手续齐全，如能用简图表示的应画出简图。

（6）管道穿过地下室或地下构筑物外墙敷设时，应采取防水措施。对有严格防水要求的建筑物，必须采用柔性防水套管；一般防水要求的建筑物可采用钢性防水套管。

（7）管道穿过结构伸缩缝、沉降缝处应设置补偿器；在穿越建筑物墙时应留孔以防建筑沉降对管道的损坏，管顶上部净空不得小于建筑物的沉降量，一般不小于150mm。

（8）明装管道成排安装时，直线部分应互相平行。弯曲部分：当管道水平或垂直平行时，应与直线部分保持等距；管道水平上下并行时，弯管部分的曲率半径应一致。明敷安装的管道不得有半明半暗现象。

(9) 管道穿楼板、屋面及墙体均需设置套管，套管规格比管道规格大两号。管道需要保温时，套管内径应大于保温层外径。套管一般采用塑料套管和钢套管等，如设计无规定，宜优先选用钢套管。套管预埋前需内外表面及端口做防腐处理，且断口平整。穿墙套管应保证两端与装饰墙面平齐，穿楼板套管应使下部与楼板平齐，厨房房间、卫生间应高出地面 50mm，其他房间应高出地面 20mm，套管环缝应均匀，用密封材料填塞密实，厨卫间排水管根部应砌成方形或圆形水泥止水台度。

(10) 管道支、吊、托架的安装，应符合下列规定：

1) 位置正确，埋设应平整牢固；

2) 固定支架与管道接触应紧密，固定应牢靠；

3) 滑动支架应灵活，滑托与滑槽两侧间应留有 3～5mm 的间隙，并留有一定的偏移量；

4) 无热伸长管道的吊架，吊杆应垂直安装；有伸长管道吊架，吊杆应向膨胀的反方向偏移；

5) 处于同一层面上不同管道的支吊架形式、朝向应协调一致，吊杆应平直、吊环或吊钩大小应匹配，管托、管卡应与管径相符；

6) 固定在建筑结构上的管道支吊架不得影响结构安全；

7) 支吊架在安装之前应调平调直，清除毛刺、焊渣、飞溅、锈斑，并做防腐处理，安装后固定螺栓外露长度应一致，露出螺母部分应为螺栓直径的 1/2。

(11) 管道油漆涂层应完整，无损伤、漏涂、流淌现象，管道安装后不能涂漆的部分应预先涂漆。镀锌管螺纹外露处应涂刷防锈漆两道，紫铜管焊口焊接后应在清洗后及时作防腐处理。各系统管道标识应齐全明显，有文字说明及介质流动方向。

(12) 管道保温层与管道应紧贴、密实，不得有空隙和间断，表面平整、圆弧均匀。管道穿墙、穿楼板处保温层应同时过墙过板，保温层与支架处接缝应严密，不应将支架包成半明半暗状态。管道保温用金属壳做保护层时，其搭口应顺水，咬缝应严密、平整。

(13) 阀门安装，其安装位置和进出口方向应正确，连接应牢固紧密。阀门安装前应作耐压强度和严密性试验。试验应以每批（同牌号、同规格、同型号）数量中抽查 10%，且不小于 1 个，对于安装在主干管上起切断作用的闭路阀门，应逐个做强度和严密性试验。阀门试验压力为公称压力的 1.5 倍；严密性试验压力为公称压力的 1.1 倍。

4.2 室内给水、消防工程

4.2.1 室内给水工程

4.2.1.1 生活给水管道应采用（热）镀锌钢管或塑料给水管以及钢塑复合管，当管径大于 80mm 时，可以采用给水铸铁管；消防和生活合用的给水管道，应按生活用水管道选用管材。

4.2.1.2 管道连接：镀锌钢管直径小于等于 100mm 时采用螺纹连接，不得焊接，管件安装后应留有尾丝 2～3 扣，尾丝的防腐处理应良好；管径大于 100mm 采用法兰连接时，法兰应采用双面焊，镀锌钢管与法兰之间的焊口必须做镀锌处理，连接时螺栓头朝向一致、露出螺母的长度为螺栓直径的1/2；碳素钢管焊接连接时，应根据钢管的壁厚作坡口处理，在对口处留有一定的间隙（1.5～2.5mm），焊缝应平整、饱满、焊肉均匀一致，焊渣及飞溅清理干净；塑料给水管分不同材质，有热熔连接、卡箍、卡套式连接和粘结几种方式，当采用承插粘结时，粘结用胶粘剂应满足粘结强度和系统供水的卫生要求；铸铁给水管承插连接用油麻石棉水泥捻口或用橡胶卷、膨胀水泥捻口，要求承插口环缝捻打紧密平整均匀，见图4-1～图4-4。

图4-1 管道软连接

图4-2 管道焊接

图4-3 管道丝接

图4-4 管道沟槽连接

4.2.1.3 暗敷管：埋地安装要求管沟底应为坚实土，不得在冻土层上排管，管道敷设后应按规定做压力试验检查、各接口无渗漏，作好记录完成会签后方可回填土，回填土管顶上100mm应为软土，不得有石块等坚硬物，回填土应经夯实；嵌墙安装要求嵌墙管沟平直，不破坏墙体结构的整体性，管道埋墙深度从管外壁至墙面的距离不应小于20mm，管件外表面不得突出墙面，管道在槽内应固定。暗配管接至各配水点设备的坐标位置应正确，在施工前应先完成定位工作。嵌墙管在压力试验合格后方可采用M10水泥砂浆补槽。管道安装完毕，初装修工程应在墙面上标出冷、热水管道走向标线，以免二次装修时损坏管道。

4.2.1.4 明敷设管道在水表、水嘴、角阀等配水点、受力点以及穿墙支管节点处应采取可靠的固定措施、且固定距离均匀一致。明敷管道和阀门安装的允许偏差如表4-1。

管道和阀门安装的允许偏差 **表 4-1**

序号	项目				允许偏差(mm)	检验方法
1	水平管道纵横弯曲	钢管	10m	管径≤100	5	用水平尺、直尺、检线和尺量检查
				管径>100mm	10	
		横向弯曲全长 25mm 以上			25	
		塑料管	10m	室内	10	
		铸铁管	10m	室内	10	
				室外	15	
2	立管垂直度	钢管	每米		2	吊线和尺量检查
			5m 以上		≯8	
		塑料管	每米		≯3	
			5m 以上		≯10	
		铸铁管	每米		≯3	
			5m 以上		≯110	
3	平行管道和成排阀门		在同一直线上间距		3	尺量检查

4.2.1.5　冷、热水管和龙头平行安装应符合下列规定：

(1) 上下平行安装，热水管应在冷水管上面；

(2) 垂直安装，热水管应在冷水管的左侧；

(3) 在卫生器具上安装冷、热水嘴，热水水嘴应安装在面对墙体左侧。

图 4-5　水表安装

4.2.1.6　明装在室内的分户水表，表外壳距墙面不得大于 30mm，不得小于 10mm，表前后直线管段长度大于 300mm 时，其超出部分管段应煨弯沿墙敷设，水表应水平安装，管段应水平，不得使用水表活节找正。如使用塑料管和铝塑复合管时，水表应单独加支架。水表安装见图 4-5。

4.2.1.7　生活给水管道系统的试验压力不得小于 0.6MPa，生活和消防合用管道试验压力应为设计工作压力的 1.5 倍，但不超过 1.0MPa。塑料给水管道的试压应符合设计规定。当设计无规定时，聚丙烯（PP-R）冷水管道试验压力应为设计工作压力的 1.5 倍，但不小于 1.0MPa；热水管道试验压力应为设计工作压力的 2.0 倍，但不小于 1.5MPa；交联聚乙烯（PEX）和硬聚乙烯（PVC-U）管道的试验压力为设计工作压力的 1.5 倍，但不小于 0.6MPa。

4.2.2　消防工程

4.2.2.1　消防喷洒管道当管道公称直径小于或等于 100mm 时，应采用镀锌钢管螺纹连接；当管道公称直径大于 100mm 时，可采用法兰连接或沟槽连接，见图 4-6。

4.2.2.2　消防喷淋管道支架、吊架的安装位置不应妨碍喷头的喷水效果；管道支架、吊架与喷头之间的距离不宜小于 300mm；与末端喷头之间的距离不宜大于 750mm。当管子的公称直径等于或大于 50mm 时，每根配水干管应在其始端和终端设防晃支架或采用管卡固定；当管道改变方向时，应增设防晃支架。管道的焊接环缝不得位于套管内。喷洒末端支架见图 4-7。

图 4-6　管道沟槽连接

图 4-7　喷洒末端支架

4.2.2.3　同一房间内的喷洒头横、竖方向应在一条直线上，护口盘应与吊顶接触紧密，不得脱落、污染。喷洒支管位置在灯位上方时，应将喷洒支管位置与灯位错开。喷洒头溅水盘与吊顶、门、窗、梁、墙面的距离应符合设计要求，不得影响喷洒效果。成排喷洒头安装见图 4-8。

4.2.2.4　消防喷淋系统当设计工作压力等于或小于 1.0MPa 时，水压试验压力应为工作压力的 1.5 倍，并应不低于 1.4MPa，当系统设计工作压力大于 1.0MPa 时，水压系统的压力应为工作压力加 0.4MPa。

4.2.2.5　室内消火栓安装栓口应朝外，并不应安装在门轴侧，栓口中心高度为 1.1m，允许偏差 20mm，消火栓距箱侧面内表面为 140mm，距箱后侧内表面为 100mm，允许偏差 5mm。室内消火栓见图 4-9。

图 4-8　成排喷洒头安装

图 4-9　室内消火栓安装

4.2.2.6　室内消火栓系统安装完毕后应取屋顶（或水箱间内）试验消火栓和首层取两处消火栓做试射试验，达到设计要求为合格。

4.2.2.7　消火栓系统安装完毕调试之前应进行管道冲洗。

4.2.2.8　水泵等设备安装，当采用垫铁找平时，每个地脚螺栓旁边至少应有一组垫铁，每组垫铁不宜超过5块，并应将各垫铁相互固定焊牢。地脚螺栓在预留孔中应垂直，螺母与垫圈，垫圈与设备机座间的接触均应紧密、拧紧螺母后，螺栓应露出螺母的长度为螺栓直径的1/2。当采用隔震器时，不应将隔震器装入基础或地面中，隔震器安装位置受力均匀，不应有偏心或变形现象，水泵出入水口管道的重量不应直接支撑在水泵泵体上，应单独设定支、吊架。

4.2.3　支架安装

4.2.3.1　给水及热水供应立管，建筑层高≤5m，距地面1.5～1.8m安装1个立管卡，层高＞5m，安装2个立管卡，可匀称安装。

4.2.3.2　一根管道垂直安装，应使用单立管卡子，两根管道垂直安装，应使用双立管卡子，多根管道垂直安装，分别使用U形卡固定，见图4-10、图4-11。

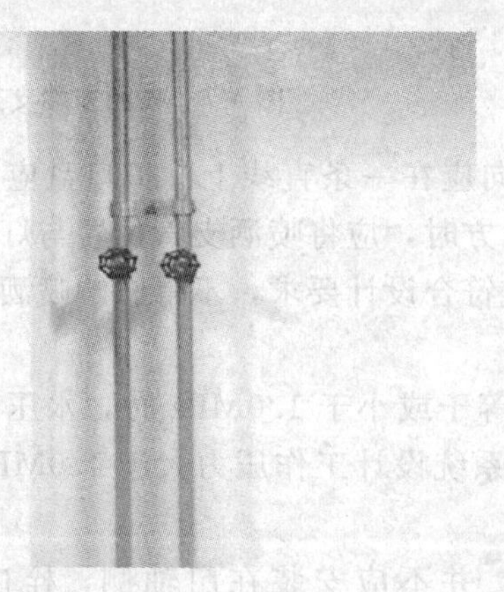

图4-10　双立管安装

图4-11　成排立管安装

4.2.3.3　角钢支架应使用无齿锯切割，露墙外端部做45°倒角。支架孔径≤1.2cm时应使用台钻钻孔，当孔径＞1.2cm时可使用气焊开孔，应对开孔及切割处进行处理，保证支架孔眼及支架边缘平整光滑。

4.2.4　管道防腐、保温

4.2.4.1　明装焊接管道防腐：一丹二银（一道防锈漆、两道面漆）。

4.2.4.2　暗装焊接管道防腐：二丹（两道防锈漆）。热水管道应采取保温措施，防止管道散热引起墙面起鼓、开裂，管道不经试压合格不得隐蔽。暗装管道不宜使用活接头，如果必须安装活接头、法兰连接件，应安装在便于检修处。

4.2.4.3　埋地管道：冷底子油一道、沥青漆两道。

4.2.4.4　室内给水管道穿越门厅、居室、壁橱、门口上部、吊顶管井内或结露影响使用的部位，均应做防结露保温，防结露保温材料最好采用聚乙烯板或管，保温后能保证其外观平整，但施工时应注意，聚乙烯板或管与墙面接触处应保持紧密；用板材缠绕时，应保证板材拼缝接触严密，缠塑料布或玻璃丝布时，其缝隙应与板材缝隙错开；用管材时应保证对口处用胶封严。

4.2.5 质量标准

4.2.5.1 给水管道水平度、垂直度见表 4-2。

给水管道水平度、垂直度 表 4-2

序号	管材	项目		允许偏差(mm)
1	给水铸铁管	水平管道弯曲	每米	1
	碳素钢管		每米(管径≤100mm)	0.5
2	碳素钢管	立管垂直度	每米	2

4.2.5.2 单立管卡规格：扁钢 25mm×3mm，螺栓 M6×14mm：双立管卡规格：扁钢 25mm×3mm，螺栓 M10mm 栽墙固定，尾部做成燕尾形式。管卡及角钢支架均应平正，面漆均匀。

4.2.5.3 碳素钢管焊接：焊口表面无烧穿、裂纹、焊波均匀一致，无结瘤夹渣和气孔等缺陷。

4.2.5.4 碳素钢管法兰连接：对口平行、紧密，与管子中心线垂直，螺母在同侧，螺栓长度相同，螺栓外露丝扣不得大于螺杆直径 1/2。

4.2.5.5 面漆：明装及管井中管道应刷两道面漆，面漆应均匀，不污染，未出现流坠现象，管道背后不漏刷，见图 4-12。

4.2.5.6 保温：保温外观平整、顺直、如果用玻璃丝布毛边应翻向内侧，见图 4-13。

图 4-12 管道油漆

图 4-13 管道保温

4.3 室内排水管道安装

4.3.1 基本规定

4.3.1.1 管材应使用塑料管、离心铸铁管，雨水管道应使用塑料管、镀锌钢管及焊接钢管。

4.3.1.2　管道坡度：排水管道坡度应按设计要求安装，如设计无要求应按表 4-3 选用安装。

铸铁排水管道坡度　　**表 4-3**

序号	管径(mm)	坡　度		序号	管径(mm)	坡　度	
		标准坡度	最小坡度			标准坡度	最小坡度
1	50	0.035	0.025	4	125	0.015	0.010
2	75	0.025	0.015	5	150	0.010	0.007
3	100	0.020	0.012	6	200	0.008	0.005

4.3.1.3　硬质聚氯乙烯（UPVC）管应使用无齿锯断管，断口应平齐，粘结前应对承插口先插入试验，一般为承口的 3/4 深度。试插合格后，用棉布将承插口需粘结部位的水分、灰尘擦拭干净。如有油污需用丙酮除掉。用毛刷涂抹胶粘剂，先涂抹承口后涂抹插口，插入粘结时将插口稍作转动，以利胶粘剂分布均匀，粘牢后立即将溢出的胶粘剂擦拭干净，见图 4-14。

4.3.1.4　安装硬质聚氯乙烯（UPVC）采用承口粘结或螺栓挤压橡胶密封圈的连接方式，立管必须按照设计要求的位置和数量设置伸缩节，在横管上设置伸缩节的应在伸缩方向后方加固定卡子，立管上应每层设置一个立管固定卡子，非专用 U 形卡子与管道之间应加橡胶垫。

4.3.1.5　硬质聚氯乙烯（UPVC）过墙管道（包括支管）应加套管或加 2mm 厚胶皮，便于维修。

4.3.1.6　铸铁承插排水管，承口应迎水流方向，并以油麻嵌缝，水泥捻口；铸铁柔性排水管用活套法兰橡胶密封圈以螺栓紧固。

4.3.1.7　离心铸铁管连接采用不锈钢抱卡螺丝连接，见图 4-15。

图 4-14　U-PVC 管道安装

图 4-15　离心铸铁管安装

4.3.2　暗敷管道

4.3.2.1　埋地敷设：应保持排水坡度，埋地管道的管沟底部应经夯实避免因回填土沉降而造成埋地管倒坡，UPVC 管埋地时，管底应平整，无突出的坚硬物，宜设置厚度为 100～150mm 的砂垫层。埋地排水管道在隐蔽前应做灌水试验，灌水高度应不低于底层楼地面高度。

4.3.2.2　管井敷设：排水管道在管井中敷设应按明管要求。在施工完毕封闭管井前应作通水、通球试验，并作隐蔽工程验收。立管的检查口、清扫口处应设有检修门，UPVC 排水管用于高层建筑时，在管井内可不设防火套管或阻火圈，但横支管接出管井处应设置防火套管或阻火圈。

4.3.2.3　吊顶内敷设：排水横管在吊顶内敷设的应保持足够的坡度，且有独立的支吊架，铸铁管支架间距应不大于 2m，UPVC 管支架间距应不大于管外径的 10 倍，排水管的检查口、清扫口应在吊顶相应处设置检修孔。

4.3.3　明敷管道

4.3.3.1　立管安装：铸铁排水立管上应每两层设置一个检查口，但最底层和有卫生器具的最高层必须设置，其高度由地面至检查口中心一般为 1.0m。如为两层建筑，可仅在底层设置。但高层建筑排水立管应每层设置一个检查口，便于做灌水试验。UPVC 排水立管每隔两层或在低层和楼层转弯时，距地面 1m 处应设检查口，检查口的朝向应便于检修。UPVC 排水管应按设计要求设置伸缩节，当层高小于或等于 4m 时，污水立管和通气立管应每层设一伸缩节；当层高大于 4m 时，其数量应根据管道设计伸缩量和伸缩节允许伸缩量计算确定。立管固定支架或管卡间距应根据不同材质按规范施工，但同室（层）固定支架高度应一致。多层建筑排水立管在底层与排水横管的连接转弯处，应在立管底部设置可靠支座，高层建筑排水立管在地下室与排水横管连接处必须设置型钢支架加以固定。排水立管检查口见图 4-16。

4.3.3.2　横管安装：排水横管坡度应符合设计及规范要求。连接 2 个及 2 个以上大便器或 3 个及 3 个以上卫生器具的污水横管上应设置清扫口；UPVC 排水横管在水流转角小于 135°的干管上应设置清扫口，在连接 4 个及其以上大便器的污水横管上应设置清扫口。UPVC 排水横管上设置伸缩节应位于水流汇合管件的上游端，伸缩节插口应顺水流方向。

4.3.3.3　高层建筑明敷塑料管道应采取防止火灾贯穿措施：当立管管径大于或等于 110mm 时，在楼板贯穿部位设置阻火圈或长度不小于 500mm 的防火套管；当横干管穿越

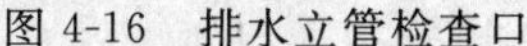

图 4-16　排水立管检查口

图 4-17　屋面透气管

防火分区隔墙时，管道穿越墙体的两侧应设置阻火圈或长度不小于500mm的防火套管。

4.3.3.4　排水管道支吊架安装：排水管道支架应位于承重结构上，排水管的支吊卡应位于承口上。

4.3.3.5　非上人屋面透气管高度不得小于0.6m且顶端应设风帽或网罩。上人屋面透气管应高出屋面2m。透气管周围4m以内有门窗时，透气管高出门窗顶0.6m或引向无门窗侧。当采用铸铁管时，应做防雷跨接。屋面透气管见图4-17。

4.3.3.6　吊顶内、管井、设备层等需做防结露保温的排水管道以及埋设的排水管道，在隐蔽前必须进行灌水试验，否则不得进行隐蔽；灌水方法及要求应符合规范规定，同时应做好灌水试验记录。

4.3.4　支架安装

4.3.4.1　排水管道立管底部的拐弯处应设支墩或吊架。

4.3.4.2　塑料排水横管固定件的水平间距见表4-4。

塑料排水横管固定件的水平间距　　**表4-4**

序号	管径(mm)	间距(m)	序号	管径(mm)	间距(m)
1	50	0.6	3	100	1.0
2	75	0.8			

注：扁钢吊架与管道之间应加橡胶垫。

4.3.5　管道防腐、保温

4.3.5.1　明装管道防腐：一丹两银（防锈漆一道，面漆两道）。

4.3.5.2　暗装铸铁管钢管防腐：两丹（防锈漆两道）。

4.3.5.3　埋地铸铁管、钢管防腐：按照防腐要求进行防腐。

4.3.5.4　设在吊顶内、公共厕所及管道结露影响使用要求的污水横管均应按设计要求做防结露保温层，保温层厚度及材料应由设计决定，见图4-18。

4.3.6　质量标准

4.3.6.1　室内排水管道安装允许偏差见表4-5。

室内排水管道安装允许偏差　　**表4-5**

管材	内容		允许偏差(mm)	坐标(mm)	标高(mm)
铸铁管	水平管道弯曲	每米	1	15	±15
塑料管		每米	1.5		
铸铁管	管道垂直度	每米	3		
碳素钢管		每米	2		
塑料管		每米	3		

4.3.6.2　排水管道应保证坡度，不允许倒坡。

4.3.6.3　铸铁管道面漆应均匀、不应流坠，铸铁管道面漆和塑料管道表面不应污染，见图4-19。

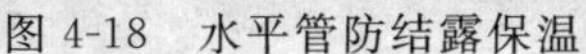

图 4-18 水平管防结露保温

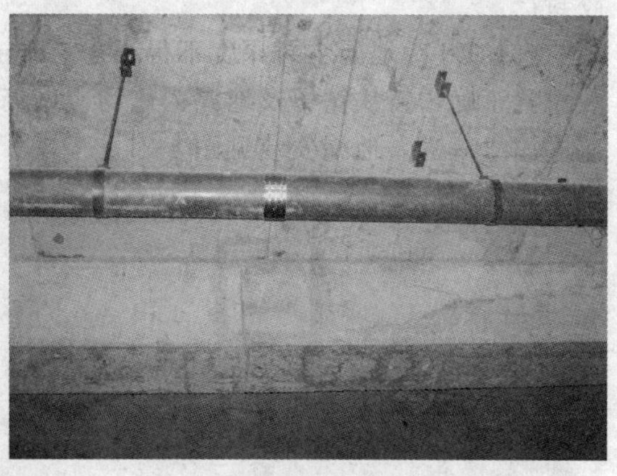

图 4-19 排水管道刷漆

4.3.6.4 排水主立管应做通球试验，球径为管内径 3/4 的木球或皮球；隐蔽或埋地的排水管道在隐蔽前必须做灌水试验，其灌水高度应不低于顶层卫生器具的上边缘或底层地面高度；雨水管道安装后应做灌水试验，灌水高度必须到每根立管最上部的雨水漏斗。

4.4 卫生器具安装

4.4.1 基本规定

4.4.1.1 卫生器具的固定应采用预埋件或膨胀螺栓，凡是固定卫生器具的螺栓、螺母、垫圈均应使用镀锌件，膨胀螺栓只限于混凝土板、墙，轻质隔墙不得使用。

4.4.1.2 坐便器地脚螺栓不小于 M6，便器背水箱固定螺栓不小于 M10，螺母下面须用平光垫和橡胶垫（3mm 厚），螺栓外露螺母长度应为螺栓直径的一半。

4.4.1.3 挂式小便器应使用预埋螺栓，加平光垫和橡胶垫固定，并在小便器与墙体之间打密封胶，见图 4-20。

4.4.1.4 蹲便器延时自闭冲洗阀安装应垂直，冲洗管与冲洗阀之间不应扭曲。

4.4.1.5 洗脸盆、家具盆支架安装必须牢固，器具与支架接触紧密，器具与支架不得用垫块的方法固定器具标高，各类支架均应做好防腐及面漆。下水管与排水管连接处应用油麻和密封膏密封。

4.4.1.6 家具盆使用扁钢支架时，扁钢不小于 40mm×3mm，螺栓不小于 M8，家具盆扁钢支架扳边部分不能小于 20mm，不得大于 50mm，扳边部分应光滑，不得有割口、糙边，并与盆面接触紧密。

4.4.1.7 洗脸盆支架如使用 DN15 钢管制作，应采用镀锌钢管，尾端做好燕尾，栽墙牢固，前端用钢筋调节与脸盆固定孔眼距离，并用镀锌螺栓固定，固定脸盆不得活动，脸盆与墙面或台面接触处用密封胶或玻璃胶封严。单眼脸盆应在脸盆孔眼处加护口套，防止检修损坏脸盆。

4.4.1.8 浴盆的排水口处应设置检修门：不带裙边的浴盆应在侧面设置检修门；带裙边的浴盆应在管井侧面或现浇楼板预留检修口。浴盆的周边与墙面接触的部位应用密封胶封严。

4.4.1.9　地漏水封深度不得小于50mm，地漏篦子顶面应低于设置处5mm，扣碗安装位置正确，铸铁篦子及地漏内侧均应做沥青防腐并开启灵活，不得用灰抹死，铸铁篦子应刷面漆一道。地漏安装见图4-21。

图4-20　挂式小便器

图4-21　地漏安装

4.4.2　质量标准

4.4.2.1　卫生器具安装允许偏差见表4-6。

卫生器具安装允许偏差　　表4-6

坐标		标高		器具水平度	器具垂直度
单独器具	成排器具	单独器具	成排器具		
10	5	±15	±10	2	3

4.4.2.2　卫生器具在交工前应清洗干净。

4.4.2.3　卫生器具安装后应做满水试验和通水试验，各排水管口不渗漏。

4.5　室内采暖管道安装

4.5.1　管道坡度

4.5.1.1　热水采暖和热水供应管道及汽水同向流动的蒸汽和凝结水管道坡度一般为0.003，但不得小于0.002。

4.5.1.2　汽水逆向流动的热水供应管道及蒸汽管道，坡度不得小于0.005。

4.5.1.3　散热器支管坡度为0.01，见图4-22。

4.5.2　管道连接

4.5.2.1　管径≥40mm宜采用焊接，管径＜40mm宜采用丝扣连接，干管上使用可拆卸件时应使用法兰连接。

4.5.2.2　采暖干管应按设计位置设置固定支架，干管变径处应采用收口焊接，保证上下收口，变径大小头长度应为大管外径的 1～1.5 倍。

4.5.2.3　暖气立管与横干管连接时，如立管直线长度小于 15m 时，立管与干管可以采用两个弯头连接；立管直线长度大于 15m 时，立管与干管采用 3 个 90°弯头与干管连接，横节长度应为 300mm，且有 1%坡度，不得使用对丝加弯头来代替管段横节作为连接方法，保证立管胀缩得以补偿。

4.5.2.4　变电、配电室内不应设置采暖管道及设备，若因安装需要必须在变电、配电所里布管，应在管道外面加套管。管道应全部焊接，并不允许安装阀门。

4.5.3　管道布置

4.5.3.1　采暖干管距窗帘盒墙壁尺寸不得小于 200mm。

4.5.3.2　采暖立管管中距墙为 5～6cm。

4.5.3.3　采暖支管管中距墙为 5～6cm。

4.5.4　排气装置安装

4.5.4.1　采暖干管末端的集气罐或自动排气阀应放置在厨、厕间内，若因实际位置不允许，应改变管道坡度把最高点及排气装置放置在厨、厕间内，集气罐引下管阀门高度不低于 2.2m，自动排气阀的进水端应装阀门。采暖水平管末端放气阀见图 4-23。

图 4-22　散热器支管

图 4-23　采暖水平管末端放气阀

4.5.4.2　集气罐分为卧式和立式两种，可根据实际位置选用。集气罐的进水口，应开在偏下方 1/3 处。放风管应稳固，集气罐位于系统末端时应装托吊卡。

4.5.4.3　自动排气装置应加装硬塑料排气管引至地漏或洗涤池。

4.5.4.4　吊顶内不得安装自动排气装置，应装设集气罐并通过放风管将排出的气体引至吊顶外的设置处，为便于检修与调节阀门，在集气罐吊顶处应安装检修口。

4.5.5　管道支、吊架

4.5.5.1　建筑层高≤5m，安装 1 个卡子，高度 1.5～1.8m；建筑层高＞5m，安装两个卡子，匀称安装。

应使用所安装管相同管径的管道调整卡子，卡子安装之前应调整其合口程度。双立管安装应加卡子固定，见图 4-24。

4.5.5.2　活动支架安装，U 形卡只一端套扣，上下各上一个螺母，另一端不得套扣，只需穿进孔里。

4.5.5.3　固定支架由 U 形卡、制动板组成，制动板宽度 50mm，厚度 8mm，制成弧形管（或用角钢代替），紧靠角钢支架两侧加焊在钢管上，U 形螺栓两端各拧一个螺母，见图 4-25。

图 4-24　采暖双立管安装

图 4-25　固定支架安装

4.5.5.4　采暖管道砖墙支架不宜使用膨胀螺栓固定安装卡子，支架应栽墙以保证支架固定牢固。

4.5.6　套管

4.5.6.1　采暖管道穿墙套管应保证两端与墙面平齐，穿楼板套管应使下部与楼板平齐，上部有防水要求的房间及厨房中的套管应高出地面 5cm，其他房间应为 2cm，套管环缝应均匀，用油麻填塞，外部用腻子或密封胶封平，套管规格应比管道管径大两号，见图 4-26、图 4-27。

4.5.6.2　穿墙壁套管宜做成两半截套管，两节长度要比实际抹灰面墙厚度小 10mm，

图 4-26　管道钢套管安装

图 4-27　塑料管道套管安装

以保证套管与饰面两端平齐。

4.5.6.3 穿楼板套管要内外刷防锈漆，两端面刷防锈漆；穿墙套管要内外刷防锈漆，两对面刷防锈漆，必须先做防腐后安装。

4.5.7 管道防腐、保温

4.5.7.1 焊接管道明装：一丹两银（一道防锈漆、两道银粉）。

4.5.7.2 焊接管道暗装：两丹（两道防锈漆）。

4.5.7.3 采暖主立管使用岩棉保温时，应每隔 2m 做一个托盘，托盘的宽度应比保温厚度小 50mm，如岩棉保护层使用玻璃丝布时，应搭接均匀，毛边处应翻进 10mm，从管道下部向上部缠裹，每次压玻璃丝布宽度的一半，缠裹紧密，外刷防火漆两道。

4.5.8 散热器安装

4.5.8.1 散热器组对要用石棉垫或石棉橡胶垫，不得使用双垫。

4.5.8.2 柱形散热器带足安装时，14 片及以下装 2 个足片；15～24 片时装 3 个足片，25 片及以上时装 4 个足片，20 片及以上安装时，应在上下各加两根拉条，拉条规格为 ϕ10。

4.5.8.3 散热器安装应保证垂直度与水平度，固定卡、托钩安装位置应准确、平正、牢固，与散热器接触紧密，安装数量符合华北标或国标图集要求。

4.5.8.4 散热器距窗安装，散热器中心与窗口中心线应一致，允许偏差 20mm。

4.5.8.5 散热器挂装，设计无要求时，散热器距地面一般不得低于 150mm，散热器上表面不得高于窗台标高，见图 4-28。

4.5.8.6 散热器支管灯叉弯应上下、大小、位置一致并保持水平，不得出现使用灯叉弯找坡度现象，见图 4-29。

图 4-28 散热器挂装

图 4-29 散热器支管灯叉弯

4.5.9 质量标准

4.5.9.1 管道安装允许偏差见表 4-7。

管道安装允许偏差 **表 4-7**

<table>
<tr><th>序号</th><th colspan="3">项　目</th><th>允许偏差(mm)</th><th>检验方法</th></tr>
<tr><td rowspan="2">1</td><td rowspan="2">水平管道纵横方向弯曲(mm)</td><td>每 1m</td><td>管径≤100
管径>100</td><td>0.5
1</td><td rowspan="2">用水平尺、直尺、拉线和尺量检查</td></tr>
<tr><td>全长
(25m 以上)</td><td>管径≤100
管径>100</td><td>≤13
≤25</td></tr>
<tr><td rowspan="3">2</td><td>椭圆率 $D_{max}-D_{min}$</td><td colspan="2">管径≤100</td><td>10/100</td><td rowspan="3">用外卡钳和尺量</td></tr>
<tr><td>D_{max}</td><td colspan="2">管径>100</td><td>8/100</td></tr>
<tr><td>折皱不平度</td><td colspan="2">管径≤100
管径>100</td><td>4
5</td></tr>
</table>

4.5.9.2　散热器安装允许偏差见表 4-8。

散热器安装允许偏差 **表 4-8**

<table>
<tr><th colspan="2">项　目</th><th>允许偏差(mm)</th><th>检 验 方 法</th></tr>
<tr><td>坐标</td><td>内表面与墙面距离与窗口中心线</td><td>6
20</td><td rowspan="2">用水准仪(水平尺)、直尺、拉线和尺量检查</td></tr>
<tr><td>标高</td><td>底部距地面</td><td>±15</td></tr>
<tr><td colspan="2">中心线垂直度
侧面倾斜度</td><td>3
3</td><td>用吊线和尺量检查</td></tr>
</table>

4.5.9.3　采暖系统安装完毕，管道保温之前应进行水压试验，试验压力应符合设计要求或符合规范规定。

(1) 室内蒸汽、热水采暖系统，应以系统顶点工作压力加 0.1MPa，但最高点试验压力不得小于 0.3MPa；高温热水采暖系统，试验压力应为系统顶点工作压力加 0.4MPa；使用塑料管及复合管的热水采暖系统，试验压力为系统顶点工作压力加 0.2MPa，同时在系统顶点的试验压力不得小于 0.4MPa。

检验方法：使用钢管及复合管的采暖系统应在试验压力下，保压 10min，压力降不大于 0.02MPa，然后降至工作压力后进行外观检查，应不渗、不漏；使用塑料管的采暖系统应在试验压力下，保压 1h，压力降不大于 0.05MPa，然后降至工作压力的 1.15 倍，稳压 2h，压力降不大于 0.03MPa，同时检查各连接处不渗、不漏。

(2) 散热器组对后，以及整组出厂的散热器在安装之前应作水压试验。试验压力如设计无要求时应为工作压力的 1.5 倍，但不小于 0.6MPa。

检验方法：在试验压力下，保压 2～3min，压力不降且不渗不漏为合格。

(3) 辐射板散热器在安装前应作水压试验，如设计无要求时试验压力应为工作压力 1.5 倍，但不得小于 0.6MPa。

检验方法：在试验压力下，保压 2～3min，压力不降且不渗不漏为合格。

4.5.9.4　阀门刷漆规定：铸铁阀门应将阀体刷上黑漆，手轮刷上红漆；铜阀门应保持阀体清洁，手轮刷上红漆。

4.5.9.5　管道及散热器所刷面漆要色泽一致、无漏刷、补刷、流坠现象。

4.5.9.6　管卡高度一致、平正，管卡合口严密。

4.5.9.7　散热器托钩和固定件油漆无漏刷、效果好。

4.5.9.8　安装地板辐射散热管道应与厂家配合，管道连接方式及固定方式应写入隐检中，并应标出管道安装范围，防止今后居民安装木地板而打坏管道。

4.5.9.9 低温地板采暖：

(1) 低温热水地面辐射供暖系统的供、回水温度应由计算确定，供水温度不应大于60℃。民用建筑供水温度宜采用35～50℃，供回水温差不宜大于10℃。

(2) 低温热水地面辐射供暖系统的工作压力，不应大于0.8MPa；当建筑物高度超过50m时，宜竖向分区设置。

(3) 与土壤相邻的地面，必须设绝热层，且绝热层下部必须设置防潮层。直接与室外空气相邻的楼板，必须设绝热层。

(4) 分水器、集水器上均应设置手动或自动排气阀。

(5) 在分水器之前的供水连接管道上，顺水流方向应安装阀门、过滤器、阀门及泄水管。在集水器之后的回水连接管上，应安装泄水管并加装平衡阀或其他可关断调节阀。

(6) 在分水器的总进水管与集水器的总出水管之间宜设置旁通管，旁通管应设阀门。

(7) 加热管切割，应采用专用工具；切口应平整，断口面应垂直管轴线。

(8) 埋设在保护层内的加热管不应有接头。

(9) 低温热水地板辐射采暖系统敷设加热管的覆盖层厚度不宜小于50mm。

(10) 加热管弯头两端宜设置固定卡，加热管固定间距，直线段宜为0.5～0.7m，弯曲段宜为0.2～0.3m。

(11) 加热管出地面至分水器和集水器处，弯管部分不宜露出地面装饰层。明露部分应加塑料套管。低温地板采暖集分水器见图4-30。

(12) 水平安装时，分水器在上，集水器在下，中心距宜为200mm，集水器距地不应小于300mm。

(13) 混凝土填充层施工中，加热管内的水压不应低于0.6MPa；填充层养护过程中，系统水压不应低于0.4MPa。

(14) 阀门、分水器、集水器组件安装前，应做强度和严密性试验。对安装在分水器进口、集水器出口及旁通阀门，应逐个进行试验。

(15) 水压试验应在系统冲洗之后进行，先主管后支管，不宜以气压试验代替水压试验。

图4-30 低温地板采暖集分水器

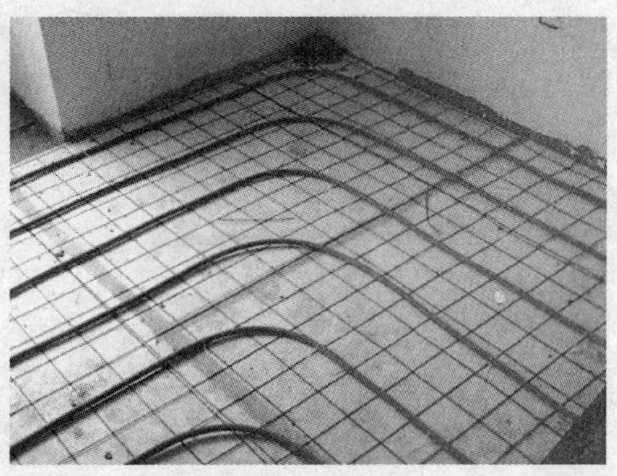

图4-31 低温地板采暖管线

（16）地面辐射热水管道最大间距不宜超过 300mm，管道偏差不得大于 10mm。低温地板采暖管线见图 4-31。

（17）分水器、集水器总进水、出水管内径一般不小于 25mm。

（18）连接在同一分水器、集水器上的同一管径的各环路，其加热管的长度宜接近，并不宜超过 120mm。

（19）地面辐射供暖系统的调试与运行，应在施工完毕且混凝土填充层养护期满后，正式采暖运行前进行。

（20）初始加热时，热水升温应平缓，供水温度应控制在比当时环境温度高 10℃左右，且不应高于 32℃，并应连续运行 48 小时，以后每隔 24h 水温升高 3℃。

（21）在集分水器附近以及加热管排列比较密集的部位，当管道间距小于 100mm 时，应采取设置柔性套管等措施。

4.5.10　建筑中水系统

4.5.10.1　中水管道与生活饮用水管道、排水管道平行埋设时，其水平净距离不得小于 0.5m；交叉埋设时，中水管道应位于生活饮用水管道下面，排水管道的上面，其净距离不应小于 0.15m。

4.5.10.2　中水给水管道管材及配件应采用耐腐蚀的给水管材及附件。

4.5.10.3　中水管道水压试验必须符合设计要求。当设计无规定时，各种材质的给水管道系统试验压力均为工作压力的 1.5 倍，但不得小于 0.6MPa。

检验方法：钢管、铝塑复合管，在试验压力下，保压 10min，压降不大于 0.02MPa，然后降至工作压力进行检查，应不渗不漏；塑料管，在试验压力下，稳压 1h，压力降不大于 0.05MPa，然后降压至工作压力的 1.15 倍，稳压 2h，压力降不大于 0.03MPa，同时检查各连接处不渗不漏。

4.5.10.4　中水管道交付使用前应进行冲洗和通水试验。

4.5.10.5　中水高位水箱应与生活高位水箱分设在不同的房间内，条件不允许只能设计在一个房间时，与生活高位水水箱的净距离应大于 2m。

4.5.10.6　中水给水管道不得装设取水嘴。大便器冲洗宜采用密闭型设备和器具。绿

图 4-32　中水管道标识

图 4-33　中水水箱

化、浇洒、汽车冲洗宜采用壁式或地下式的给水栓。

4.5.10.7 中水供水管道严禁与生活饮用水给水管道连接。

4.5.10.8 中水管道外壁应涂浅绿色标志。中水管道标识见图 4-32。

4.5.10.9 中水池（箱）、阀门、水表及给水栓均应有“中水”标志。中水水箱见图 4-33。

4.5.10.10 修换中水管道不宜暗装于墙体和楼板内。如必须暗装于墙槽内时，必须在管道上有明显且不会脱落的标志。

4.5.10.11 中水设备的安装调试应符合国家现行标准规定和专业厂家的技术要求。

5 通风空调工程

5.1 基本规定

（1）通风空调工程所使用的主要原材料、成品、半成品和设备的进场，必须对其进行验收。验收应经监理工程师认可，并应形成相应的质量记录。

（2）通风空调工程的施工，应把每一个分项施工工序作为工序交接检验点，并形成相应的质量记录。

（3）通风与空调工程中的隐蔽工程，在隐蔽前必须经监理人员验收及认可签证。

5.2 风管及部件制作

5.2.1 金属风管

5.2.1.1 风管的规格、尺寸应符合设计要求。钢板厚度小于或等于 1.2mm 时，宜采用咬接；镀锌钢板及含有保护层的钢板应采用咬接或铆接。不锈钢板风管壁厚小于或等于 1.0mm 时，应采用咬接；铝板风管壁厚小于或等于 1.5mm 时应采用咬接。钢板厚度大于 1.2mm 宜采用焊接；不锈钢风管壁厚大于 1.0mm 时宜采用氩弧焊；铝板风管壁厚大于 1.5mm 时应采用氩弧焊。

5.2.1.2 矩形风管边长大于或等于 630mm，且管段长度大于 1200mm 时均应采取加固措施。对于边长小于或等于 800mm 的风管宜采用楞筋、楞线的方法加固。当中压和高压风管的管段长度大于 1200mm 时，应采用加固框的形式加固。

5.2.1.3 风管的连接：当采用法兰连接时，角钢法兰必须保证法兰的平整度，偏差不超过正负 1mm。法兰螺栓及铆钉的间距：低压和中压风管应小于或等于 150mm；高压风管应小于或等于 100mm。风管翻边应平整严密、宽度一致，保证在 6～9mm，见图 5-1。风管法兰连接见图 5-2。无法兰连接风管的接口应采用机械加工，接口处应严密，无法兰矩形风管接口处的四角应有固定措施。

5.2.2 非金属风管

5.2.2.1 热成型的硬聚氯乙烯风管和配件不得出现气泡、分层、碳化、变形和裂纹等缺陷。

5.2.2.2 玻璃钢风管及配件不得扭曲，内表面应平整光滑，外表面应整齐、美观、厚度均匀、边缘无毛刺，不得有气泡、分层等缺陷。

5.2.2.3 部件制作：

图 5-1　风管法兰翻边

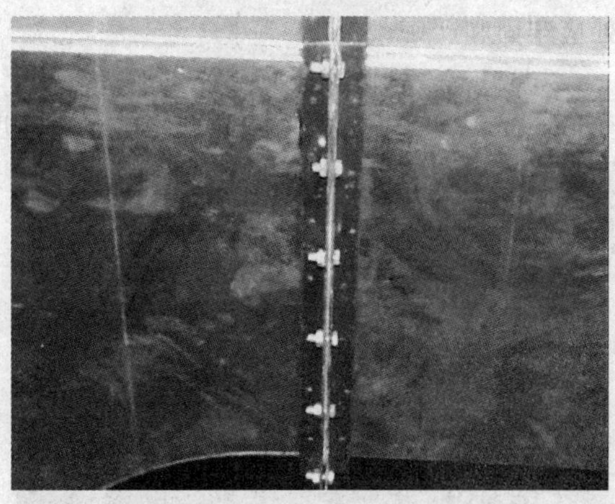
图 5-2　风管法兰连接

（1）风口类：风口规格应以颈部外径或外边长为准，尺寸偏差应符合规范规定；风口的外装饰表面应平整光滑，不得有明显的划伤、压痕、颜色与花纹应一致。风口的转动、调节部分应灵活、可靠，定位后应无松动现象。百叶式风口的叶片间距应均匀；散流器的扩散环和调节环应同轴，径向间距匀称。

（2）风阀类：一般风阀的结构应牢固，调节应灵活，定位应准确可靠，并应标明风阀的启闭方向及调节角度。防火阀及排烟阀转动件应采用黄铜、青铜、不锈钢及镀锌铁件等耐腐蚀的金属材料制作，并应转动灵活；易熔件应为消防部门认可的标准产品，阀门的动作可靠，出厂前应作动作调整和漏风试验。

5.3　风管及部件安装

5.3.1　基本规定

5.3.1.1　风管支、吊架位置应正确，方向一致，吊杆要求垂直，不得有扭曲现象，且风管支、吊架间距：水平管不得超过 3m，垂直管不得超过 4m，悬吊的风管与部件应设置防止摆动的固定点。风管吊架见图 5-3。

5.3.1.2　风管连接时，法兰螺栓穿接方向应与风管内空气的流动方向相同，且螺栓应长短一致。风管法兰垫片的厚度宜为 3～5mm，垫片与法兰平齐，不得挤入管内，法兰螺栓应均匀拧紧，达到密封要求。玻璃钢风管连接法兰螺栓两侧应加镀锌平光垫圈。

5.3.1.3　支吊架槽钢及角钢的朝向，在同一区域内应一致，且风管支吊架间距应统一、均匀，弯头和风阀两端均应设支吊架。支吊架应防腐良好。

5.3.1.4　风管及部件穿墙、过楼板或屋面时，应设预留孔洞，穿出屋面的风管应设防雨罩。塑料风管穿墙或穿楼板应设金属保护套管。风管法兰接口及风阀不得装在墙或楼板内，以免影响操作和维修。

5.3.1.5　保温风管的支吊架宜放在保温层外部，不得破坏保温层。

5.3.1.6　柔性短管的安装应松紧适度，不得扭曲，不得做变径使用。可伸缩性的金属或非金属软风管的长度不宜超过 2m，并不得有死弯及塌凹现象。柔性管与法兰的连接处应牢固和严密。

5.3.1.7 风口安装应与风管连接牢固、严密；边框与建筑饰面贴实，外表面平整不变形。同一厅室、房间内相同规格的风口高度应一致，排列应整齐。室内风口见图 5-4。

图 5-3 风管吊架

图 5-4 室内风口

5.3.1.8 风管及部件安装完毕后，应按系统压力等级进行严密性检验即漏光或漏风量测试，并作好测试记录。

5.3.1.9 空调机房内部风管若使用岩棉或聚乙烯板保温时，应对风管进行包角处理，缠裹玻璃丝布时应紧密，保持风管棱角顺直，玻璃丝布外刷防火漆时，不应污染吊架；横担及吊架应刷银粉。

5.3.1.10 在风管穿过需要封闭的防火、防爆的墙体或楼板时，应设预埋管或防护套管，其钢板的厚度不应小于 1.6mm。风管与防护套管之间，应用不燃且对人体无害的柔性材料封堵。

5.3.1.11 易熔件应为消防部门认可的标准产品，其熔点温度应符合设计规定。内置易熔件的阀门，应设便于更换易熔件的检查口。防火阀的温感元件应朝向进风侧。

5.3.1.12 防火阀应可靠地固定在设计的位置上，并应单独设置支、吊架，确保发生火灾时不因风管变形而影响其性能。防火阀距离墙应小于 200cm。

5.3.2 质量标准

允许偏差项目见表 5-1。

风管、风口安装的允许偏差 **表 5-1**

项次	项目			允许偏差(mm)	检验方法
1	风管	水平度	每米	3	拉线、液体连通器和尺量检查
			总偏差	20	
2		垂直度	每米	2	吊线和尺量检查
			总偏差	20	
3	风口	水平度		5	拉线、液体连通器和尺量检查
		垂直度		2	吊线和尺量检查

5.4 通风与空调设备安装

5.4.1 通风机安装

5.4.1.1 通风机安装：通风机基础经交接验收，基础混凝土强度和各部位尺寸符合设计要求；安装隔振器的地面应平整，各隔振器的压缩量应均匀；固定通风机的地脚螺栓应有防松装置；进出风管应顺气流，单独支撑；安装合格后，应进行单机试运转，检查叶轮转向、轴承温度，单机试运转时间不少于 2h，并做好记录。屋顶风机见图 5-5。

5.4.1.2 通风机传动装置的外露部位以及直通大气的进、出口、必须装设防护罩或其他安全设施。

5.4.1.3 屋面风机安装与基础接触面应垫 6mm 的橡胶垫，用镀锌螺栓应加平光垫和弹簧垫。

5.4.2 风机盘管安装

风机盘管安装前应做外观检查、单机三速试运转及水压试验，试验压力为系统工作压力的 1.5 倍，不得渗漏；卧式风机盘管应由支吊架固定，排水坡度正确，冷凝水应畅通地流到指定位置不得渗漏，冷凝水管软连接管长度不大于 150mm；供、回水管与风机盘管机组应为弹性连接（金属或非金属软管）；风管、回风箱及风口与风机盘管机组连接处应严密、牢固。风机盘管见图 5-6。

图 5-5 屋顶风机

图 5-6 风机盘管

5.5 空调制冷系统安装

5.5.1 制冷设备安装

5.5.1.1 混凝土基础达到养护强度，表面平整，位置、尺寸、标高、预留孔洞预埋件符合设计要求，并进行交接验收。

5.5.1.2 机组就位安装，其机身纵横水平度允许偏差符合产品出厂说明书要求。对有振动的机组，其底座应设置隔振器，隔振器压缩量应均匀一致偏差不得大于 2mm。

5.5.2 制冷管道安装

5.5.2.1 制冷剂管道：液体管道不得向上安装成“Ω”形，气体管道不得向下安装成“Ʊ”形。管道穿越楼板或墙体处应设置钢套管，管道的焊缝不得置于套管内。管道与管道的空隙应用不燃隔热材料堵塞，不得将套管作为管道支承。

5.5.2.2 冷冻水系统管道：冷冻水、冷却水及冷凝水管道安装的一般规定应符合现行国家标准《工业金属管道工程施工质量验收规定》与《通风空调工程施工质量验收规范》的有关规定。

5.5.2.3 管道安装后应进行系统冲洗，系统清洁后方能与制冷设备或空调设备连接。管道安装后必须进行水压试验：冷冻水和冷却水系统试验压力为工作压力的 1.5 倍，最低不小于 0.6MPa。冷凝水的水平管应坡向排水口，软管连接应牢固，不得有瘪管和强扭现象，冷凝水系统应做冲水试验，无渗漏为合格。

5.5.2.4 管道支、吊架的形式、位置、间距、标高应符合设计要求，连接制冷机的管道须单独设支架。管道上下平行敷设时，冷管道应在下部。保温管道与支吊架之间应垫以绝热衬垫或经防腐处理的木衬垫，其厚度应与绝热层厚度相同，表面平整，衬垫结合面的空隙应填实。

5.5.3 制冷系统试验及试运转

空调制冷系统安装结束后，应做系统试验及试运转，具体内容应按《通风与空调工程施工质量验收规范》和有关设备技术文件规定执行，并做好各项记录。冷水机组安装及配管见图 5-7、图 5-8。

图 5-7 冷水机组安装

图 5-8 冷水机组配管

5.6 空调水管道

5.6.1 空调水管道安装

5.6.1.1 空调水管道气水同向流动时，坡度一般为 0.003，且不得小于 0.002。

5.6.1.2 空调水管道气水逆向流动时，坡度一般为 0.005。

5.6.1.3 管道小于或等于 32mm 宜采用螺纹连接；管径大于 32mm 宜采用焊接或法兰连接。

5.6.1.4 空调水平管道采取偏心变径，上平下收口；立管可采取同心变径。

5.6.1.5 空调冷冻水管道与支、吊架之间绝热衬垫或经防腐处理的木衬垫，其厚度应与绝热层相同，衬垫的结合面空隙应填实，见图 5-9、图 5-10。

图 5-9 空调立管保温

图 5-10 空调水平管道保温

5.6.1.6 风机盘管与供、回水及凝结水管连接可采用软连接，软管长度不大于 150mm。凝结管排水应畅通，不得有倒坡现象。风机盘管连接不锈钢软接头其配对丝为锥丝、垫片采用聚四氟乙烯垫。

5.6.1.7 空调水管道的阀门、法兰及其他可拆卸部件应单独保温。

5.6.1.8 阀门安装位置，进出口方向正确，连接牢固紧密，启闭灵活，朝向便于使用，表面干净，分路阀门离分路不宜过远，如分路处是系统的最低点，必须在分路阀门前加泄水丝堵。分路阀门见图 5-11。

图 5-11 分路阀门

5.6.1.9 与设备连接的空调管道应单独设立支吊架，管道的重量不得由设备承担。

5.6.2 设备安装

5.6.2.1 设备安装要求：

(1) 用水准仪及吊线方法调整设备的垂直度、水平度及坐标。

(2) 水泵安装应加减振喉，地脚螺栓处应加平光垫和弹簧垫；水泵管道上的软接头不应受力，且两侧管应保证同轴心，多台水泵安装管道附件均应安装一致、统一，即标高、朝向相同。水泵安装见图 5-12。

图 5-12　水泵安装

(3) 阀门手轮位置、朝向便于操作。

(4) 安装完水泵后，再进行管道连接以免水泵受应力。

5.6.2.2　产生振动的设备应在地脚螺栓处加弹簧垫、平光垫，并应在地脚螺栓外露部分抹上黄油。

5.6.2.3　法兰螺栓应长短一致，朝向相同，螺栓露出螺母部分应为螺栓直径的一半。

5.6.2.4　水泵出口处压力表安装时应放在减振喉下面，表头处加三通旋塞。

5.6.2.5　安装离心泵，应牢固、不偏斜，其泵体水平度每米不得超过 0.1mm。

5.6.2.6　离心水泵的水平联轴器应保持同轴度，轴向倾斜每米不得超过 0.8mm；径向位移不得超过 0.1mm。

5.6.2.7　安装水位计（见图 5-13）有如下要求：

(1) 水位表应有指示最高、最低安全水位的明显标志，玻璃板（管）的最低可见边缘应比最低安全水位低 25mm；最高可见边缘，应比最高水位高 25mm。

(2) 玻璃管式水位表应有防护装置。

(3) 水位计应有放水旋塞。

5.6.2.8　压力表安装（见图 5-14）要求：

(1) 应安装在便于观察和吹洗的地方。多个压力表安装时，均应安装在同一标高，表盘朝向一致。

(2) 压力表的刻度极限值应为试验压力的 1.5～2 倍。

(3) 应设压力弯管，弯管为钢管，其内径不小于 10mm；弯管为铜管，其内径不小于 6mm。

(4) 压力表和存水弯管之间安装三通旋塞。

图 5-13　水箱水位计安装

图 5-14　压力表安装

5.7 油漆及绝热

5.7.1 通风管道及制冷管道油漆

风管和管道喷刷底漆前，应清除表面的灰尘、污垢和锈斑；面漆和底漆漆种宜相同，喷涂油漆应使漆膜均匀光滑，无杂色、漏涂和流淌等缺陷；支吊架的防腐处理应与风管、管道相一致；空调制冷各系统管道外表面，应按设计规定做色标。

5.7.2 风管绝热

5.7.2.1 绝热材料的品种、规格、厚度应符合设计要求。空调风管绝热见图 5-15。

5.7.2.2 用粘贴法施工的绝热层，粘贴必须牢固，胶粘剂应均匀地涂满在风管及设备表面上，绝热材料应均匀压紧，接缝处用密封膏填实；用保温钉施工的绝热层，保温钉的数量、规格符合规范规定，保温钉的粘贴必须牢固，保温钉的长度应能满足压紧绝热层及固定压片的要求；绝热材料纵向接缝不宜设在风管或设备底面，带有防潮层的绝热材料的拼缝应采用粘胶带封严，且不得胀开和脱落。用粘贴法施工的绝热层见图 5-16。

图 5-15 空调风管绝热

图 5-16 用粘贴法施工的绝热层

5.7.2.3 防潮层应完整无破损，且封闭良好。

5.7.2.4 保护层：用石棉水泥抹面，配料应正确，涂层厚度均匀（10～15mm），表面光滑平整，无明显裂纹；金属保护壳搭接应顺水流方向，外表应整齐、美观，弯头、三通、异径管的保护壳不得有孔洞；保护壳应贴紧绝热层，且与外墙面或屋顶的交接处应设泛水。

5.7.3 制冷管道绝热

5.7.3.1 绝热制作的材料材质和规格应符合设计要求。粘贴应牢固、铺设平整、绑孔紧密、无滑动、松弛、断裂现象。

5.7.3.2 硬质和非硬质绝热管壳之间的缝隙，应用粘结材料勾缝填满；用松散及软质材料做绝热层，应按规定的密度压缩其体积，疏密应均匀；用橡塑材料做绝热，所有接缝必须粘贴牢固、平整，弯头、三通、异径管等处的绝热层应衔接自然。

5.7.3.3　阀门、过滤器及法兰处的绝热结构应能单独拆卸。管道配件绝热见图5-17。

5.7.3.4　管道防潮层，应紧贴绝热层，且封闭良好；防潮层应由管道的低端向高端敷设，环向搭缝口应朝向低端，纵向搭缝应在管道的侧面，见图5-18。

5.7.3.5　管道保护层的质量要求同风管保护层。

图5-17　管道配件绝热

图5-18　管道防潮层要求

6 建筑电气

6.1 电气导管材料要求

6.1.1 塑料导管

6.1.1.1 导管及附件应具有阻燃、耐冲击的要求，其氧指数应大于27%，并有产品合格证。

6.1.1.2 管材及附件管壁厚度应均匀，无气泡及管身变形等现象。

6.1.1.3 灯头盒、开关盒、插座盒、接线盒等塑料盒、箱均应外观整齐、开孔齐全及无劈裂等现象。

6.1.2 焊接、镀锌钢导管

6.1.2.1 钢管及附件应壁厚均匀，焊缝均匀无毛刺，无劈裂、砂眼、棱刺和凹扁现象，焊接钢导管的规格见表6-1。

焊接、镀锌钢导管的规格　　表6-1

公称直径		外　径		焊　接　钢　管		
mm	in	公称尺寸 mm	允许偏差	公称尺寸 mm	允许偏差	理论重量 kg/m
15	1/2	21.3	±0.50mm	2.75	+12%	1.26
20	3/4	26.8		2.75	−15%	1.63
公称直径		外　径		焊　接　钢　管		
mm	in	公称尺寸 mm	允许偏差	公称尺寸 mm	允许偏差	理论重量 kg/m
25	1	33.5	±1%	3.25		2.42
32	11/4	42.3		3.25		3.13
40	11/2	48		3.50		3.84
50	2	60		3.50		4.88
65	21/2	75.5		3.75		6.46
80	3	88.5		4.00		8.34
100	4	114		4.00		10.85
125	5	140		4.00		13.42
150	6	165		4.50		17.81

6.1.2.2 除镀锌钢管外，其管材需预先除锈并刷防锈漆，现浇混凝土内敷设时，应除锈内壁做防腐，外壁可不刷防腐漆。

6.1.2.3 镀锌钢管内外壁镀层良好、均匀、无表皮剥落、锈蚀等现象，并有产品合格证。

6.1.2.4 使用通丝管箍时，丝扣清晰不乱扣，镀锌层完整、无脱落、无劈裂，两端光滑、无毛刺，并有产品合格证。

6.1.2.5 锁紧螺母（根母）外形完好无损，丝扣清晰，并有产品合格证。

6.1.2.6 薄、厚钢管专用护口要完整无损，并有产品合格证。

6.1.2.7 金属灯头盒、开关盒、接线盒等，盒板厚度应符合相关图集的要求，镀锌层无脱落，无变形开焊，敲落孔完整无缺，面板安装孔与地线焊接脚齐全，并有产品合格证。

6.1.2.8 螺栓、螺丝、膨胀螺栓、螺母、垫圈等应采用镀锌件。

6.1.3 扣压式薄壁钢导管

6.1.3.1 扣压式薄壁钢导管应壁厚均匀，焊缝均匀无毛刺，无劈裂、砂眼、棱刺和凹扁现象，规格见表6-2。

扣压式薄壁钢导管的规格 表 6-2

规格	16	20	25	32	40
外径 D(mm)	16	20	25	32	40
壁厚 S(mm)	1	1	1.2	1.2	1.2
直线度(mm/m)	≤3				
剪切斜度	≤20				

6.1.3.2 扣压式薄壁钢导管内外壁镀层良好、均匀，无表皮剥落、锈蚀等现象，并有产品合格证。

6.1.3.3 螺栓、螺丝、膨胀螺栓、螺母、垫圈等应采用镀锌件。

6.1.4 紧定式薄壁钢导管

6.1.4.1 紧定式薄壁钢导管应壁厚均匀，焊缝均匀无毛刺，无劈裂、砂眼、棱刺和凹扁现象，规格见表6-3。

紧定式薄壁钢导管的规格 表 6-3

规格	16	20	25	32	40	50
外径 D(mm)	16	20	25	32	40	50
公差(mm)	−0.30	−0.30	−0.30	−0.40	−0.40	−0.40
壁厚 S(mm)	1.60	1.60	1.60	1.60	1.60	1.60
壁厚允许偏差(mm)	±0.15	±0.15	±0.15	±0.15	±0.15	±0.15
总长 L(mm)	4000	4000	4000	4000	4000	4000

6.1.4.2 紧定式薄壁钢导管内外壁镀层良好、均匀，无表皮剥落、锈蚀等现象，并有产品合格证。

6.1.4.3 螺栓、螺丝、膨胀螺栓、螺母、垫圈等应采用镀锌件。

6.1.5 金属软管或包塑金属软管

金属软管或包塑金属软管，内外须镀锌，不脱丝、锈蚀，并采用同材质的配件，并有产品合格证。

6.2 电气导管适用场所

6.2.1 塑料管

塑料管宜敷设在不易受到冲击的场所。

6.2.2 钢导管

钢导管适用于室内、外场所，但对金属有严重锈蚀的场所不宜使用；敷设在土中时，应有三油两布防腐措施；敷设在焦渣中时，须包裹至少 50mm 清水混凝土保护层；暗敷设在混凝土中时，不需做管外防腐，但要求管内外除锈，管内防腐；暗敷设在吊顶、墙体内及明配时，需管内外除锈，管内外防腐，外壁刷面漆，面漆颜色与建筑物表面颜色分界清晰，不得交叉污染。

6.2.3 镀锌钢导管

镀锌钢导管宜敷设在室内、外场所，镀锌层剥落处应刷防腐漆和银粉。

6.2.4 扣压式薄壁钢导管

扣压式薄壁钢导管适用于室内、外场所。

6.2.5 紧定式薄壁钢导管

紧定式薄壁钢导管适用于室内、外场所。

6.2.6 金属软管或包塑金属软管

金属软管应敷设在不易受损伤的干燥场所，且不应直埋入地下或混凝土中，当在潮湿场所使用金属软管时，应采用带有非金属护套且附配套连接器件的防液型金属软管，其护套应经过阻燃处理。

6.3 电气管路敷设及连接

6.3.1 塑料导管（墙、板内暗敷）

6.3.1.1 塑料导管的连接采用套管粘结法或用专用接头进行连接；套管长度不应小于管外径的 3 倍，插入深度宜为管外径的 1.1～1.8 倍，管子的接口应位于套管的中心，接口处应用胶粘剂粘结牢固。

6.3.1.2 敷设管路时，应尽量减少弯曲，当管路长度超过下列情况时，应加过线盒：(1) 无弯时，30m；(2) 1 个弯时，20m；(3) 2 个弯时，15m；(4) 3 个弯时，8m；(5) 不允许有 4 个或 4 个以上弯。

6.3.1.3 塑料导管的保护层厚度大于 15mm。

6.3.1.4　管最小弯曲半径应≥6*D*，弯扁度≤0.1*D*（*D* 为管外径）。

6.3.1.5　扫管、穿带线时，将管口与盒、箱里口切平，封堵。

6.3.2　焊接、镀锌钢导管敷设及连接

6.3.2.1　管路弯曲及连接

（1）严禁对口熔焊连接，镀锌和壁厚小于 2mm 的钢管不得套管熔焊连接，钢管暗配管弯曲半径不应小于管外径的 10 倍，弯扁度不应大于管外径的 0.1 倍，见图 6-1。

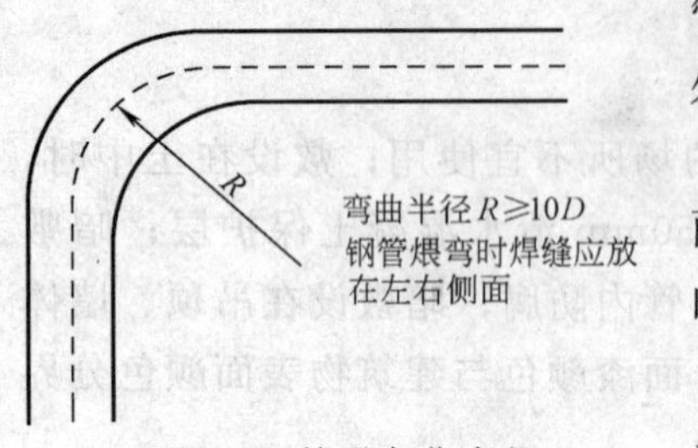

图 6-1　管子弯曲半径

（2）明配管时弯曲半径不应小于管外径的 6 倍，当两接线盒间只有一个弯曲时，弯曲半径不应小于管外径的 4 倍。

（3）管子的弯扁度不得大于 0.1 倍管外径。没有明显褶皱、凹陷。

（4）套管连接时要保证套管长度为管外径的 2.2 倍、套管管径应与管径相匹配，对口处要位于套管中间，焊口应牢固严密，薄壁管严禁套管连接。

1）金属导管的套管连接：

① 管壁厚度在 2mm 以上的非镀锌管可以套管连接；

② 套管长度为 2.2*D* 以上的专用套管；

③ 套管焊接处要严密整齐，不得漏焊有缝，见图 6-2。

2）钢管套完丝后要注意保护，要采取措施防止丝扣缺损，见图 6-3。

3）钢管套丝应清晰，相邻两扣丝的同一部位不能缺损，见图 6-4。

（5）套丝连接要用通丝管箍，套丝不乱扣，管口要对严，连接后外露螺纹 2～3 扣。明配管必须采用套丝连接，不得采用套管焊接，见图 6-5。

1）管壁厚度在 2mm 以下的金属导管和镀锌管必须管箍连接。

2）外露丝扣要一致，管箍要用管钳拧紧。

（6）管路敷设在多尘或潮湿场所时，管口及连接处均应密封；敷设在室外的配管应有防雨功能，管路连接处，丝头应缠防水胶布或缠麻、抹铅油。

6.3.2.2　管路敷设

图 6-2　套管连接

图 6-3　钢管套丝

图 6-4　套丝清晰

图 6-5　管箍连接

（1）明配管支、吊架的规格设计无要求时，应不小于以下规定：

1）扁铁支架 30mm×3mm；

2）角钢支架 25mm×25mm×3mm；

3）埋注支架应有燕尾，埋注深度应不小于 120mm。

（2）水平或垂直敷设明配管允许偏差值，管路在 2m 以内时，偏差为 3mm，全长不应超过管内径的 1/2。

（3）明配管的固定支架、吊杆要根据其受力情况、外观形状、高度调节方式来确定，确定后要统一预制、刷防锈漆且面漆颜色要一致，安装时排列朝向一致，间距一致，无变形扭曲现象。

（4）成排明配管敷设应保证管间距一致，卡具一致，连接点、接线盒设置排列有规律。

（5）明配管固定间距为：管卡与中间、转弯中间、器具或接线盒边缘的距离为 150～500mm，中间管卡的最大距离见表 6-4。

明管管路固定间距　　**表 6-4**

敷设方式	导管种类	导管直径(mm)				
		15～20	25～32	32～40	50～65	65 以上
		管卡间最大距离(m)				
支架或沿墙明敷	壁厚＞2mm 刚性钢导管	1.5	2.0	2.5	2.5	3.5
	壁厚≤2mm 刚性钢导管	1.0	1.5	2.0	—	—
	刚性绝缘导管	1.0	1.5	1.5	2.0	2.0

（6）上人吊顶、竖井内禁止做拦腰管和绊脚管，不上人吊顶内的配管虽属暗配管但按明配管做法去要求。

（7）吊顶内敷设的管线应有单独的支架，不得在管道、龙骨等上面固定，但直径在 20mm 及以下的钢管，直径在 25mm 以下的电线管可利用吊顶的吊杆或主龙骨敷设。

（8）配管不得有半明半暗现象，不得用明配管代替不通的暗配管路；不上人吊顶内配管按明配管做法要求。

（9）埋入墙或地面的管子应尽量减少重叠高度，不能超过 3 层。管子保护层不小于 15mm，管间距不小于 25mm，以免混凝土浇筑时混凝土不能渗入造成空裂。

（10）管路与各种水暖管道的间距应符合见表 6-5。

电气线路与管道的最小距离（mm） 表 6-5

管道名称	与管道位置关系		配线方式	最小允许间距
蒸汽管道	平行	管道上	穿管配线	1000
		管道下	穿管配线	500
	交叉		穿管配线	300
采暖管道	平行	管道上	穿管配线	300
		管道下	穿管配线	200
	交叉		穿管配线	100
通风、给水管	平行		穿管配线	100
	交叉		穿管配线	50

注：1. 蒸汽管道在外包隔热层后，上下平行距离可减至 200mm；
2. 蒸汽管道、热水管道应设隔热层。

（11）室内煤气管道与电气保护管、电气设备间距要求如下：

1）煤气管道与电缆引入管的进线箱水平距离不小于 200mm；

2）与明装或暗装电线管的水平间距均不小于 100mm；

3）与明装或暗装在墙内的闸箱、表盘、接线盒的水平间距不小于 100mm。

（12）防爆导管不应采用倒扣连接；当连接有困难时，应采用防爆活接头，其结合面应严密；防爆导管安装牢固顺直，镀锌层锈蚀或剥落处做防腐处理。

（13）管敷设在多尘或潮湿场所时，管口及连接处均应密封；敷设在室外的配管应有防雨功能，管路连接处，丝头应缠防水胶布或缠麻、抹铅油。

（14）暗配管要固定牢固，混凝土中每隔 1m 用铅丝与钢筋绑扎，接线盒旁 150mm 以内必须用铅丝与钢筋绑扎；塑料管应加大固定密度，减少浇捣混凝土时的冲击；禁止在管子与管子、管子与钢筋间用电焊固定。暗配管见图 6-6。

（15）导管、线槽、桥架过建筑物变形缝时，应设补偿装置。

图 6-6 混凝土暗配管

6.3.3 扣压式薄壁钢导管敷设及连接

6.3.3.1 薄壁式钢导管应采用套管扣压式连接。扣压式套管见图 6-7。

6.3.3.2 连接应采用专用工具进行，不应敲打形成压点。

6.3.3.3 管路为水平敷设时，扣压点宜在管路上下方分别扣压；管路为垂直敷设时，扣压点宜在管路左右侧分别扣压。

6.3.3.4　当管径为 $\phi25$ 及以下时，每端扣点不应少于 2 处；当管径为 $\phi25$ 以上时，每端扣点不应少于 3 处，且扣点宜对称，间距均匀。

6.3.3.5　扣压点不应小于 1.0mm，扣压形成的凹凸点不应有毛刺，且扣压牢固、表面光滑，扣压后接口的缝隙应采用封堵措施。

6.3.4　紧定式薄壁钢导管敷设及连接

6.3.4.1　紧定式薄壁钢导管应采用套管紧定式连接。紧定管连接接头见图 6-8。

6.3.4.2　应采用专用紧定螺丝，并使用专用工具进行紧定。

6.3.4.3　管路为水平敷设时，紧定点宜在管路上方紧定；管路为垂直敷设时，紧定点宜在管路左或右侧紧定。

图 6-7　扣压式套管

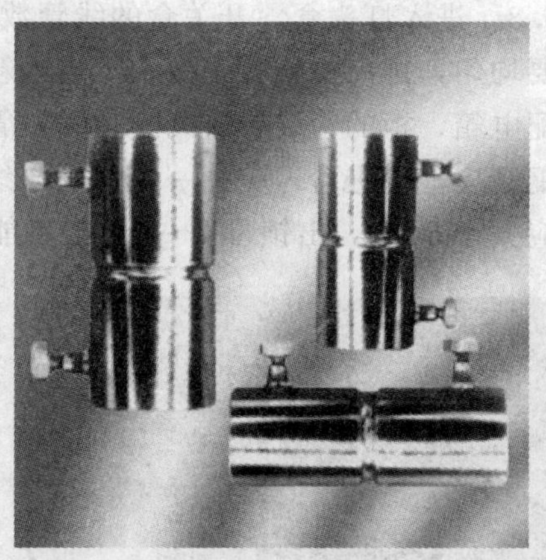

图 6-8　紧定管连接接头

6.3.4.4　当管径为 $\phi25$ 及以下时，每端紧定点不应少于 1 处；当管径为 $\phi25$ 以上时，每端紧定点不应少于 2 处，且紧定点宜对称，间距均匀。

6.3.4.5　紧定点不应小于 1.0mm，紧定形成的凹凸点不应有毛刺，且紧定牢固、表面光滑，紧定后接口的缝隙应采用封堵措施。

6.3.4.6　管路连接见图 6-9。

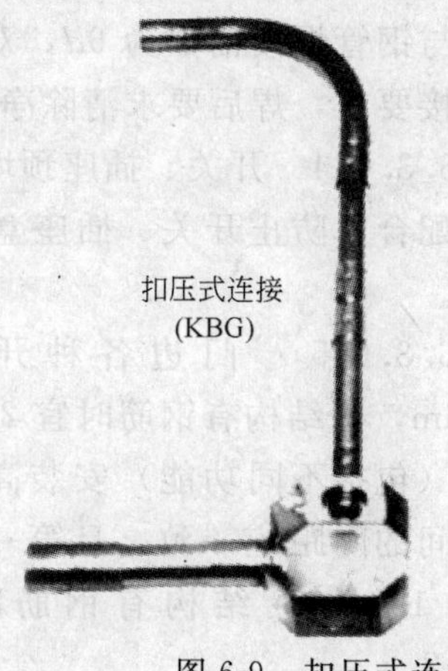

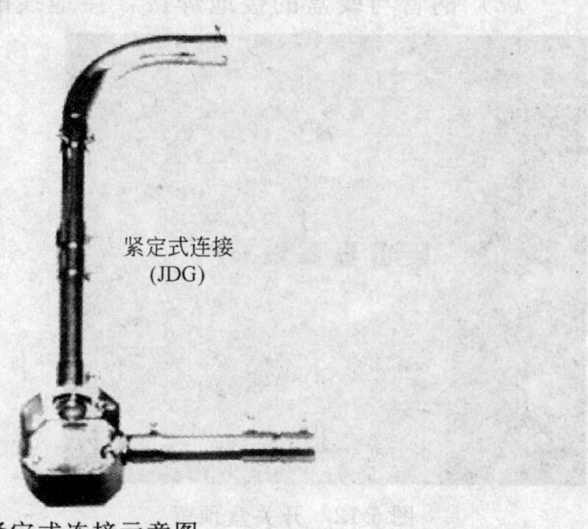

图 6-9　扣压式连接与紧定式连接示意图

6.3.5 金属软管敷设及连接

柔性导管与电气设备的连接长度不大于0.8m，在照明工程中不大于1.2m。金属软管或其他柔性导管与刚性导管或电气设备、器具间的连接采用专用接头；金属软管不得直埋于地下或混凝土中，金属软管不得作灯与灯之间的导管。

6.3.6 管进盒、箱处理

6.3.6.1 开孔应整齐并与管径一致，要求一管一孔，不得开长孔；盒、箱设置正确，固定可靠，管进盒、箱处顺直，在盒、箱内露出2～3扣。

6.3.6.2 对配电盘、箱的开孔应注意二次板的间距，宜开在靠配电箱的后部，管近盘、箱应小于5mm，锁母锁紧，并封堵。

6.3.6.3 进入灯头盒、开关盒的线管数量不宜超过4根；两根以上配管并排进入箱盒，间距要均匀，排列要整齐一致；管进入箱、盒时，盒内外侧应装有锁紧螺母固定；进入落地式配电箱、柜的管线，排列应整齐，管口宜高出基础地面50～80mm。

（1）钢管应垂直进盒，一孔一管钢管与线盒用锁母连接，锁母应夹紧线盒，进盒的钢管长度不应大于5mm，出锁母2～3丝，不能出现乱丝及丝扣超长，见图6-10。

图6-10 钢管锁母连接

图6-11 钢管与盒接地线焊接

（2）钢管与线盒的接地焊接，接地线的规格应符合规范的要求，接地线与线盒点焊两点，与钢管焊接倍数为6*d*，双面焊接，焊接符合焊接要求，焊后要求清除净焊药，见图6-11。

图6-12 开关盒预留

6.3.6.4 开关、插座预埋线盒时应注意与土建配合，防止开关、插座盒进墙过深或位置不准。

6.3.6.5 门边各种开关盒距门边宜150mm，当结构有钢筋时宜200mm；两个以上开关（包括不同功能）安装高度应一致，开关盒之间的间距应一致，且第一个开关盒距门边应为150mm，结构有钢筋时宜200mm，见图6-12。

（1）第一个开关距门连 150mm；

（2）线盒安装间距应一致，间距宜为 50mm；

（3）线盒安装高度应一致；

（4）同一户型安装部位应相同。

6.3.6.6 同一面墙上强、弱电插座盒安装高度应相同，且强电插座距弱电插座宜为500mm，预埋线盒时应采用“两点成一直线”的弹线方法，即首尾两点连线，避免出现因线盒预埋高度偏差出现无法调整。

6.3.6.7 保证插座与暖气片、管道等的距离，当插座上方有暖气管时，其间距应大于 200mm，下方有暖气管时，其间距应大于 300mm，不符合要求时应采取技术措施。

6.3.6.8 对开关盒、插座盒影响观感的重要部位如门厅的大理石墙面、浴室、厨房瓷砖墙面，要结合土建排砖，对其位置加以调整，尽量设置于砖体的几何中心位置，见图 6-13。

（1）开关面板安装：

1）和装饰面合理结合，放于其几何中心；

2）开关方向正确；

3）与墙面无缝隙。

（2）开关安装高度 1.3m，距离门边 150mm，紧贴墙面，不要有缝隙，要注意不要设置于门后等不利于操作的地方，见图 6-14。

图 6-13 开关在瓷砖上位置

图 6-14 开关距门边位置

6.3.6.9 开关、插座允许偏差值见表 6-6。

开关、插座允许偏差值（mm） **表 6-6**

项 目	一般安装要求	允许偏差	
跷板开关	门边 150～200mm 距地 1.3m	同一室内	<4
		并列安装	<0.4
		垂直度	<0.4
		成排安装	<1.5
拉线开关	距顶 200mm	相邻间距	>20
插座	不小于 300mm	同开关安装要求	

图 6-15　墙体强、弱电插座

6.3.6.10　结构配合中同一房间、同一高度接线盒安装见图 6-15。

（1）高度一致，盒口要与墙面平齐，封堵严密。

（2）强电盒与弱电盒要距离 0.5m 以上。

（3）高度差不大于 3mm。

6.3.7　箱、盒安装

6.3.7.1　在混凝土墙体配管时，为保证标高准确，建议使用二次接管，在混凝土墙体上预留相应的槽，待土建建筑线放完后再进行配管稳盒工作。

6.3.7.2　箱、盒在安装过程中要固定支撑牢固，箱、盒周围应加设钢筋，保证暗装的箱、盒不受力变形，箱、盒应封包严密，防止进入砂浆，箱、盒的备用敲落孔一般不得敲落。

6.3.7.3　暗装在具有易燃结构部位及易燃材料附近时，应对其周围的易燃物作好防火隔热处理。

6.3.7.4　使用一次冲压成型的接线盒，自制的盒要处理方正坚实，周围磨口干净，刷防锈漆。

6.3.7.5　箱、盒底部距墙面小于 30mm 时，需加金属网固定后再抹灰，防止空裂。

6.3.7.6　软包墙面上的盒口，要进行包边处理，不让易燃材料深入盒内。

6.3.7.7　对木墙裙上的盒口，除要套边外，还要刷防火漆进行防火处理。

6.3.7.8　箱、盒要注意成品保护，盒内在拆模后应及时清理干净，刷好防锈漆，盖好临时盖板。

6.3.7.9　楼梯内开关应设置在每层以第一个或最后一个梯阶外沿为轴靠休息平台 150～200mm 处。

6.3.7.10　同户型房间各箱、盒口与同一轴线的距离、与建筑物阴、阳角的距离应一致。

6.3.7.11　管路敷设及箱、盒安装允许偏差值（mm）见表 6-7 及表 6-8。

管路敷设及箱、盒安装允许偏差值（mm）　　表 6-7

项　目		允许偏差	检验方法
管路最小弯曲半径		≥6D	尺量及检查安装记录
项目		允许偏差	检验方法
弯曲度		≤0.1D	观察
项目		允许偏差	检验方法
箱垂直度	高 500mm 以下	1.5	吊线、尺量检查高
	500mm 以上	3	
箱高度		5	尺量
盒垂直度		1	吊线、尺量
盒高度	并列安装高度	0.5	尺量
	同一场所高差	5	
盒、箱凹进墙面深度		10	

开关、插座安装允许偏差值（mm） **表 6-8**

项目	一般安装要求	允许偏差	
跷板开关	门边 150～200mm 距地 1.3m（安装高度以设计为准）	同一室内	<4
		并列安装	<0.4
		垂直度	<0.4
		成排安装	<1.5
插座	不小于 300mm	同开关安装要求	

6.3.8 管路接地

6.3.8.1 钢管采用套管连接时，不用做跨接接地线。

6.3.8.2 采用套丝连接时，管箍两端、管与线盒连接处，必须焊跨接地线；采用圆钢时，焊接长度不应小于圆钢外径的 6 倍，双面施焊；扁钢搭接应大于其宽度的 2 倍，并且三面施焊。

6.3.8.3 镀锌管或金属软管的跨接地线宜采用接地线卡连接，不得采用熔焊连接，不得利用金属软管做接地导体。

6.3.8.4 接地线线径的选择见表 6-9。

钢管跨接地线选定规格（mm） **表 6-9**

管径	圆钢直径	扁钢尺寸	管径	圆钢直径	扁钢尺寸
15～25	ϕ6		50～70	ϕ10	25×3
32～40	ϕ8		大于 70	ϕ10×2	(25×3)×2

6.3.8.5 进箱、盒的成排管子上的接地做法见图 6-16。

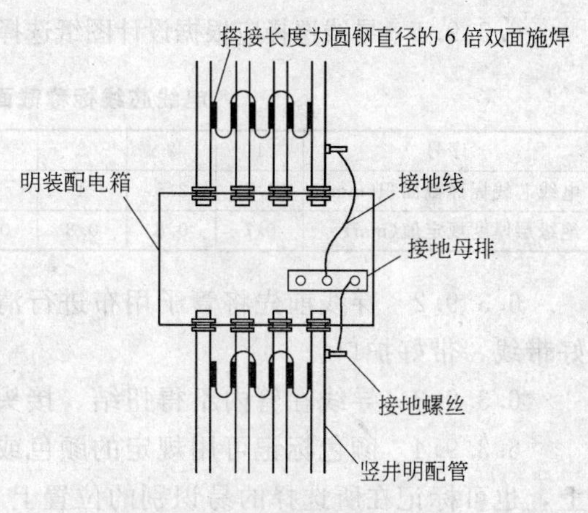

图 6-16 箱、管接地线连接

（1）用金属圆钢焊接时必须保证每根线管上的焊接长度和接地线的连续。

（2）用导线或铜线串联式压接在管上焊的接地螺丝上时应注意将导线或铜线用线鼻子涮成一整体后压接于各点上。

（3）在进箱盒的成排管子上，用专用的接地线卡连接时，宜采用硬铜线，且保证硬铜线连续不断的压接在各卡子内。

（4）金属管进箱、柜、盘要与其进行整体接地连接，其一端从箱、柜的接地排上并出，暗装的配电箱预留盒上应有预留的接地螺丝，与跨接地线可靠焊。

6.3.8.6 金属管进金属线槽或桥架要与其做整体接地，如桥架是镀锌的，可直接压接，如桥架不是镀锌的，则要将其上的绝缘层清除后压接或用爪形螺丝压接，另一端压在金属管上的接地螺丝上。

6.3.8.7 金属箱、盒不得作为管路的接地线和用电器具的保护地线压接点。

6.3.8.8 管子采用扣压式连接（KBG）时，用扣压点固定，管连接处一定要固定牢固，在墙内或混凝土内配管，中间的绑扎间距不应大于 1m，离接线盒 150mm，应将管子绑扎固定，距转角处、分支处 150mm 至 300mm 应进行绑扎，管子进入接线盒用锁紧螺母内外固定，应牢固无松动，管子使用套管连接时，管子应在套管中心，所用管子配件应由厂家提供并使用厂家的专用工具，以免造成接地不良，在振动的场所紧固螺钉应有防松动措施，KBG 管严禁焊接，连接处不应有凹凸现象。

6.3.8.9 管子采用紧定式连接（JDG）时，用紧固螺钉固定，套管连接处一定要固定牢固，在墙内或混凝土内配管，中间的绑扎间距不应大于 1m，离接线盒 150mm，应将管子绑扎固定，距转角处、分支处 150mm 至 300mm 应进行绑扎，管子进入接线盒用锁紧螺母内外固定，应牢固无松动，管子使用套管连接时，管子应在套管中心，所用管子配件应由厂家提供并使用厂家的专用工具，以免造成接地不良，在振动的场所紧固螺钉应有防松动措施，JDG 管严禁焊接，连接处不应有凹凸现象。

6.3.8.10 镀锌钢导管、金属软管、可扰性导管的跨接地线宜采用接地卡子跨接，不得采用熔焊连接，不得利用接地软管做接地导体，跨接线采用截面积不小于 $4mm^2$。

6.3.8.11 镀锌钢导管、金属软管、可扰性导管进金属线槽或桥架要与其做整体接地，如桥架是镀锌的，可直接压接；如桥架不是镀锌的，则要将其上的绝缘层清除后压接或用爪形螺丝压接，另一端压接在金属管上的接地螺丝上。

6.3.8.12 金属箱、盒本体不得作为管路的接地线和用电器具的保护地线压接点。

6.3.8.13 防爆导管间及导管与灯具、开关、线盒等的螺纹连接处紧密牢固，除设计要求外，连接处不跨接接地线，在螺纹上涂以电力复合脂或导电性防锈脂。

6.3.9 管内穿线

6.3.9.1 导线选择应根据设计图纸选择导线，严禁擅自改变导线规格、型号，见表 6-10。

电线芯线标称截面积及绝缘层厚度规定值 **表 6-10**

序号	1	2	3	4	5	6	7	8	9	10	11
电线芯线标称截面积(mm^2)	1.5	2.5	4	6	10	16	25	35	50	70	95
绝缘层厚度规定值(mm)	0.7	0.8	0.8	0.8	1.0	1.2	1.4	1.4	1.6	1.6	1.8

6.3.9.2 穿线前先将管子用布进行清扫，避免管内的脏物污染导线，穿线前应先穿好带线，带好护口。

6.3.9.3 导线在管内不得扭结、接头、断线、背扣、严禁出现死弯。

6.3.9.4 颜色标记可用规定的颜色或用绝缘导体的绝缘颜色标记在导体的全部长度上，也可标记在所选择的易识别的位置上（如：端部或可接触到的部位）。

6.3.9.5 为保证施工方便，线口至配电箱、盘总开关的一段干线回路及各用电支路应按色标要求分色：L1 为黄色；L2 为绿色；L3 为红色；N（中性线）为淡蓝色；PE（保护线）为绿/黄双色线，开关控制线为白色。

6.3.9.6 直流线路中：正极为棕色，负极为蓝色，接地中线为淡蓝色。

6.3.9.7 接线盒、开关盒、插座盒及灯头盒内导线预留长度应为 150mm。配电箱内导线的预留长度为配电箱体周长的 1/2。出户线的预留长度为 1.5m。

6.3.9.8 为保证截流导体良好的散热性，导线外径总截面积不应超过管内面积的 40%，线槽内导线的截面积不应超过线槽面积的 20%，且不宜超过 30 根。

6.3.9.9 导线在变形缝、伸缩缝处，补偿装置应灵活自如，导线应留有一定的余度。

6.3.9.10 同一交流回路的导线必须穿在同一管内，不同回路、不同电压和交流与直流的导线，不得穿入同一管内，但以下几种情况除外：

(1) 标称电压为50V以下的回路；

(2) 同一设备或同一流水作业线设备的电力回路和无特殊干扰要求的控制回路；

(3) 同一花灯的几个回路；

(4) 同类照明的几个回路，但管内的导线总数不能超过8根。

6.3.9.11 在任何情况下导线均不得明露（金属软管的保护地线除外），箱、盒须用盖板封闭，盖板螺丝齐全紧固。

6.3.9.12 三相或单相的交流单芯电缆，不得单独穿于钢导管内。

6.3.10 导线连接

6.3.10.1 涮锡缠头法连接

(1) 缠绕时应保证接触面积和机械强度，至少缠绕5圈。

(2) 焊锡要饱满，表面光滑，不得有虚焊、夹渣，涮锡要均匀，接头部位清洁，要控制涮锡的温度尽量减少烧坏导线绝缘层，连接的间隙要缠包绝缘带。

(3) 涮锡后要马上包扎，内缠橡胶（或粘塑料）绝缘带，外用黑胶布包扎严密。

(4) 多股软线和硬导线相连接处，潮湿、多尘场所如卫生间、厨房、机房、室外等处的接线，必须采用涮锡缠头法接线。

6.3.10.2 压线帽压接法

(1) 要根据导线线径压接根数选择适当的压线帽规格。

(2) 导线剥削后，要清除氧化膜，将线芯插入压线帽内，若填不实，可将线芯折回头，填满为止，线芯必须插到底，导线绝缘层与压线帽平齐。

(3) 必须用专用的压线钳压接，要依据压接根数和压线帽规格选择适当的咬齿模数，以防止不到位虚接或受力过大线芯受损、变形。

6.3.10.3 套管压接

套管压接连接导线要从两端插入，各插入到一半处，用压接钳和压模压实，压接模数的深度应与套管的尺寸相对应。

6.3.10.4 导线与平压式接线柱连接

(1) 单股导线压接在螺丝上，可不涮锡，根据螺丝的大小煨圈，一定要做满圈，不应反圈压接，不能开口，压接牢固，盘圈开口不得大于2mm；建议一根接线柱压接一根导线，同一接线柱上不得压接2根以上的导线；多根单芯导线压接在同一根接线柱上时，导线之间必须用平垫隔离开或在接线柱正反面分别压接，并应采用涮接线鼻子法压接。

(2) 多芯硬线，可采用压接或涮接线鼻子与接线柱连接，要保证接线柱与线鼻子匹配，弹簧垫、平垫齐全。

6.3.11 线路检查及绝缘摇测

照明线路的绝缘摇测一般选用500V，量程为1～500MΩ表线路的绝缘阻值不小于

0.5MΩ。动力线路的绝缘摇测一般选用1000V，量程为1～1000MΩ表线路的绝缘电阻值不小于1MΩ。

6.4 桥架敷设及连接

6.4.1 材料要求

6.4.1.1 金属线槽、桥架分镀锌和不镀锌制品，其规格、型号应满足设计规范要求，线槽、桥架内外应光滑平整，无棱刺、无扭曲、翘边等变形现象，有CCC认证和检测报告，并有产品合格证。

6.4.1.2 镀锌制品，要求采用配套的镀锌配件，镀锌层表面应光滑均匀、致密、不起皮、无气泡、无局部未镀、局部锈蚀和划伤等质量缺陷，不得有影响安装的锌瘤。

6.4.1.3 对镀锌制品，漆层应坚固，无锈蚀现象，在每段上应焊接接地螺丝。

6.4.1.4 螺栓连接孔的孔距允许偏差：

(1) 同一组内相邻两孔间±0.7mm；

(2) 同一组内任意两孔间±1.0mm；

(3) 相邻两组的端孔间±1.2mm。

6.4.1.5 板材推荐用冷轧钢板，允许最小板材厚度见表6-11。

冷轧钢板允许最小板材厚度 **表6-11**

宽度厚(mm)	允许最小厚度(mm)	宽度厚(mm)	允许最小厚度(mm)
<150	1.0	500～700	2.0
150～300	1.4	>700	2.3
300～500	1.6		

6.4.1.6 热镀锌技术质量指标见表6-12。

热镀锌技术质量指标 **表6-12**

标　准	厚度(μm)(附着量g/m²)	均匀性
GB 2694—81	镀件板厚<5mm:85(460)	硫酸铜溶液浸蚀4次不露铁
GB 3091—82	平均值70(500)	硫酸铜溶液浸蚀5次不变红
GB 5958—86	平均值≥58(400)	硫酸铜溶液浸蚀4次不露铁
日本JIS H8641—82	板厚>1～≤2mm:≥50(350) >2～≤3mm:≥58(400) 螺栓ϕ>12mm:≥50(350)	硫酸铜溶液浸蚀4次不露铁
美国ASTM A386—78 ASTM A153—80	镀件厚<4.7mm:65(460) ≥4.76mm:87(610) 螺杆ϕ>9.52mm:54(380) ϕ<12mm:43(305)	镀层要连续而光滑，保持适当的均匀一致

6.4.1.7 镀锌制件的镀层要求见表6-13和表6-14。

未经离心处理的镀层厚度最小值 **表 6-13**

制件及其厚度(mm)	镀层局部厚度(μm)(min)	镀层平均厚度(μm)(min)
钢厚度≥6	70	85
3≤钢厚度＜6	55	70
1.5≤钢厚度＜3	45	55
钢厚度＜1.5	35	45
铸铁厚度≥6	70	80
铸铁厚度＜6	60	70

注：本表为一般要求，具体产品标准可包含不同的厚度等级及分类在内的各种要求，在和本表不冲突情况下，可以增加更厚的镀层要求和其他要求。

经离心处理的镀层厚度最小值 **表 6-14**

制件及其厚度(mm)		镀层局部厚度(μm)(min)	镀层平均厚度(μm)(min)
螺纹件	直径≥20	45	55
	6≤直径＜20	35	45
	直径＜6	20	25
其他制件(包括铸铁件)	厚度≥3	45	55
	厚度＜3	35	45

注：本表为一般要求，紧固件和具体产品标准可以有不同要求。

6.4.1.8 喷涂粉末技术质量指标及性能指标见表6-15和表6-16。

喷涂粉末技术质量指标 **表 6-15**

标准代号或生产厂	涂层厚度(μm)	附着力(级)
苏 Q/JB 265—83	不小于 50	2
Hk. cz-001-83	—	2～3
黑 Q/JBQ 78—84	不小于 50	—
DB/3211-JD33-88	不小于 50	—

喷涂粉末性能指标 **表 6-16**

项　目	材料名称	
	环氧及改性环氧粉末	聚酯粉末
	主要性能指标	
干燥时间(min)	15～30	30
干燥温度(℃)	180	180
附着力(级)	1～3	3
冲击强度(kgf·cm)	50	30
柔韧性(mm)	1～3	3
光泽度(%)	70～85	90

6.4.1.9　涂漆技术质量指标见表 6-17。

油漆涂层厚度指标　　**表 6-17**

涂　料　名　称	钢铁涂层(道)	每道厚度(μm)
G06-4 铁红过氯乙烯底漆	1～2	15～25
室内:G52-2 过氯乙烯防腐清漆	1～4	15～25
室外:G52-1 各色过氯乙烯防腐漆	2～4	15～25
H06-a 铁红环氧脂底漆	1～2	20～40
H06-14 各色环氧脂底漆	1～2	20～40
室内:H0-1 环氧脂清漆	1～2	20～40
室外:银色环氧防腐漆	2	20～40
S01-2 聚氨脂清漆	1～3	30～60
氯磺化聚乙烯底漆	1～2	15～25
氯化橡胶底漆	2	25～30
氯醋云铁防腐底漆	2	25～30

6.4.1.10　螺栓、螺栓孔直径允许偏差见表 6-18。

螺栓、螺栓孔直径允许偏差　　**表 6-18**

名　称		公称直径及允许偏差(mm)						
螺栓	公称直径	12	16	20	(22)	24	(27)	30
	允许偏差	±0.43		±0.52			±0.84	
名　称		公称直径及允许偏差(mm)						
螺栓孔		13.5	17.5	22	(24)	26	(30)	33
		+0.43 0		+0.52 0			+0.84 0	

6.4.1.11　支、吊架结构应满足刚性、强度及稳定性要求，支、吊架规格一般扁铁不应小于 30mm×3mm，角钢不应小于 25mm×25mm×3mm。

6.4.1.12　支、吊架立柱固定拖臂的开孔位置或焊接位置，应满足桥架多层设置时层间中心距为 200、250、300、350mm 的要求。

6.4.1.13　焊缝的机械性能不得低于本体材料的机械性能，焊缝表面均匀，不得有漏焊、裂纹、夹渣、烧穿等缺陷。

6.4.2　桥架敷设

6.4.2.1　依据配电箱、柜、电气器具，空间管道等确定敷设的位置走向，弹线定位，并确定支、吊架的固定位置。金属线槽吊杆安装（图 6-17）应间距均匀合理；吊杆顺直无内（外）八字；镀锌或经过防腐处理；吊杆长度一致。

图 6-17　金属线槽吊杆安装

(1) 支、吊架安装牢固，无变形，横平竖直，安装间距一致。

(2) 桥架平整，无扭曲变形，接口平正，连接紧密，非镀锌桥架连接处做跨接地线。

(3) 桥架保护层剥落部分做防腐处理，颜色要与桥架保护层颜色一致。

6.4.2.2 桥架水平敷设时距地高度不宜低于2.5m，垂直敷设时不低于1.8m，低于上述高度时应加金属盖板保护，但敷设在电气专用房间（配电室、电气竖井、设备层等）内除外。

6.4.2.3 电缆托盘、桥架多层敷设时其层间距离为：控制电缆间不应小于0.2m，电气电缆间不应小于0.3m，弱电电缆与电气电缆间不小于0.5m，如有屏蔽盖板可减少到0.3m，桥架上部距离顶棚或其他障碍物不应小于0.3m。

6.4.2.4 桥架与各种管道平行或交叉最小净距应符合表6-19的规定。

桥架与各种管道的最小净距（m） **表6-19**

管道种类		平行净距	交叉净距
一般工艺管道		0.4	0.3
易燃易爆气体管道		0.5	0.5
热力管道	有保温层	0.5	0.5
	无保温层	1.0	1.0

6.4.2.5 尽量使用厂家配套的支、吊架，在需要自制的场所支、吊架要统一预制，规格尺寸控制统一，焊接牢固，切口无卷边、毛刺、刷防锈漆，支、吊架强度应能达到桥架的承载要求。

6.4.2.6 支、吊架固定

(1) 预埋铁时，自制加工尺寸应大于120mm×60mm×6mm，其锚固圆钢直径不应小于8mm，配合土建结构施工，拆模后，预埋铁的平面应明露或吃进20～30mm，再用扁钢或角钢焊接固定。

(2) 钢结构上可将支、吊架直接焊接在钢结构固定位置处，也可用万能吊具进行安装。

(3) 用膨胀螺栓固定，应根据承载选择相应的螺栓及钻头，所选钻头应大于套管长度；适用于C5以上混凝土构件及实心砖墙上，不准在空心砖墙固定；打孔深度应以将套管全部埋入后，表面平齐为宜；不得损伤螺栓的丝扣；螺栓固定后，其头部偏斜值不应大于2mm。

(4) 不得使用木楔子固定，桥架、线槽敷设完毕后应作好标识，并对于不同系统的桥架、线槽用不同颜色的油漆进行区分。

6.4.2.7 桥架安装

(1) 桥架水平敷设时应按荷载曲线选取最佳跨距及时进行支撑，跨距一般为1.5～3m，垂直敷设时，固定点间距不大于2m，支架与支架应安装牢固，朝向应一致，间距均匀，相同场所的支、吊架位置应一致。

(2) 在水平敷设时，支吊架应与桥架底面贴平没有缝隙，无悬空现象，以保证各支、吊架均匀受力，至少每隔一个支架与桥架本体固定一次。

(3) 在非直线段的支、吊架配置：

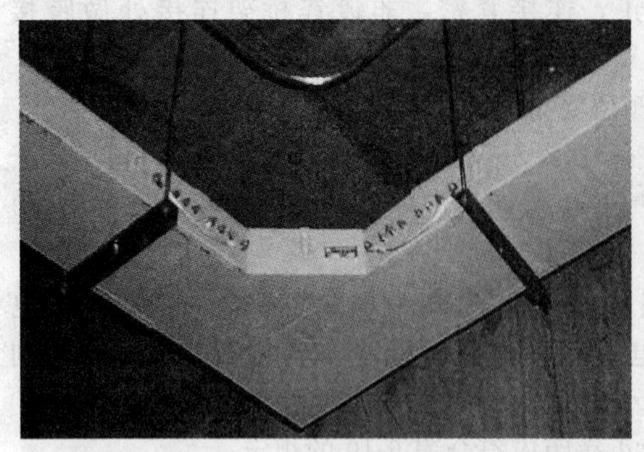

图 6-18　线槽转角吊杆安装

1）当半径不大于 300mm 时，应在距非直线段与直线段结合处 300～600mm 的直线段侧设置一个支、吊架。如在进出接线盒、箱、柜、拐角、转弯和变形缝及丁字接头的三端 500mm 内设固定支持点，见图 6-18。

2）当半径大于 300mm 时，除应按上述要求外，在非直线段中部还应增设一个支、吊架。

3）桥架的接口应平整，接缝处应紧密平直，槽板盖上后应平整，无翘角。

4）桥架进箱、盒、柜时，进线和出线口等处应采取抱角连接，并用螺丝紧固。

5）线槽连接应采用连接板，用垫圈、弹簧垫、螺母紧固，螺母必须在线槽外侧。

6）桥架在交叉、转弯、丁字连接时，应尽量使用厂家配套生产单通、二通、三通、四通或平面二通、平面三通等进行变通连接，见图 6-19。

① 三通应选用定型产品，没有金属线槽垂直下弯通及三通做法直角弯。

② 垂直下弯通采用厂家定型产品。

7）如果空间尺寸不允许，要自制弯通时应注意：要使用和桥架本体相同规格的材料；在拐弯处要保留斜坡，以保护线缆；拼接的弯通、拐弯应保证连接平顺，空间布置合理。

6.4.2.8　从桥架上分支的线管不得用电气焊开孔，管子要套丝用锁母于桥架固定，在距孔处 300mm 内管子应加一道支架固定。

6.4.2.9　桥架的连接处不得设置于过楼板、墙壁处，不得设置于支架支撑处，必须离支吊架 100mm 以上。金属线槽连接（见图 6-20）应对口平齐，线槽不要有错槎现象；应使用厂家配套连接板、螺栓及其他附件，保证接地良好。

图 6-19　弯通连接

6.4.2.10　线槽、桥架在竖井内或穿墙、楼板孔洞时，四周应留 50～100mm 缝隙，而应作如下处理：土建收口方正，在桥架四周留一定空间，往空间内填充防火枕或防火堵料，在墙壁两侧，各用加工方正、尺寸合适一致、油漆均匀的盖板封盖住，见图 6-21。

图 6-20　金属线槽连接

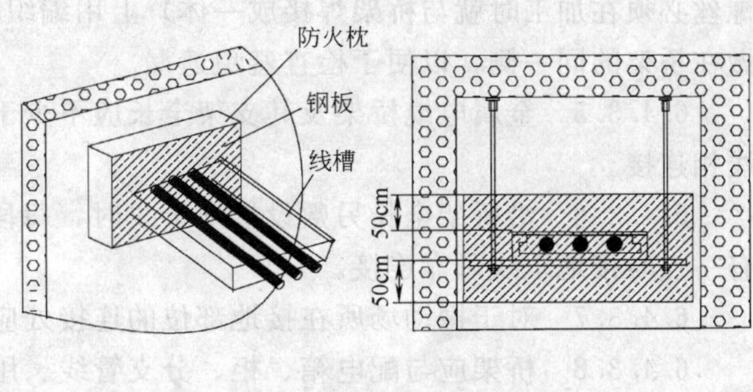

图 6-21　线槽的封堵

6.4.2.11　桥架经过建筑物变形缝、伸缩缝、沉降缝时，线槽本身应断开，断开距离以 100mm 为宜，槽内用连接板搭接，不需固定，保护地线和槽内导线应留有补偿余量，桥架直线段每段 30m 应留有伸缩缝 20～30mm。

6.4.2.12　直线段钢制电缆桥架长度超过 30m、铝合金或玻璃钢制电缆桥架长度超过 15m 设有伸缩节。

(1) 电缆桥架转弯处的弯曲半径，不小于桥架内电缆最小允许弯曲半径，电缆最小允许半径见表 6-20。

电缆最小允许弯曲半径　　表 6-20

序号	电 缆 种 类	最小允许弯曲半径
1	无铅包钢铠护套的橡皮绝缘电力电缆	10D
2	有钢铠护套的橡皮绝缘电力电缆	20D
3	聚氯乙烯绝缘电力电缆	10D
4	交联聚氯乙烯绝缘电力电缆	15D
5	多芯控制电缆	10D

注：D 为电缆外径。

(2) 低压动力电缆与控制电缆共用同一托盘或桥架时，相互间宜设置隔板；在托盘、桥架分支、引上、引下处宜有适当的弯通；因受空间条件限制不便装设弯通或有特殊要求时可选用软接板、铰接板；连接两段不同宽度或高度的托盘或桥架可配置变宽或变高板。

6.4.2.13　建筑物的表面如有坡度时，线槽、桥架应随其变化坡度。

6.4.3　桥架的接地

6.4.3.1　当利用桥架本体系统构成回路时，连接接头处的电阻不得大于 0.00033Ω。

6.4.3.2　在伸缩缝或软接连处需采用编织铜线连接。

6.4.3.3　镀锌桥架本体的连接板连接可作为接地连接，但连接板两端不少于 2 个有防松螺帽或防松垫圈的连接固定螺栓，连接处无锈蚀现象和砂浆、渣土等。

6.4.3.4　非镀锌桥架除本体外，应在其接地螺丝（接地处螺丝直径不应小于 6mm，螺丝必须在加工时就与桥架焊接成一体）上用编织软铜线或≥4mm^2 铜线连接，接地线宜做在桥架的同一侧，以便于检查避免遗漏。

6.4.3.5　金属电缆桥架及其支架全长应不少于2处与接地（PE）或接零（PEN）干线相连接。

6.4.3.6　沿桥架全长另敷设接地干线时，每段（包括非直线段）托盘、梯架应至少有一点与接地干线可靠连接。

6.4.3.7　对于振动场所在接地部位的连接处应装置弹簧垫圈。

6.4.3.8　桥架应与配电箱、柜、分支管线、用电器具、设备做好接地，以保证用电系统接地在此环节中的可靠性、连续性。

6.5 成套配电箱、柜安装

6.5.1　配电箱、柜材料要求

6.5.1.1　配电箱应有一定的机械强度，周边平整无损伤，油漆无脱落，二层底板厚度不应小于1.5mm，不得用阻燃型塑料板作二层底板，箱内各器具应安装牢固，导线排列整齐，压接牢固，并有产品合格证。

6.5.1.2　柜体外形尺寸方正，周边平整无损伤，油漆无脱落，柜体有一定机械强度；二次底板厚度不小于1.5mm，柜内仪表、控制元件齐全，安装牢固，布置合理满足电气间距与爬电距离要求，接线质量符合规范要求，并有产品合格。

6.5.1.3　柜二次板、带电器设备的门、柜体上均应焊有接地螺丝，柜上部进线处和下部接线端子处，尤其是进出多芯电缆时，要预留足够的空间以保证外接导线，多芯电缆分开线芯的接线空间，配电柜下部端子排，离地宜大于350mm。

6.5.1.4　配电箱内的电气器具应间距均匀，开启、关闭灵活，其排列间距符合规范要求。

6.5.1.5　基础槽钢不得用电气焊开孔，所有使用的配件必须为镀锌件。

6.5.2　配电箱、柜安装

6.5.2.1　配电箱安装时底边距地一般为1.4m，在同一建筑物内同类配电箱（盘）的安装高度应一致，允许偏差为10mm。

6.5.2.2　安装配电箱所需的预埋件应刷防锈漆，并做好明显可靠的接地。

6.5.2.3　配电箱门应具有明显可靠的裸软铜线接地，箱门上应贴上配电箱系统图，系统图应清晰与开关相对应，粘贴应牢固、端正。

6.5.2.4　配电箱（盘）内的导线应分清颜色，安装符合国家统一标准，开关应标明回路名称，导线压在针孔内应做双回头（独股线），多股线应涮锡或压鼻子进行接线，箱内配线需排列整齐，绑扎成束，在活动部位的两端应有卡子或卡钉固定，盘面引进的导线应留有适当的余度，以便于检修。

6.5.2.5　导线剥削处不应损伤线芯或线芯过长，导线压头应牢固可靠，多股导线不应盘圈压接，应加装压线端子（有压线孔者除外），用顶丝压接时，多股线应涮锡后再压接，不得减少导线股数。

6.5.2.6 箱（盘）内开关动作灵活可靠，带有漏电保护的回路，漏电保护装置动作电流不大于30mA，动作时间不大于0.1s。

6.5.2.7 配电箱（盘）上的电源指示灯，其电源应接至总开关的外侧，并应单独装熔断器（电源侧）。

6.5.2.8 TN-C系统中的零线应在箱体进户线处做好重复接地，配电箱内分别设置的零线（N）、保护地线（PE）汇流排，零线（N）、保护地线（PE）经汇流排配出，压接点使用内六角螺丝，汇流排的进线孔应大一些。

6.5.2.9 配电箱安装应牢固、平正，其垂直度允许偏差为1.5‰。

6.5.2.10 暗装配电箱安装，箱体应嵌入墙内，盘面应平整，周边间隙均匀对称，贴脸（门）平正、不歪斜，螺丝垂直受力均匀，箱体周围不应有空鼓，进入配电箱的管子应排列整齐，厚度小于2.5mm厚的配电箱不应做接地导体。

6.5.2.11 配电盘、柜应标识清楚。

(1) 配电盘、柜上的指示灯、按钮应标明规格、型号、名称等标识，见图6-22。

(2) 配电盘、柜上的指示灯、按钮应标明回路名称等标识，标识应字迹清晰与盘面固定牢固，宜用铆钉与盘面铆接，见图6-23。

图6-22 指示灯的标识

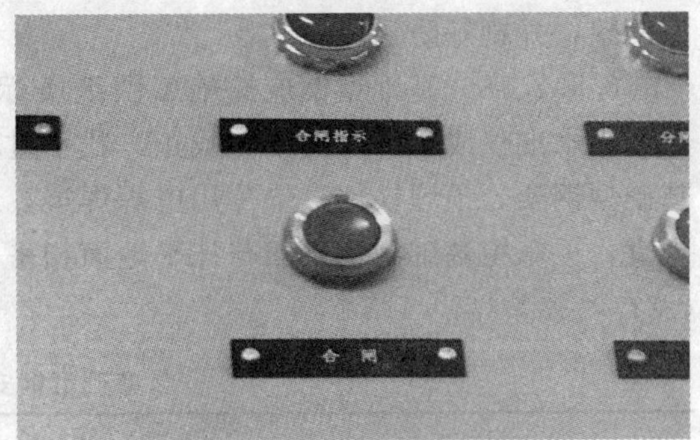

图6-23 指示灯的回路名称

(3) 配电盘、柜盘面应有铭牌标识，铭牌上应有生产厂家、规格、型号生产日期等，铭牌字迹应清晰，与盘面应连接牢固，宜采用铆接见图6-24。

6.5.2.12 配电室内不应有其他的管道通过，室内的暖气管道不应有阀门，管道与散热器的连接采用焊接。

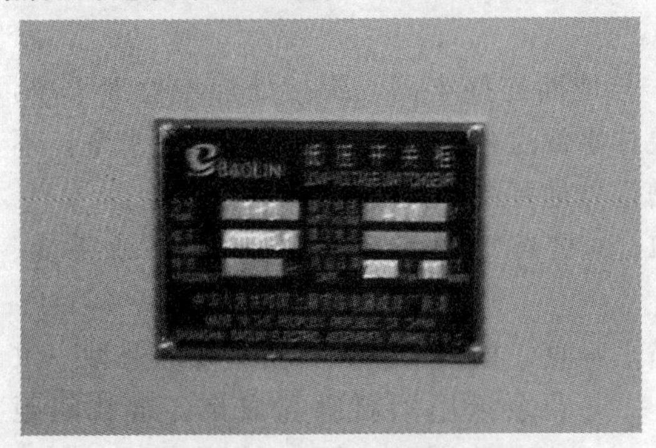

图6-24 配电箱的铭牌

图6-25 成排配电柜安装

6.5.2.13　成排配电柜的长度超过6m时，柜后的通道应有两个通向本室或其他房间的出口，出口应布置在通道的两侧，两出口之间的距离超过15m时，其间还应增加出口，见图6-25。

(1) 成排配电柜安装垂直度不大于1.2/1000，盘面平整度4mm，盘间接缝小于2mm。

(2) 柜子标识齐全清楚。

6.5.2.14　低压配电柜的平面位置应按图施工，标准层竖井内的空间位置应按统一标准尺寸控制，为了安全和操作方便，不应安装于门后或妨碍操作的设备旁。

6.5.2.15　单独柜（盘）只找柜面和侧面的垂直度，成排柜（盘）各台就位后，先找正两端的柜，再从柜下至上2/3高的位置绷上小线，逐台找正，如柜不标准，以柜面为准。找正时采用0.5mm铁片进行调整，每处垫片最多不能超过3片，然后按固定螺孔尺寸，在基础型钢架上用手电钻钻孔，一般若无要求时，低压柜钻ϕ12.2孔，高压柜钻ϕ16.2孔，分别用M12、M16镀锌螺丝固定。

6.5.2.16　成排配电柜，柜与柜之间应用螺栓进行固定，根据柜的高度不同，选择相应的固定点，以保证配电柜的稳固性。

6.5.2.17　基础型钢应进行检查，将有弯的型钢调直，然后按图纸要求预制加工基础型钢架，并刷好防锈漆。

6.5.2.18　基础型钢应按施工图纸所标位置，将预制好的基础型钢架放在预留铁件上，用水准仪或水平尺找平、找正，找平过程中，需用垫片的地方不能超过3片，然后将基础型钢架、预埋铁件、垫片用电焊焊牢，最终基础型钢顶部宜高出抹平地面上有水以上为宜，手车柜基础型钢顶面与抹平地面相平（不铺胶垫时），基础型钢安装允许偏差见表6-21。

基础型钢安装允许偏差　　**表6-21**

项　次	项　　目	允许偏差	
		(mm/m)	(mm/全长)
1	不直度	1	5
2	水平度	1	5
3	不平行度	1	5

6.5.2.19　基础型钢与接地线连接，应将室外地线扁钢分别引入室内与变压器安装地线与基础型钢的两端焊牢（保证有两个焊点），焊接长度为扁钢宽度的2倍，然后将基础型钢刷两遍灰漆。

6.5.2.20　配电柜的基础槽钢要找平放正，与地面连接牢固，焊接处焊渣处理干净，油漆刷均匀，槽钢上不得开孔进管，在槽钢内要抹水泥层，保证槽钢内底部干净平整，不露渣露筋，在地面有水的机房，水泥层要高于槽钢外地坪的高度。

6.5.2.21　柜就位后基础槽钢用M12、M16的镀锌螺丝固定，柜立稳后，水平度、垂直度、柜间间隙满足规范要求。

6.5.2.22　盘线应走向合理、导线顺直、横平竖直、棱角清晰、拐角进线的造型一致平行，不得任意歪斜、交叉相连，导线要留有一定的余量用塑料绑扎成束，绑扎间距均匀。

6.5.2.23　各相导线分色清晰，且各相颜色区分一致，多股线涮锡部位用和导线颜色一致的绝缘带缠绕，缠绕长度一致，干净利落，线管进线处带塑料护口。

6.5.2.24　导线压接的鼻子必须使用闭口鼻子，严禁使用开口鼻子，应根据导线的规格、电流的大小选择不同的接线鼻子，应采用涮锡处理并涮锡饱满无夹渣、空隙，接线鼻子涮完锡后，除接线的地方外都应使用与导线相同颜色的胶带进行包扎。

图 6-26　配电箱接地

6.5.2.25　与母排压接时，建议一个螺栓压一个接线鼻子，进入配电柜的管、线槽都应用接地线与母排连接，柜内的接地线不应串接，应采用并接。配电箱、柜如有电气元气件装于箱、柜门上，就一定要接地，软编织铜线，闭口鼻子见图 6-26。

6.5.2.26　装置的相线截面积选择见表 6-22。

装置的相线截面积选择表　　表 6-22

装置的相线截面积 S(mm²)	相应的保护线最小截面积 SP(mm²)
$S\leqslant16$	$SP=S$
$16<S\leqslant35$	$SP=16$
$35<S\leqslant400$	$SP=S/2$
$400<S\leqslant800$	$SP=200$
$S>800$	$SP=S/4$

注：S 指柜（屏、台、箱、盘）电源进线相线截面积，且两者（S、SP）材质相同。

6.5.2.27　母排上的鼻子压接应压在母排后的平垫后，螺栓应平垫、弹簧垫齐全，螺栓穿法需按照如下原则：由里向外穿；由左向右穿；由上向下穿。

6.6　硬母线安装

6.6.1　材料要求

6.6.1.1　封闭插接母线应有出厂合格证、技术文件，技术文件包括额定电压、额定容量、试验报告等技术数据。

6.6.1.2　使用的各种规格的型钢、附件、各种规格的螺栓、垫圈等应使用热镀锌件，所有材料应符合设计要求。

6.6.2　支架安装

6.6.2.1　封闭插接母线的拐弯处以及与箱（盘）连接处必须加支架，直段插接母线支架的距离不应大于 2m。

6.6.2.2　埋设支架应用水泥砂浆注满、严实，不高出墙面，埋深不少于 8mm。

6.6.2.3　膨胀螺栓固定支架不少于 2 处，一个支架应用 2 根吊杆固定牢固，丝扣外露 2～4 扣，膨胀螺栓应加平垫、弹簧垫，吊架应用双螺母夹紧。

6.6.2.4　支架及支架预埋件焊接处刷防腐油漆，油漆应均匀，无漏刷，不污染建筑物。

6.6.3　封闭母线组装

6.6.3.1　封闭式插接母线应按设计和产品技术规定组装，组装前逐段进行绝缘测试，其绝缘电阻值不得小于 0.5MΩ。

6.6.3.2　封闭式插接母线应直接用螺栓固定在支架上，螺栓加装平垫和弹簧垫固定牢固。

6.6.3.3　支架安装时，在封闭母线与设备连接处应加固定支架。

6.6.3.4　封闭式插接母线外壳连接应牢固，有防止松动措施，严禁焊接，封闭插接母线外壳两端应与保护地线连接。

6.6.3.5　封闭插接母线外壳地线连接应紧密，无遗漏，母线绝缘电阻值大于 0.5MΩ。

6.6.3.6　母线外壳的接地线建议使用 $25mm^2$ 的裸铜线压鼻子进行接地跨接。

6.6.3.7　封闭插接母线安装母线与外壳同心，允许偏差为±5mm。

6.6.3.8　封闭插接母线安装完毕后，应进行保护以免损坏。

6.7　电缆线路敷设

6.7.1　电缆导管敷设

6.7.1.1　电缆导管明敷设应安装牢固，电缆导管支持点的距离，设计无规定时金属导管不宜超过 3m；当穿塑料导管时，直线段长度超过 30m 时建议加装伸缩节。

6.7.1.2　金属电缆导管连接应两管对准并密封良好，套接的短套管或带螺纹的管接头长度不应小于电缆导管外径的 2.2 倍，金属电缆导管不宜直接对焊。

6.7.1.3　引至设备的电缆导管管口位置，应便于与设备连接并且不妨碍设备拆装和进出，并列敷设的电缆导管管口应排列整齐，利用电缆的保护钢管做接地线时，应先焊好接地线，丝扣连接的也需焊好跨接地线，焊完后再敷设电缆。

6.7.1.4　敷设混凝土、陶土、石棉水泥等材质的电缆导管时，其地基应坚实平整，不应有沉陷，电缆导管的敷设应符合下列要求：

（1）电缆导管的埋设深度不应小于 0.7m，在人行横道下面敷设时，不应小于 0.5m。

（2）电缆导管应有不小于 0.1％的排水坡度。

（3）电缆导管连接时，管孔应对准，接缝应严密，不得有地下水和泥浆渗入。

（4）电缆进入建筑物时，出入口应封闭，穿完电缆后，管口应密封。

6.7.2　电缆敷设

6.7.2.1　在电缆端头、电缆接头、拐弯处及夹层内、隧道、竖井两端等地方，应装设标志牌，标志牌上注明线路编号，当无编号时，应写明电缆型号、规格及起止地点；并联的电缆应有顺序号，标志牌的字迹要清晰，不易脱落；标志牌规格必须统一，材质能防腐，挂装应牢固。

6.7.2.2　在线槽内敷设电缆时，敷设电缆的截面积不应超过线槽截面积的40%，在线槽内敷设应排列整齐，不应交叉、重叠、扭曲、不应有接头，每隔1.5m应进行绑扎，绑扎应牢固。

6.7.2.3　强、弱电电缆不应敷设在同一线槽内，敷设在一起时，应有隔板。

6.7.2.4　在敷设前应摇测电缆绝缘，500V时绝缘电阻值不小于0.5MΩ，在送电前需再摇测一次。

6.7.2.5　电缆各支点间的距离应按设计规定，当设计无规定时，则不应大于表6-23中所列数值。

电缆支点间的距离（m）　　　**表6-23**

电缆种类		敷设方式	
		水平	垂直
电力电缆	全塑型	0.4	1.0
	除全塑型外的电缆	0.8	1.5
控制电缆		0.8	1.0

6.7.2.6　电缆的弯曲半径要符合规范要求：铠装、铅包20倍电缆外径；其他10倍电缆外径。

6.7.2.7　电缆敷设时，电缆应从盘的上端引出，应避免电缆在支架上及地面摩擦拖拉；电缆上不得有未消除的机械损伤（如铠装压扁、电缆拧绞、护层断裂等）。

6.7.2.8　油浸纸绝缘电力电缆在切断后，应将端头立即铅封；塑料绝缘电力电缆，也应有可靠的防潮封端；充油电缆在切断后还应符合下列要求：

（1）任何情况下，充油电缆的任一段都应设有压力油箱，以保持油压。

（2）接油管路时，应排除管内空气，并采用喷油连接。

（3）充油电缆的切断处必须高于临近两侧的电缆，避免电缆内进气。

（4）切断电缆时应防止金属屑及污物侵入电缆。

6.7.2.9　电力电缆接头盒的布置应符合下列要求：

（1）并列敷设电缆，其接头盒的位置应相互错开。

（2）电缆明敷设时的接头盒，须用托板（如石棉板等）托置并用耐电弧隔板与其他电缆隔开，托板及隔板应伸出接头两端的长度各不小于0.6m。

（3）直埋电缆接头盒外面应有防机械损伤的保护盒（环氧树脂接头盒除外）；位于冻土层内的保护盒，盒内宜注以沥青，以防水分进入盒内因冻胀而损坏电缆接头。

6.7.2.10　并联运行的电力电缆，其长度应相等。

6.7.2.11　电缆敷设时，在电缆终端头与电缆接头附近可留有备用长度；直埋电缆尚应在全长上留出少量余度，并作波浪形敷设。

6.7.2.12　直埋电缆沿线及其接头处应有明显的方位标志或牢固的标志桩。

6.7.2.13　电缆进入电缆沟、隧道、竖井、建筑物、盘（柜）以及穿入管子时，出入口应封闭，管口应密封。

6.7.2.14　对有抗干扰要求的电缆线路，应按设计规定作好抗干扰措施。

6.7.2.15　装有避雷针和避雷线的构架上的照明电源线，必须采用直埋于地下的带金属护层的电缆或穿入金属导管的导线；电缆护层或金属线必须接地，埋地长度应在10m以上，方可与配电装置的接地网相连或与电源线、低压配电装置相连接。

6.8 电气器具安装

6.8.1 灯具安装

6.8.1.1 材料要求

(1) 灯具的型号、规格必须符合设计要求和国家标准规定，灯具配件齐全，无机械损伤、变形、油漆剥落、灯罩破裂、灯箱歪翘等现象，所有灯具应有CCC认证，并有产品合格证。

(2) 灯具使用的导线其电压等级不应低于交流750V，其最小线芯截面应符合表6-24。

线芯允许最小截面 **表6-24**

灯具安装场所	线芯最小截面(mm^2)	
	铜芯软线	铜线
民用建筑室内	0.5	0.5
室外	1.0	1.0

(3) 塑料绝缘台应有足够的强度，受力后无弯曲翘变形等现象，绝缘台应完整。

(4) 花灯的吊钩，其圆钢直径不小于灯具挂销直径，且不得小于6mm；大型花灯的固定及悬吊装置应按灯具重量的2倍做过载试验。

(5) 瓷接头应完好无损，所有配件齐全。

(6) 支架必须根据灯具的重量选用相应规格的镀锌材料做成。

6.8.1.2 灯具安装

(1) 灯具安装牢固端正，位置正确。

(2) 灯具安装应与探测器、自动喷头在同一条直线上。

(3) 有吊顶的灯具或重量超过3kg的灯具，在顶板上加独立的吊杆或预埋件，承担灯具全部重量，不使吊顶龙骨承受灯具荷载。

(4) 成排灯具，在预埋灯头盒时，应先放线，根据灯型留出间距位置，成排安装的灯具中心线允许偏差为5mm，见图6-27和图6-28。

1) 同灯开孔大小适中，无漏边现象。

2) 灯具安装要放于吊顶的几何中心位置。

3) 灯具和消防探头、喷洒头的距离符合规范要求。

4) 成排灯具顺直美观。

5) 灯具安装应与探测器、自动喷头在同一条直线上。

图6-27 成排灯具（一）

图6-28 成排灯具（二）

(5) 凡安装距地高度≤2.4m 的灯具其金属外壳必须连接保护地线。

(6) 灯具吸顶安装绝缘台应在土建刷完一遍浆后进行安装，木台应固定牢固，与建筑物表面没有缝隙，不露黑边，绝缘台直径在 75～150mm 时，应用 2 个螺丝固定，绝缘台直径在 150mm 以上时，应用 3 个螺丝呈三角形固定，灯具应安装在绝缘台中心，在保证灯具底座不漏光及维修时不损坏吊顶的情况下，底座在 250mm 以上灯具吸顶安装可不加装绝缘台，导线进灯箱处应加套管或金属软管保护。

(7) 灯具在吊顶上嵌入式安装，应固定在专设的框架支、吊架上，不应使吊顶龙骨受灯具荷载，支、吊架形式要统一，下口留长节螺纹以便调节高度，支、吊架必须固定在楼板上，不得固定在管道、风管上，严禁灯具借用管道、风管支、吊架，一套灯具对应一套支、吊架，不得用铅丝固定。

(8) 壁灯安装，应根据灯具的外形选择合适的绝缘台或灯具底拖，灯具应设置于中心；绝缘台应平正不歪斜，绝缘台与灯泡距离小于 5mm 时，应加隔热措施；安装在室外的壁灯应做好防水和泄水，绝缘台与墙面之间应加胶垫，有可能积水处应打泄水孔，见图 6-29。

图 6-29　壁灯安装

1) 绝缘台或灯具底拖选择和饰面颜色相搭配的颜色与外形。

2) 根据灯具的外形选择合适的绝缘台或灯具底拖。

3) 绝缘台应平整不歪斜，紧贴饰面无缝隙。

4) 灯具应设置于中心。

(9) 庭院灯安装

1) 各种类型的庭院灯灯具与基础应固定可靠，地脚螺栓备帽齐全；接线盒、熔断盒应防水，密封垫完整。

2) 金属立柱及灯具的外露可导电部分应接地可靠，接地线应单设干线，干线沿庭院布置位置联成环网，且不少于 2 处与接地装置引出线连接。支线与金属灯柱及灯具的接地端子连接，且有标识。

3) 每套灯具的导电部分对地绝缘电阻值大于 2MΩ。

(10) 走道内灯具应为平时照明，事故时为应急照明。

6.8.2　开关、插座安装

6.8.2.1　材料要求

(1) 塑料板有足够强度，应平整无弯翘变形，色度均匀不含杂质半透明。

(2) 面板的紧线应用光滑的圆头螺丝，不应用平头螺丝，以防损伤导线。

(3) 安全插座的各插孔应均匀并带安全门，安全门应使用合成阻燃材料，硬度高、耐温高、不变形，单孔插不进去。

(4) 插座簧片弹性好，插拔时力度感均匀一致，不费力。

(5) 铜件连接采用滑铆工艺，连接牢固，没有裂纹，外观光滑细腻。

6.8.2.2　开关、插座安装

(1) 开关、插座的位置按图施工，任何场所的窗、镜箱、吊柜背后、门后均不应有控制灯具的开关，当电气施工图没有标注时，在技术交底和预留预埋之前先与土建沟通，以免预留位置错误，见图6-30。开关安装高度1.3m，距离门边150mm，紧贴墙面，不要有缝隙，要注意不要设置于门后等不利于操作的地方。

(2) 开关、插座线盒预留预埋应考虑土建精装修的地面最终标高，在技术交底和预留预埋之前先与土建沟通，以免预留位置错误，开关面板安装应和装饰面合理结合，放于其几何中心；开关方向正确；与墙面无缝隙。开关安装位置见图6-31。

图6-30　开关距门边位置

图6-31　开关安装位置

(3) 开关、插座距暖气片、管道、接地干线、设备太近时要移位。

(4) 同一户型开关、插座距门边、阴、阳角的距离、安装高度、间距及部位应一致，开关的开、关方向应一致。

(5) 相邻开关、插座安装高度、间距应一致。

(6) 插座预留、预埋时要注意与阴、阳角的距离，施工时应根据施工图及房间布局做合理的移位。

(7) 同一面墙上强、弱电插座安装高度应一致，强、弱电插座距离为500mm。

(8) 开关的接线应正确无误，开关必须切断相线；单相两孔插座横装时，面对插座为"左零右火"，竖装时，面对插座"下零上火"，单相三孔及三相四孔的零线均在上方。

(9) 接地(PE)或接零(PEN)线在插座间不得串联连接。

(10) 住宅无软线引至床边的床头开关。

(11) 在配电回路中的各种导线，均不得在开关、插座的接线端子处以套接压线的方式连接其他支路。

(12) 线盒进墙太深，当进深大于15mm时，要进行套边处理。

(13) 面板的螺丝为镀锌件，无杂物、表面清洁、不变形、盖板端正、紧贴墙面，不吃墙，无黑边、缝隙。

(14) 开关的接线应正确无误，开关必须切断相线；开关位置应与灯位一致，同一单位工程其跷板开关的开、关方向应一致。

(15) 民用插座的保护线应选用与相线截面积、绝缘同等级的铜芯导线。

(16) 住宅、学校、托儿所、幼儿园安装插座低于1.8m时，应使用安全插座。

(17) 潮湿场所应使用防水、防溅型插座。

(18) 对开关盒、插座盒影响观感的重要部位如门厅的大理石墙面、浴室、厨房瓷砖墙面，要结合土建排砖，对其位置加以调整，尽量设置于砖体的几何中心位置，尤其应注意与土建配合，防止开关、插座入墙过深或位置不准。

（19）开关、插座允许偏差值见表 6-25。

开关、插座允许偏差值（mm） **表 6-25**

项目	一般安装要求	允许偏差	
跷板开关	门边 150～200mm 距地 1.3m	同一室内	<4
		并列安装	<0.4
		垂直度	<0.4
		成排安装	<1.5
拉线开关	距顶 200mm	相邻间距	>20
插座	不小于 300mm	同开关安装要求	

6.9 电机检查及接线

（1）电机设备开箱检查，电机设备和器材到达现场后，应按产品要求在规定期限内进行验收检查。

（2）对基础轴线、标高、地脚螺孔位置、外形几何尺寸进行测量验收。

（3）沟槽、孔洞及电缆导管位置应符合设计及土建本身的质量要求。

（4）基础各边应超出电机底座边缘 100～150mm。

（5）通过检测要填写设备基础验收记录。

（6）电机的引出线接线端子焊接或压接良好，且编号齐全。

（7）电机接线端子导线端子必须连接紧密，连接用的紧固件，必须有锁紧装置，在电机接线盒内裸露的不同相导线间和导线对地间最小距离，必须符合施工规范规定。

（8）电机应进行绝缘摇测，相间、相对地绝缘电阻不能低于 0.5MΩ（500V 摇表），进入电机的蛇皮管应使用塑包蛇皮管，进入电机接线盒应使用蛇皮管专用接头锁紧固定，接线盒内的接线端子接地螺丝如有生锈应换掉，电机接线盒内的螺丝配件均为镀锌件，不应使用非镀锌制品。

（9）潮湿的场所进入电机的电源导管应有防水弯头，并且不得使用接线盒，干燥的场所可使用接线盒，易燃易爆场所应采取阻燃防爆措施。

（10）进入电机的导线应分相色，地线应使用双色线，其他颜色的导线不能代替。

（11）从线槽、桥架引至电机的管子应作好接地保护，离地面没有墙时应做立式支架固定，不得从线槽直接进入电机接线盒。

（12）电机安装、接线完毕后，在试车前，还应检查电动机的电源进线和地线是否符合要求。一般在接近电动机一端的电源线，要采用金属软管连接（必须用专用接头），同时电动机必须有效接地（或接零），接地线应固定在电动机的接地螺钉上，不得接在电动机的基座上；接地线的截面只作为干线时，一般为电动机进线截面积的 30%，铝芯线截面最大不超过 $35mm^2$ 铜芯线最大不超过 $25mm^2$，如果采用橡皮绝缘导线时，铝芯线最小为 $4mm^2$，铜芯线为 $2.5mm^2$。

(13) 设备安装用的紧固件除地脚螺栓外，应用镀锌制品，电机性能应符合电机周围工作环境的要求。

6.10 防雷接地及接地装置安装

6.10.1 材料要求

6.10.1.1 所有金属材料均使用镀锌件，如圆钢、角钢、扁钢、钢管、卡子、螺丝、螺栓、垫片等。

6.10.1.2 卡子最好采用顶卡式，且应具有强度，不易变形。

6.10.1.3 引下线甩出女儿墙处采用2根 $\phi12$ 的镀锌圆钢。

6.10.1.4 当设计无要求时，接地装置的材料采用为钢材，热浸镀锌，最小允许规格、尺寸见表 6-26。

最小允许规格、尺寸 (mm) 表 6-26

种类规格及单位		地上		地下	
		室内	室外	交流电流回路	直流电流回路
圆钢直径(mm)		6	8	10	12
扁钢	截面(mm^2)	60	100	100	100
	厚度(mm)	3	4	4.0	6.0
角钢厚度(mm)		2.0	2.5	4.0	6.0
钢管壁厚(mm)		2.5	2.5	3.5	4.5

6.10.1.5 裸铜线截面要符合设计要求，裸铜线紧密不松散，表面光滑、色泽纯正不发乌，其要求同相同规格电缆。

6.10.1.6 铜棒截面要符合设计要求，且表面光滑、色泽纯正。

6.10.1.7 裸铜线连接用模具边、角无损伤，内、外表面光滑，无凹凸现象，模具、焊药、打火枪应采用同一厂家，具有产品合格证或"CCC"认证，见图 6-32 和图 6-33。

图 6-32 模具（一）

图 6-33 模具（二）

6.10.2 焊接要求

6.10.2.1 连接应采用焊接，焊缝应饱满并有足够的机械强度，不得有夹渣、咬肉、裂纹、虚焊、气孔等缺陷，焊接处的药皮敲净后，刷沥青做防腐处理，见图6-34。

6.10.2.2 型钢焊接要求

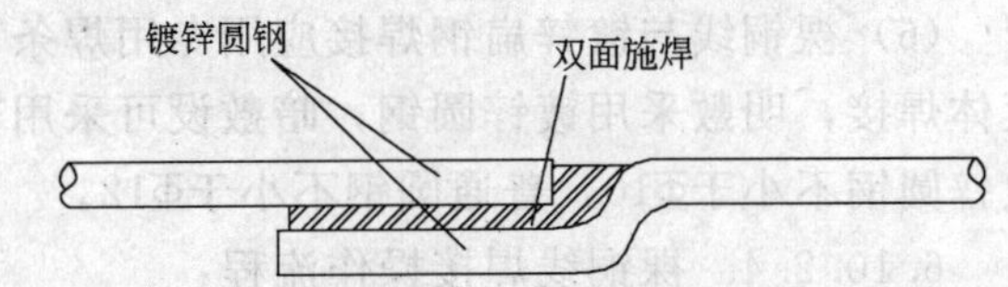

图6-34 防雷网焊接

(1) 焊缝应饱满并有足够的机械强度，不得有夹渣、咬肉、裂纹、虚焊、气孔等缺陷，焊接处的药皮敲净，除埋设在混凝土中的焊接接头外，均要求作防腐处理。

(2) 搭接时，其焊接长度如下：

1) 扁钢与扁钢焊接搭接长度不少于扁钢宽度的2倍，不少于三面施焊；

2) 钢板与扁钢焊接搭接长度不小于扁钢宽度的2倍，不少于三面施焊；

3) 圆钢与圆钢焊接搭接长度不小于圆钢直径的6倍，双面施焊；

4) 圆钢与扁钢焊接搭接长度不小于圆钢直径的6倍，双面施焊；

5) 扁钢与钢管，扁钢与角钢焊接，紧贴角钢外侧两面，或紧贴3/4钢管表面，上下两侧施焊。

(3) 镀锌扁钢与镀锌钢管（或角钢）焊接时，为了连接可靠，除应在接触部位两侧进行焊接外，还应将扁钢本身弯成弧形（或直角）与镀锌钢管（或角钢）焊接。

(4) 扁钢接地线做T形焊接时，暗敷设时可扭弯搭接焊接或采用T形焊接加辅助焊片，以保证搭接长度，明敷设时采用900立弯搭接焊接。

6.10.2.3 裸铜线焊接

(1) 裸铜线与裸铜线连接，裸铜线与圆钢连接等均采用放热焊接，使用专用模具和焊药。

(2) 裸铜线焊接前应用钢刷把线头清理干净，焊接时应先检查专用模具，看模具是否有损伤，焊药应干燥，模具应扣紧。

(3) 熔焊接头应饱满、光亮，其外观要求为：

1) 外观应无尖角、缺口、卷边等缺陷；

2) 熔接口无蜂窝状气孔；

3) 接头无裂痕；

4) 熔接接头应牢固、无松动，无空隙；

5) 熔接接头熔接件无裸露。

(4) 接头无乌色，如果夹杂乌黑色，应找出其原因，出现乌黑色的一般原因有：

1) 焊接前线头没有清理干净，有泥土或其他杂质；

2) 模具使用次数太多，应每焊接一次就清理磨具一次；

3) 焊药不合格，含有杂质。

(5) 焊接不饱满的原因一般有：

1) 焊接前线头潮湿；

2）模具使用次数太多，一个模具一般情况下使用次数不应超过其产品使用说明。

（6）裸铜线与镀锌扁钢焊接应用专用焊条，如果现场不具备施工条件，可用圆钢作过度体焊接，明敷采用镀锌圆钢，暗敷设可采用普通圆钢，圆钢截面不小于裸铜线截面，且镀锌圆钢不小于Φ10，普通圆钢不小于Φ12。

6.10.2.4　裸铜线焊接操作流程：

（1）确定模具干洁后，将导体置入模具，通过预热作一定接触试验，见图 6-35。

（2）在模具熔炉底放置金属保持垫圈，见图 6-36。

图 6-35　将导体置入模具

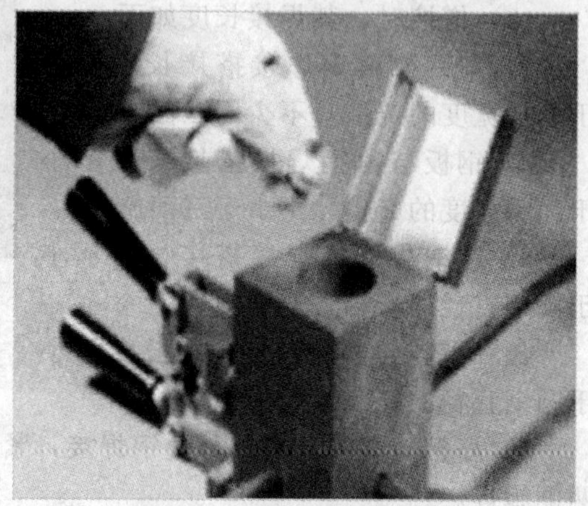

图 6-36　放置金属保持垫圈

（3）倒粉末在熔炉里，在模具边上撒一些初始粉末，见图 6-37。

（4）关上盖子，从旁边用点火枪点火，在原始粉末上发出火花，见图 6-38。

图 6-37　倒粉末在熔炉里

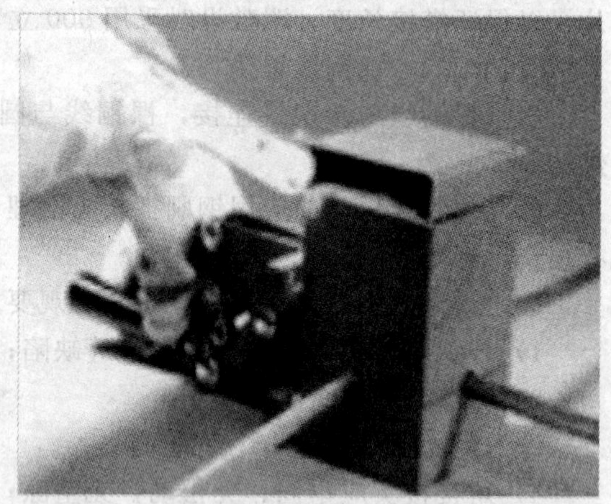

图 6-38　用点火枪点火

（5）在模具内部起安全反应，见图 6-39。

（6）热熔反应完成去净模具内粘附物质，见图 6-40。

6.10.3　接地装置

6.10.3.1　人工接地体

（1）应选用角钢或圆钢，长度不小于 2.5m，相互之间间距不应小于 5m，其顶部应做

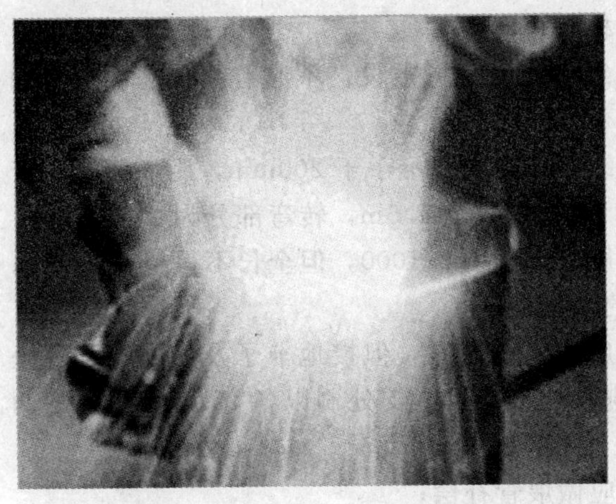

图 6-39　在模具内部起安全反应

图 6-40　去净模具内粘附物质

成尖角。

(2) 埋设时应挖深为 0.8～1m、宽为 0.5m 的沟，沟上宽下窄，打桩时应采取措施，防止接地角钢或圆钢打劈，接地体应垂直设置，不得打偏，其顶部离地高度为 600mm。

(3) 接地体之间用镀锌扁钢焊接连接，扁钢应侧放，与接地体连接的位置距接地体顶部 100mm，焊接达到上条要求，并留有足够长的连接长度。

(4) 接地体埋设位置距建筑物不宜小于 1.5m，遇有垃圾灰渣等时，应换土并分层夯实。

(5) 当接地装置必须埋设在建筑物出入口或人行道小于 3m 时，应采用均压带做法或接地装置上敷设 50～90mm 沥青层，其宽度应超过接地装置 2m。

(6) 当人工接地体采用裸铜线接地网格时，裸铜线接地网格应敷设于基础伐板下 1m，当设计无要求时，裸铜线接地网格一般不大于 20m×10m。

(7) 裸铜线接地网格作接地装置时，裸铜线引上线应穿 PVC 管，防止裸铜线与结构钢筋接触。

(8) 裸铜线接地网格作接地装置时，裸铜线在距地坪下 1m 处预留接头，当接地电阻不能满足设计要求时，以备补打接地极。

6.10.3.2　自然接地体

(1) 利用无防水底板钢筋或深基础做接地体，应按设计要求，将底板钢筋搭接焊好。

(2) 将柱内两根相邻或对角的钢筋与底板钢筋搭接焊好，并将柱内主筋用色标作好标记，色标颜色在同一单位工程中，应一致并与土建工程上用的颜色区分开。

(3) 利用桩形基础及平台钢筋做接地体，应按设计尺寸位置，找好桩基组数位置，每组桩基四角钢筋应搭接封焊，再与柱主筋（不少于两根）焊好，两根柱主筋色漆作好标记。

6.10.3.3　接地干线

(1) 室外接地干线一般敷设在沟内，回填土应压实但不需打夯，末端露出地面 500mm，以便接引线。

(2) 室内接地干线明敷设：

1) 室内接地干线多为明敷设，但部分设备连接的支线需经地面也可埋在混凝土内；

2）明敷设接地线不应妨碍设备的拆除与检修；

3）接地线应水平或垂直敷设，也可沿建筑物表面平行敷设，不应有高低起伏及弯曲情况；

4）接地线沿建筑物墙壁敷设时，接地干线距地面高应不小于200mm，距墙面不小于10mm，支持件间的水平直线距离一般为1m，垂直部分为1.5m，转弯部分为0.5m；

5）接地干线敷设应平直，水平度及垂直度允许偏差2/1000，但全长不得超过10mm；转角处接地干线弯曲半径不得小于扁钢宽度的2倍；

6）明敷设的接地线应表面刷黑漆，油漆应均匀无遗漏，但接地卡子及接地端子等处不得刷油，如因建筑物设计刷其他颜色，则应在连接处及分支处刷以各宽为150mm的两条黑带，其间距150mm；

7）穿墙时，应套管保护，跨越伸缩缝，应做煨管补偿；

8）在室内接地干线上隔1m，装设一个接地端子；

9）接地线引向建筑物入口处，应标以黑色接地标志。

6.10.4 引下线安装

6.10.4.1 引下线暗装

当利用建筑物主筋做引下线时应满足：

(1) 主筋截面积不得小于90mm²，每条引下线不得少于2根主筋。结构主筋为直（锥）螺纹连接时无须焊接跨地线，见图6-41。利用结构主筋作为防雷接地引下线时（见图6-42）：

图6-41 直（锥）螺纹连接

图6-42 防雷引下线焊接

1）双面施焊，焊接长度为6*D*（*D*为主筋直径）。

2）接地引下线为墙体主筋时，要采用内外两主筋。

3）接地引下线为柱子主筋时，要采用对角两主筋。

(2) 主筋搭接处接地线的要求焊接，当主筋采用压力埋弧焊、对焊、冷挤压、直（锥）螺纹时其接头处可不跨接。

(3) 引下线扁钢不得小于25mm×4mm，圆钢直径不得小于12mm。

(4) 现浇混凝土墙内暗敷引下线时不做防腐处理，焊接应满足规范要求。

(5) 明装引下线应躲开建筑物的入口和行人较易接触到的地点，以免发生危险。

(6) 每栋建筑物至少有2根引下线（投影小于50m² 的建筑物例外），防雷引下线最好为对称位置，引下线间距不应大于20m，当大于20m时应在中间多引一根引下线。

(7) 柱内主筋应用不小于 $\phi12$ 镀锌圆钢与屋顶避雷网焊接。

6.10.4.2 引下线明装

(1) 引下线的垂直允许偏差为 2/1000。

(2) 引下线必须调直敷设，弯曲处不应小于 90°，并不得弯成死角。

(3) 引下线除设计要求，镀锌扁钢不得小于 $48mm^2$，镀锌圆钢直径不小于 8mm。

(4) 将接地线地面以上 2m 段套上保护管，保护管不得用金属管，用镀锌角钢拼装，以免形成涡流，阻碍雷电流顺利通过。

6.10.4.3 引下线采用裸铜线时，裸铜线要穿 PVC 管，防止裸铜线与结构钢筋接触。

6.10.4.4 引下线采用裸铜线时，裸铜线的端头焊接应符合上述裸铜线焊接要求。

6.10.5 断接卡子或测试点

6.10.5.1 防雷引下线、接地体需要装设断接卡子或测试点的部位、数量按图施工，无要求时按以下规定设置：

(1) 建筑物、构筑物只有一组接地体时，可不做断接卡子，但要设置测试点，见图 6-43 测试点的安装应满足：

1) 预留盒及盖板要定型专用产品，标识要清楚、永久。

2) 安装位置要美观、方便易于操作。

3) 高度 0.5m。

(2) 建筑物、构筑物采用多组接地体时，每组接地体均要设置断接卡子。

(3) 断接卡子或测试点设置的部位应不影响建筑物外观，应便于测试，暗设时距地高度为 0.5m，明设时距地高度为 1.8m。

图 6-43 防雷接地测试点

6.10.5.2 断接卡子暗装盒应干净方正，最好为统一预制加工的镀锌件，所用螺栓直径不得小于 10mm，并加镀锌垫圈、弹簧垫，同时加装盒盖并做上接地标记。

6.10.6 避雷网（均压环）安装

6.10.6.1 避雷网

(1) 避雷网应平直牢固，不应有变形扭曲现象，距离建筑物表面距离应一致，平直度每 2m，检查允许偏差 2/1000，但全长不得超过 8mm。

(2) 避雷线弯曲处不得小于 90°，弯曲半径不得小于圆钢直径 10 倍，见图 6-44。

(3) 避雷线如用扁钢，截面积不得小于 $48mm^2$，如为圆钢，直径不得小于 8mm。

(4) 避雷网支架高度为 100～200mm，各支点间距不应大于 1m，离拐弯中心点为 500mm 设立支架，支架应有机械强度，不易变形，见图 6-44。

(5) 遇有变形缝应做煨弯补偿，各处煨弯造型应一致。

(6) 建筑物屋顶上金属突出物，如金属旗杆、透气管、金属天沟、铁爬梯、冷却水塔、电视天线、风机、烟囱、广告牌等都必须与避雷网焊成一体。

图 6-44　屋顶避雷网

(7) 上人的屋面尽量采取接地线暗敷，不宜设墩子明装避雷线，将各处要接地金属部件，用镀锌圆钢在屋面保温层暗敷到位。

(8) 透气管的接地应与镀锌圆钢焊接，不宜采用抱箍卡接，见图 6-45。

(9) 突出屋面的各段管路都得焊接地线。突出建筑物的金属物都要做防雷连接：大型金属物像冷却塔等有必要做两处连接，无法焊接的部位要有专用接地螺丝压线连接，见图 6-46。

图 6-45　透气管焊接

图 6-46　设备防雷连接

(10) 对体积大、各金属部分连接不好处理的设备，如风机的风管、水塔、大型设备等的防雷方式最好做避雷针，避雷针采用镀锌圆钢时，针尖应搪锡，垂直安装固定牢固。

(11) 沿建筑物外轮廓线的室外彩灯应低于避雷网 30mm。

6.10.6.2　均压环

(1) 建筑物应根据设计要求设置均压环的高度，如没有要求，应在 30m 以上每隔 3 层围绕建筑物内墙内做均压环，利用结构圈梁内主筋或要与预先准备好钢筋焊接成一体，并与主筋中引下线焊成一个整体，当建筑物柱子与圈梁有贯通性连接时（绑扎或焊接）可不另设均压环。

(2) 从圈梁上各金属门、窗洞口处，应预留约长度 200mm 的连接钢筋或扁钢，与金属门、窗接地线的连接。

(3) 外檐金属门、窗、栏杆、扶手等金属部件的预埋焊点不应少于 2 处，与均压环焊成一体。

(4) 铝、钢制门窗与均压环连接，在加工门窗时就应要求甩出 300mm 的铝带或镀锌扁钢 2 处，如超过 3m，就需 3 处，以便压接或焊接。

6.10.6.3　等电位联结

(1) 一般用不小于 25mm×3mm 镀锌扁钢或Φ12 镀锌圆钢作为等电位联结总干线，

总干线或总等电位箱（MEB）不得少于 2 处与接地装置（接地体（极））直接联结。

（2）总干线引至总接线箱，箱体与总干线应连接一体，接线端子宜为铜排，铜排与镀锌扁钢搭接处，铜排端应涮锡，搭接倍数不小于 $2b$（b 为扁钢宽度）。当采用在总干线镀锌扁钢上直接打孔做法时，必须涮锡，螺栓用 M10 型，附件齐全，接线箱应有箱、盖（门），并有标识。

（3）辅助等电位联结干线或辅助局部等电位箱（SEB）之间的连接线，形成环形网格，形成环形网格，应就近与等电位联结总干线或局部等电位箱联结。

（4）需连接等电位的可接近裸露导体或其他金属部件、构件与从等电位联结干线或局部等电位箱（LEB）派出的支线相连，支线连接应可靠，熔焊、钎焊或机械紧固件应导通正常。

（5）需等电位联结的高级装修金属部件或零件，应有专用接线螺栓与等电位联结支线连接，且有标识；连接处螺帽紧固、防松零件齐全。

（6）等电位联结线路最小允许截面应符合表 6-27 的规定。

等电位联结线路最小允许截面 表 6-27

材　料	截面积(mm^2)	
	干线	支线
铜	16	6
钢	50	16

参 考 文 献

1　毛龙泉，沈北安等．建筑工程施工质量检查与验收手册．北京：中国建筑工业出版社，2002

2　金德钧，顾勇新．建筑结构精品工程实施．北京：中国建筑工业出版社，2003

3　徐波，顾勇新．住宅精品工程实施指南．北京：中国建筑工业出版社，2003

4　本书编委会．创住宅精品工程施工技术指南．北京：中国建筑工业出版社，2003

5　北京市评审建筑（竣工）长城杯工程实施指南．北京：中国市场出版社，2004

6　北京市开创与评审建筑结构长城杯工程实施指南．北京：中国市场出版社，2005